22 개정 수학 교과서 출판사별 단원

출판사	3-1	3-2	4-1	4-2
동아출판	1. 덧셈과 뺄셈 2. 평면도형 3. 나눗셈 4. 곱셈 5. 길이와 시간 6. 분수와 소수	1. 곱셈 2. 나눗셈 3. 원 4. 분수 5. 들이와 무게 6. 그림그래프	1. 큰 수 2. 각도 3. 곱셈과 나눗셈 4. 평면도형의 이동 5. 막대그래프 6. 규칙 찾기	1. 분수의 덧셈과 뺄셈 2. 삼각형 3. 소수의 덧셈과 뺄셈 4. 사각형 5. 꺾은선그래프 6. 다각형
디딤돌교육	1. 덧셈과 뺄셈 2. 평면도형 3. 나눗셈 4. 곱셈 5. 길이와 시간 6. 분수와 소수	1. 곱셈 2. 원 3. 나눗셈 4. 들이와 무게 5. 분수 6. 그림그래프	1. 큰 수 2. 각도 3. 곱셈과 나눗셈 4. 평면도형의 이동 5. 막대그래프 6. 규칙 찾기	1. 분수의 덧셈과 뺄셈 2. 삼각형 3. 소수의 덧셈과 뺄셈 4. 사각형 5. 꺾은선그래프 6. 다각형
미래엔	1. 덧셈과 뺄셈 2. 평면도형 3. 나눗셈 4. 곱셈 5. 길이와 시간 6. 분수와 소수	1. 곱셈 2. 원 3. 나눗셈 4. 무게와 들이 5. 분수 6. 그림그래프	1. 큰 수 2. 각도 3. 곱셈과 나눗셈 4. 평면도형의 이동 5. 분수의 덧셈과 뺄셈 6. 막대그래프	1. 소수의 덧셈과 뺄셈 2. 삼각형 3. 규칙 찾기와 식 만들기 4. 사각형 5. 꺾은선그래프 6. 다각형
비상교육	1. 덧셈과 뺄셈 2. 평면도형 3. 나눗셈 4. 곱셈 5. 길이와 시간 6. 분수와 소수	1. 곱셈 2. 나눗셈 3. 원 4. 분수와 소수 5. 들이와 무게 6. 그림그래프	1. 큰 수 2. 각도 3. 곱셈과 나눗셈 4. 삼각형 5. 막대그래프 6. 관계와 규칙	1. 분수의 덧셈과 뺄셈 2. 사각형 3. 소수의 덧셈과 뺄셈 4. 다각형 5. 꺾은선그래프 6. 평면도형의 이동
아이스크림미디어	1. 덧셈과 뺄셈 2. 평면도형 3. 나눗셈 4. 곱셈 5. 길이와 시간 6. 분수와 소수	1. 곱셈 2. 나눗셈 3. 원 4. 분수 5. 들이와 무게 6. 그림그래프	1. 큰 수 2. 각도 3. 곱셈과 나눗셈 4. 평면도형의 이동 5. 막대그래프 6. 규칙과 관계	1. 분수의 덧셈과 뺄셈 2. 삼각형 3. 소수의 덧셈과 뺄셈 4. 사각형 5. 꺾은선그래프 6. 다각형
와이비엠	1. 덧셈과 뺄셈 2. 평면도형 3. 나눗셈 4. 곱셈 5. 길이와 시간 6. 분수와 소수	1. 곱셈 2. 원 3. 나눗셈 4. 분수 5. 들이와 무게 6. 그림그래프	1. 큰 수 2. 각도 3. 곱셈과 나눗셈 4. 평면도형의 이동 5. 막대그래프 6. 규칙 찾기	1. 분수의 덧셈과 뺄셈 2. 삼각형 3. 소수의 덧셈과 뺄셈 4. 사각형 5. 꺾은선그래프 6. 다각형
지학사	1. 덧셈과 뺄셈 2. 평면도형 3. 나눗셈 4. 곱셈 5. 길이와 시간 6. 분수와 소수	1. 곱셈 2. 원 3. 나눗셈 4. 무게와 들이 5. 분수 6. 그림그래프	1. 큰 수 2. 각도 3. 곱셈과 나눗셈 4. 평면도형의 이동 5. 막대그래프 6. 규칙 찾기	1. 분수의 덧셈과 뺄셈 2. 삼각형 3. 소수의 덧셈과 뺄셈 4. 사각형 5. 꺾은선그래프 6. 다각형
천재교과서 (박만구)	1. 평면도형 2. 덧셈과 뺄셈 3. 길이와 시간 4. 나눗셈 5. 곱셈 6. 분수와 소수	1. 곱셈 2. 나눗셈 3. 원 4. 들이와 무게 5. 분수 6. 그림그래프	1. 각도 2. 큰 수 3. 평면도형의 이동 4. 곱셈과 나눗셈 5. 규칙 찾기 6. 막대그래프	1. 삼각형 2. 분수의 덧셈과 뺄셈 3. 사각형 4. 소수의 덧셈과 뺄셈 5. 다각형 6. 꺾은선그래프
천재교과서 (한대희)	1. 덧셈과 뺄셈 2. 평면도형 3. 나눗셈 4. 곱셈 5. 길이와 시간 6. 분수와 소수	1. 곱셈 2. 나눗셈 3. 원 4. 분수 5. 무게와 들이 6. 자료와 그림그래프	1. 큰 수 2. 각도 3. 곱셈과 나눗셈 4. 평면도형의 이동 5. 자료와 막대그래프 6. 규칙 찾기	1. 분수의 덧셈과 뺄셈 2. 삼각형 3. 소수의 덧셈과 뺄셈 4. 사각형 5. 자료와 꺾은선그래프 6. 다각형

추천의 글

'왜'라는 질문에 답을 주는 힌트북

이 책은 아이들의 '왜'라는 질문에 '원래' 또는 '그냥'이라는 말로 답하지 않고 수학적 개념을 '위치와 질서'에 따라 차분하게 설명합니다. 교과서 문제를 활용하여 친숙하게 다가온 점, 개념 따라쓰기로 개념을 머릿속에 각인시킨 점도 이 책의 강점입니다. 힌트북을 통해 '왜'라는 질문에 수학적 개념으로 답변할 수 있는 실력 있는 학생들이 되기를 기대합니다.

정성윤 선생님(서울세검정초등학교)

과제집착력을 길러주는 효과적인 구성!

학급에서 수학 수업을 할 때 최대한 답을 나중에 알려주면서 힌트를 주거나 문제를 이해할 수 있도록 풀어 설명해 줍니다. 과제집착력, 즉 문제를 끝까지 풀어내고자 하는 태도가 결국에는 수학 실력 향상에 도움이 된다고 생각하기 때문입니다. 힌트북은 아이들이 혼자 공부할 때에도 과제집착력을 기를 수 있는 효과적인 구성을 가진 교재라고 생각합니다. 힌트북은 수학을 잘 하고 싶어하는 아이들에게 기본기를 꼼꼼히 다져주는 좋은 친구이자 선생님이 되어 줄 것입니다.

류윤정 선생님(중앙대학교 사범대학 부속초등학교)

문제의 실마리를 주는 힌트

문제를 풀다 막히면 답지부터 찾아본 경험, 누구나 있을 거예요. 그런데 이 책엔 힌트북이 있어 답지를 보지 않고 문제의 실마리를 찾을 수 있습니다. 또 본문에서 개념을 따라 쓰는 코너가 있어서 학생들이 개념을 얼마나 잘 알고 있는지를 점검할 수 있다는 점도 매우 유익합니다.

박명선 선생님(덕은초등학교)

새 교육과정에서 중요시하는 과정 중심 평가에 맞는 학습서

새로 개정된 수학과 교육과정은 학습 결과 평가뿐만 아니라 과정 중심 평가도 중요시하여 종합적인 학습 평가를 지향하고 있습니다. 과정 중심 평가에서의 핵심은 학생들의 요구에 맞추어 피드백이 즉각적으로 이루져야 한다는 것입니다. 그런 점에서 이 책은 단계별로 효과적인 수학 학습이 되도록 학생 본인의 사고에 맞게 학습을 조절할 수 있습니다. 목표에 도달했다고 하더라도 어떤 과정으로 도달했는지, 혹은 어떤 이유로 도달하지 못했는지에 대한 학습 방향을 알려주는 나침반 같은 역할을 할 수 있기를 기대합니다.

최현아 선생님(서울가락초등학교)

수학에 자신 있는 친구들에게도 추천해요.

힌트북에서는 귀여운 캐릭터들이 설명해 주는 힌트를 통해 아이들이 개념과 원리를 지루하지 않고 흥미있게 집중하여 이해할 수 있습니다. 수학을 많이 버거워하는 아이들도 캐릭터들이 차근차근 설명하는 힌트를 따라가며 자신감을 키우게 될 것입니다. 풀이가 힘들고 귀찮아 힌트를 먼저 펼쳐보게 되는 아이들도 힌트 속에 녹아 있는 개념과 풀이 과정을 통해 자연스레 개념을 복습하게 되고 차근차근 풀이 과정을 밟아가는 연습을 할 수 있을 것입니다. 아울러 수학에 자신 있어 하는 친구들에게도 추천합니다. 어렵지 않게 푼 문제들도 '힌트' 속 설명을 통해 수학 실력을 더욱 탄탄히 다질 수 있을 테니까요.

강상미 선생님(서울송례초등학교)

생각하는 힘과 인내심을 길러줘요.

수학은 암기과목이 아닙니다. 한 문제를 풀어내는 과정은 마치 미로 속에서 출구를 찾아내는 과정과 비슷합니다. 많은 문들을 인내심을 갖고 하나하나 열어가며 출구를 찾아냈을 때 비로소 빛을 보는 기쁨을 누릴 수 있는 것과 같습니다. 모르겠다고 처음부터 답을 봐 버리면 생각하는 힘을 얻을 수 없고, 수학 문제를 해결하는 데 반드시 필요한 인내심도 기를 수 없습니다. 이 책은 문제를 해결하기 위해 통과해야 하는 많은 문들을 하나하나 열어갈 수 있도록 적절하게 힌트를 주고 있습니다. 이 책을 통해 필요한 만큼의 힌트를 참고하여 스스로 문제를 풀어내는 기쁨을 누리며 진정한 수학 실력을 높일 수 있기를 바랍니다.

채현정 선생님(서울대명초등학교)

스스로 답까지 도착하도록 도와줘요.

귀여운 그림과 예쁜 색감을 사용하여 학생들이 좀 더 관심을 가지고 집중할 수 있을 것 같아요. 답과 풀이만 있는 다른 교재와는 달리 힌트북은 '힌트'라는 스캐폴딩을 설정하여 스스로 생각하고 고민하여 답까지 도착할 수 있도록 도와줍니다. 전체 구성이 개념 → 확인 → 쉬운 문제 → 어려운 문제 순으로 단계별로 이루어져 있어 스스로 공부하기에 정말 좋습니다.

송지혁(서울대 아동학과)

수학을 고등까지 꾸준히 잘하도록 도와줘요.

수학을 고등학교 때까지 꾸준히 잘하기 위해서 가장 중요한 것은 개념을 완전히 이해하고 문제에 적절하게 적용하는 능력입니다. 책속 힌트북을 통해 학생들이 그 능력을 자연스럽게 기를 수 있고, 자신감까지 얻을 수 있을 것 같습니다.

김지우(서울대 인문계열)

문제 읽는 방법을 배워 '진짜 실력'을 길러요.

문제를 풀다 어렵다고 해설을 바로 보면 실력이 잘 늘지 않기에 과외 수업을 할 때도 힌트를 종종 주곤 합니다. 문제 접근법을 다시 생각해보게 하는 거죠. 힌트북은 '문제를 읽는 방법'을 학생 스스로 배울 수 있게 합니다. '진짜 실력'을 기르기에 참 좋은 교재입니다.

전가원(서울대 수의예과)

개념을 문제에 적용할 수 있는 힘을 길러줘요.

수학 문제를 풀 때 가장 중요한 능력은 문제를 분석하고 올바르게 개념을 적용하는 능력입니다. 힌트북은 시중 초등 참고서에 없던 '힌트북'을 통해 처음 공부하는 학생이라도 개념을 문제에 스스로 '적용할 수 있는 힘'을 길러주고 있습니다.

현승환(서울대 자유전공학부)

언제나 필요했던 게 바로 이런 책이었어요.

학원이나 선생님 도움 없이 혼자 책을 보며 공부하길 좋아했던 내가 언제나 필요했던 게 바로 이런 책이었습니다. 개념을 쉽게 설명하는 책은 많지만, 개념을 어떻게 받아들이고 어떻게 적용하는지 알려주는 책은 많지 않죠. 힌트북은 선생님이 옆에서 가르쳐 주듯 하나하나 알려주는 든든한 교재입니다.

이승은(서울대 대학원 보건학과)

문제와 풀이 사이에 힌트가 있다면?

막힐 땐

힌트북

막힐 때 힌트 보며 혼자서도 척척

초등 혼공 기본서

슬기로운 공부

이 책의 구성과 특징

기본 개념 학습

개념학습 > 확인문제 > 교과서문제 > 개념 따라쓰기

하루 4쪽 28일 완성

개념 따라쓰기

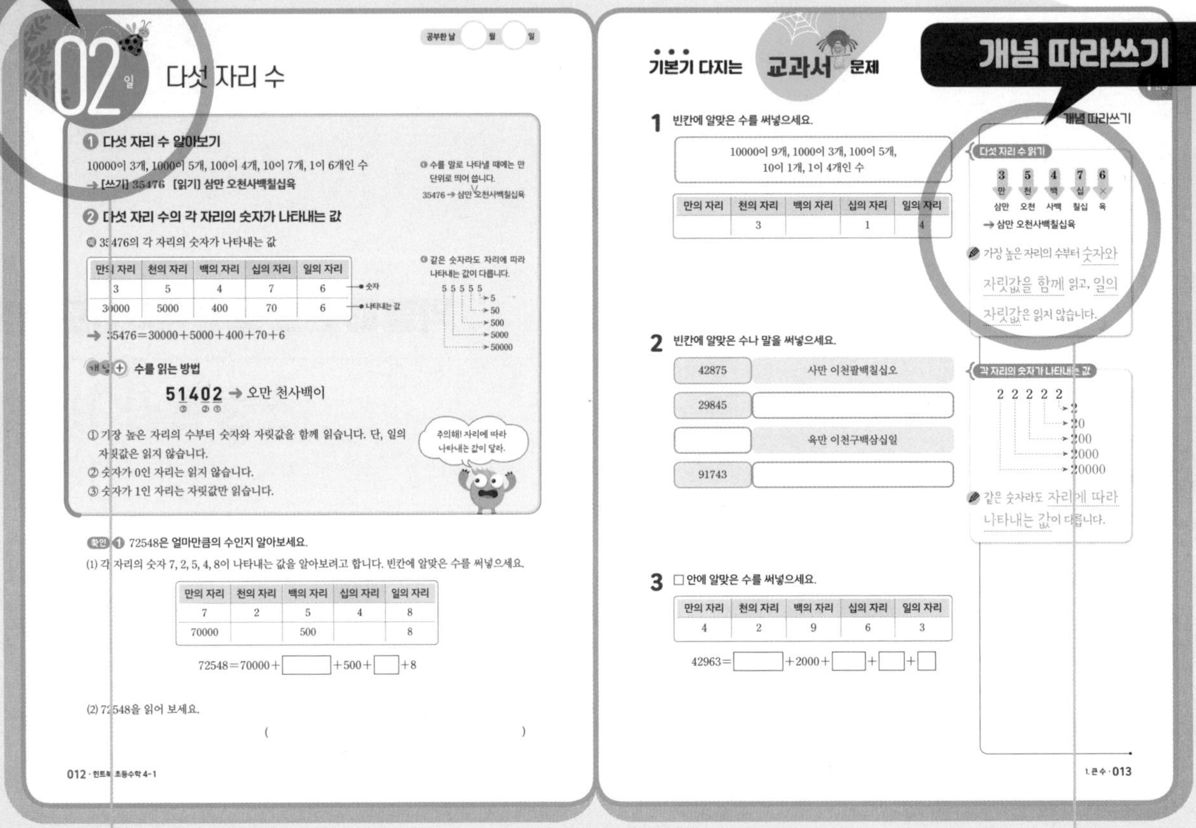

하루 4쪽 28일 완성

하루 4쪽 공부로 단기간에 수학의 기본기를 탄탄하게 완성할 수 있습니다.

개념 따라쓰기

눈으로 확인한 개념을 직접 손으로 따라쓰며 머릿속에 새길 수 있습니다.

스스로 풀어내는 도전 10 문제

기본문제 > 응용문제 > 독해력문제 > 표현력문제

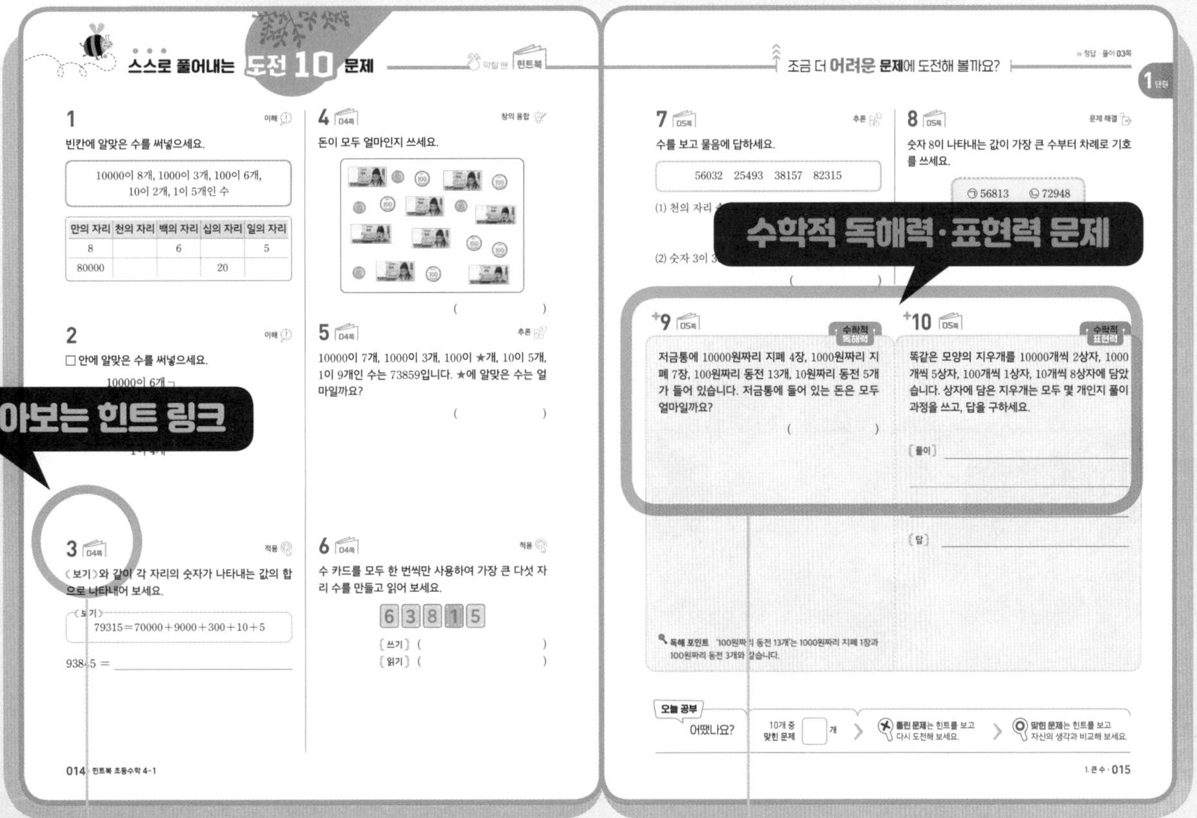

막힐 때 찾아보는 힌트 링크

문제 풀다 막힐 때 힌트를 바로 찾아 확인할 수 있습니다.

수학적 독해력·표현력 문제

문제의 의미를 파악하고, 풀이 과정을 수학적으로 표현하는 연습을 합니다.

이 책의 구성과 특징

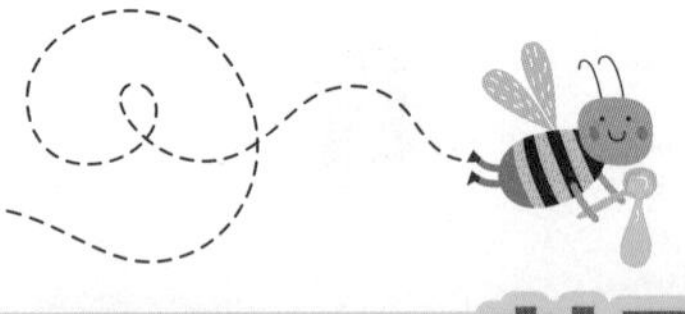

막힐 때 찾아보는 힌트

힌트는?

문제해결의 실마리	생각의 첫 단추, 문제 접근법
문제 속 숨은 개념	출제 포인트, 출제 의도
수학적 아이디어	수학적 발상, 수학적 사고
상위권의 풀이법	문제 풀이 스킬, 다양한 풀이 비법

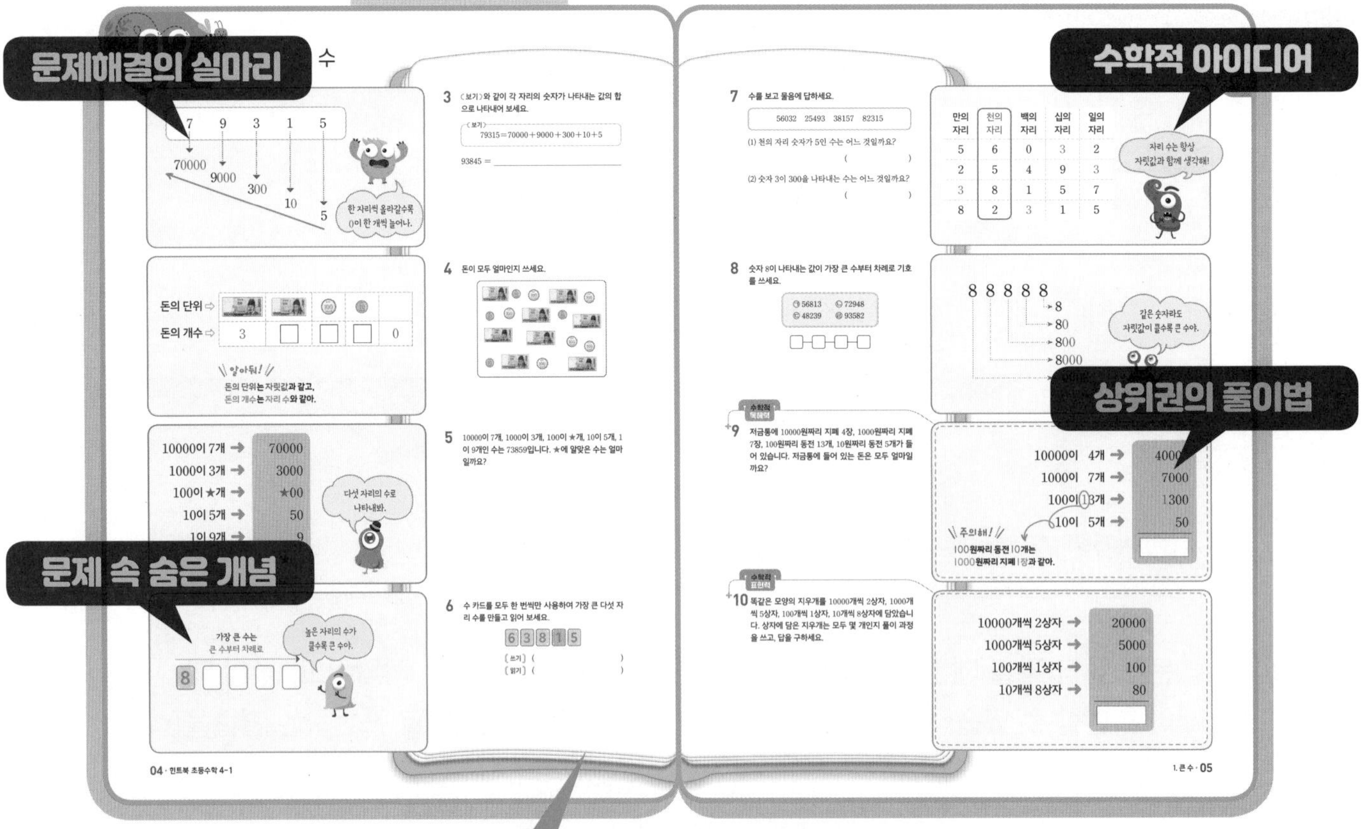

문제를 보며 힌트를 확인할 수 있습니다.

이 책의 200% 활용법

혼공할 때

홈스쿨할 때

선행할 때

수학이 어려울 때

힌트북으로 공부하면

개념이
쉽고 명확해집니다.

문제를 보면
개념이 떠오릅니다.

어려웠던 수학이
만만해집니다.

이 책의 차례

1 단원 큰 수

2 단원 각도

3 단원 곱셈과 나눗셈

4 단원 평면도형의 이동

5 단원 막대그래프

6 단원 규칙과 관계

공부한 날 월 일

01 일 10000이 10개인 수

❶ 만 알아보기

1000이 10개인 수 → **[쓰기] 10000** 또는 **1만** **[읽기] 만** 또는 **일만**

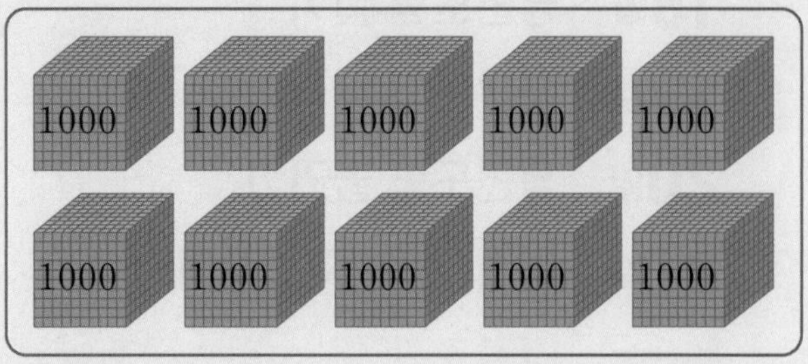

❷ 10000의 크기

10000은 9000보다 1000 / 9900보다 100 / 9990보다 10 / 9999보다 1 만큼 더 큰 수입니다.

10000은		만큼 더 큰 수입니다.
	9000보다 1000	
	9900보다 100	
	9990보다 10	
	9999보다 1	

개념+ 몇만 알아보기

수	10000이 2개	10000이 3개	……	10000이 9개
쓰기	20000 (또는 2만)	30000 (또는 3만)	……	90000 (또는 9만)
읽기	이만	삼만	……	구만

10000이 ■개인 수
- [쓰기] ■0000 또는 ■만 (숫자)
- [읽기] ■만 (한글)

확인 1 그림을 보고 □ 안에 알맞은 수나 말을 써넣으세요.

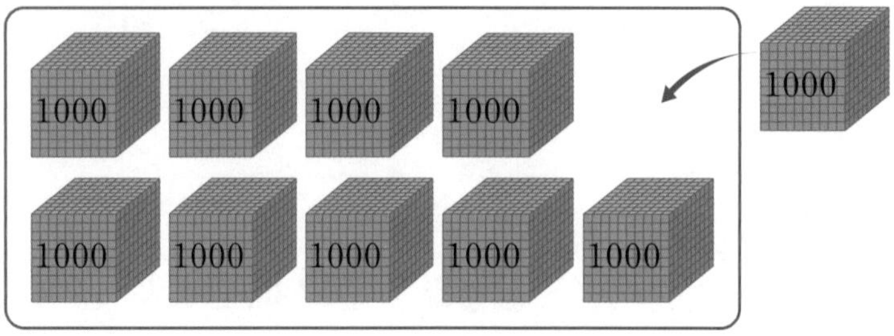

(1) 1000이 10개인 수를 □ 또는 □이라 쓰고, □ 또는 □이라고 읽습니다.

(2) 10000은 9000보다 □만큼 더 큰 수입니다.

기본기 다지는 교과서 문제

1 그림을 보고 물음에 답하세요.

(1) 10000원이 되도록 묶어 보세요.

(2) 10000원은 1000원짜리 지폐가 몇 장인가요?

2 □ 안에 알맞은 수를 써넣으세요.

(1) 10000은 9999보다 □ 만큼 더 큰 수입니다.

(2) 10000은 9990보다 □ 만큼 더 큰 수입니다.

(3) 10000은 9900보다 □ 만큼 더 큰 수입니다.

3 □ 안에 알맞은 수를 써넣으세요.

(1) 50000은 10000이 □ 개인 수입니다.

(2) 10000이 9개인 수는 □ 또는 □ 이라고 씁니다.

개념 따라쓰기

10000 알아보기

1이 10개인 수 → 10
10이 10개인 수 → 100
100이 10개인 수 → 1000
1000이 10개인 수 → 10000

10000은 1000이 10 개인 수입니다.

10000의 크기

10000은
9000보다 1000
9900보다 100
9990보다 10
9999보다 1
만큼 더 큰 수입니다.

스스로 풀어내는 도전 10 문제

1

이해

(1000 큐브)은 1000을 나타냅니다. 알맞은 수를 쓰고 읽어 보세요.

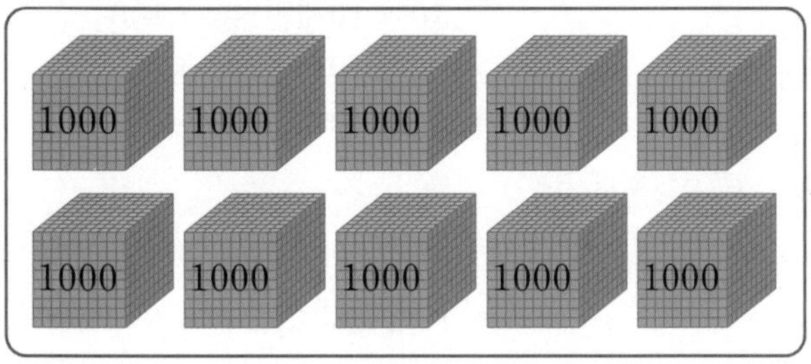

[쓰기] (   )

[읽기] (   )

2

02쪽

추론

□ 안에 알맞은 수를 써넣으세요.

10000은
- 9000보다 □ 만큼 더 큰 수
- 8000보다 □ 만큼 더 큰 수
- 7000보다 □ 만큼 더 큰 수

3

02쪽

추론

□ 안에 알맞은 수를 써넣으세요.

1이 10개인 수 → □

10이 10개인 수 → □

100이 10개인 수 → □

1000이 10개인 수 → □

4

적용

□ 안에 알맞은 수를 써넣으세요.

- 10000은 □ 보다 2000 큰 수입니다.
- 10000은 9800보다 □ 만큼 더 큰 수입니다.

5

02쪽

추론

규칙에 따라 빈칸에 알맞은 수를 써넣으세요.

(1) 9960 — 9970 — □ — 9990 — □

(2) 9600 — □ — 9800 — 9900 — □

6

02쪽

창의 융합

10000원이 되려면 각각의 돈이 얼마만큼 필요한지 쓰세요.

□장 □개 □개

7 03쪽

의사 소통

□ 안에 알맞은 수를 써넣으세요.

9800 —(50)→ 9850 —(50)→ 9900 —(50)→ 9950 —(50)→ 10000

- 9850보다 □ 만큼 더 큰 수는 10000입니다.
- 9800은 10000보다 □ 만큼 더 작은 수입니다.

8 03쪽

이해

나타내는 수가 다른 것을 찾아 기호를 쓰세요.

㉠ 100이 100개인 수
㉡ 1000을 10배한 수
㉢ 100보다 100만큼 더 큰 수

( )

+9 03쪽

수학적 독해력

두 친구의 대화를 읽고 □ 안에 알맞은 수를 써넣으세요.

서준: 나는 3000원을 가지고 있어.

윤하: 나는 너보다 1000원이 더 많아.

서준: 우리가 가지고 있는 돈에 얼마를 더하면 10000원이 될까?

윤하: □ 원이 더 있으면 10000원이 돼.

독해 포인트 윤하는 서준이보다 '1000원 더' 많이 가지고 있습니다.

+10 03쪽

수학적 표현력

슬기는 자전거를 사려고 10000원짜리 지폐 4장과 1000원짜리 지폐 10장을 모았습니다. 슬기가 모은 돈은 모두 얼마인지 풀이 과정을 쓰고, 답을 구하세요.

[풀이] 10000원짜리 지폐 4장은 ______

______

______

[답] ______

오늘 공부 어땠나요?

10개 중 맞힌 문제 □ 개

틀린 문제는 힌트를 보고 다시 도전해 보세요.

맞힌 문제는 힌트를 보고 자신의 생각과 비교해 보세요.

02일 다섯 자리 수

① 다섯 자리 수 알아보기

10000이 3개, 1000이 5개, 100이 4개, 10이 7개, 1이 6개인 수

→ **[쓰기] 35476 [읽기] 삼만 오천사백칠십육**

◐ 수를 말로 나타낼 때에는 만 단위로 띄어 씁니다.

35476 → 삼만∨오천사백칠십육

② 다섯 자리 수의 각 자리의 숫자가 나타내는 값

예 35476의 각 자리의 숫자가 나타내는 값

만의 자리	천의 자리	백의 자리	십의 자리	일의 자리	
3	5	4	7	6	숫자
30000	5000	400	70	6	나타내는 값

→ 35476=30000+5000+400+70+6

◐ 같은 숫자라도 자리에 따라 나타내는 값이 다릅니다.

5 5 5 5 5 → 5, 50, 500, 5000, 50000

개념+ 수를 읽는 방법

51402 → 오만 천사백이

(③ 1, ② 0, ① 2)

① 가장 높은 자리의 수부터 숫자와 자릿값을 함께 읽습니다. 단, 일의 자릿값은 읽지 않습니다.

② 숫자가 0인 자리는 읽지 않습니다.

③ 숫자가 1인 자리는 자릿값만 읽습니다.

주의해! 자리에 따라 나타내는 값이 달라.

확인 1 72548은 얼마만큼의 수인지 알아보세요.

(1) 각 자리의 숫자 7, 2, 5, 4, 8이 나타내는 값을 알아보려고 합니다. 빈칸에 알맞은 수를 써넣으세요.

만의 자리	천의 자리	백의 자리	십의 자리	일의 자리
7	2	5	4	8
70000		500		8

72548=70000+□+500+□+8

(2) 72548을 읽어 보세요.

( )

기본기 다지는 교과서 문제

1 빈칸에 알맞은 수를 써넣으세요.

10000이 9개, 1000이 3개, 100이 5개,
10이 1개, 1이 4개인 수

만의 자리	천의 자리	백의 자리	십의 자리	일의 자리
	3		1	4

2 빈칸에 알맞은 수나 말을 써넣으세요.

42875	사만 이천팔백칠십오
29845	
	육만 이천구백삼십일
91743	

3 □ 안에 알맞은 수를 써넣으세요.

만의 자리	천의 자리	백의 자리	십의 자리	일의 자리
4	2	9	6	3

42963=□+2000+□+□+□

개념 따라쓰기

다섯 자리 수 읽기

3	5	4	7	6
만	천	백	십	×
삼만	오천	사백	칠십	육

→ 삼만 오천사백칠십육

가장 높은 자리의 수부터 숫자와 자릿값을 함께 읽고, 일의 자릿값은 읽지 않습니다.

각 자리의 숫자가 나타내는 값

2 2 2 2 2

→ 2
→ 20
→ 200
→ 2000
→ 20000

같은 숫자라도 자리에 따라 나타내는 값이 다릅니다.

1

이해

빈칸에 알맞은 수를 써넣으세요.

10000이 8개, 1000이 3개, 100이 6개,
10이 2개, 1이 5개인 수

만의 자리	천의 자리	백의 자리	십의 자리	일의 자리
8		6		5
80000			20	

2

이해

□ 안에 알맞은 수를 써넣으세요.

10000이 6개
1000이 2개
100이 5개 이면 □
10이 1개
1이 4개

3 04쪽

적용

〈보기〉와 같이 각 자리의 숫자가 나타내는 값의 합으로 나타내어 보세요.

〈보기〉
79315=70000+9000+300+10+5

93845 = ________________

4 04쪽

창의 융합

돈이 모두 얼마인지 쓰세요.

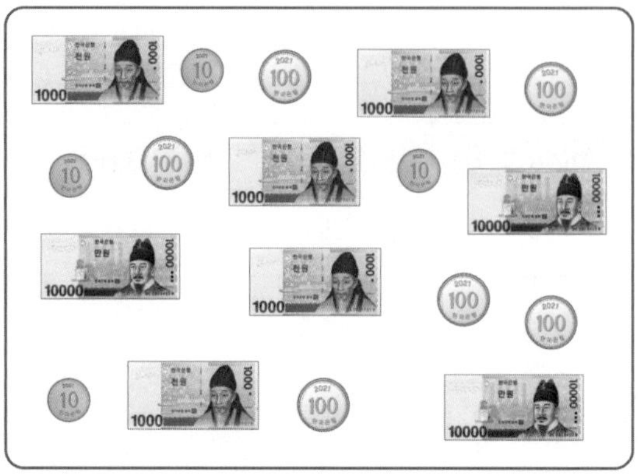

(　　　　　　)

5 04쪽

추론

10000이 7개, 1000이 3개, 100이 ★개, 10이 5개, 1이 9개인 수는 73859입니다. ★에 알맞은 수는 얼마일까요?

(　　　　　　)

6 04쪽

적용

수 카드를 모두 한 번씩만 사용하여 가장 큰 다섯 자리 수를 만들고 읽어 보세요.

6 3 8 1 5

〔쓰기〕 (　　　　　　)

〔읽기〕 (　　　　　　)

조금 더 어려운 문제에 도전해 볼까요?

7 05쪽 추론

수를 보고 물음에 답하세요.

56032 25493 38157 82315

(1) 천의 자리 숫자가 5인 수는 어느 것일까요?

( )

(2) 숫자 3이 300을 나타내는 수는 어느 것일까요?

( )

8 05쪽 문제 해결

숫자 8이 나타내는 값이 가장 큰 수부터 차례로 기호를 쓰세요.

㉠ 56813	㉡ 72948
㉢ 48239	㉣ 93582

□—□—□—□

+9 05쪽 수학적 독해력

저금통에 10000원짜리 지폐 4장, 1000원짜리 지폐 7장, 100원짜리 동전 13개, 10원짜리 동전 5개가 들어 있습니다. 저금통에 들어 있는 돈은 모두 얼마일까요?

( )

독해 포인트 '100원짜리 동전 13개'는 1000원짜리 지폐 1장과 100원짜리 동전 3개와 같습니다.

+10 05쪽 수학적 표현력

똑같은 모양의 지우개를 10000개씩 2상자, 1000개씩 5상자, 100개씩 1상자, 10개씩 8상자에 담았습니다. 상자에 담은 지우개는 모두 몇 개인지 풀이 과정을 쓰고, 답을 구하세요.

[풀이]

[답]

오늘 공부 어땠나요? 10개 중 맞힌 문제 □ 개 › **틀린 문제**는 힌트를 보고 다시 도전해 보세요. › **맞힌 문제**는 힌트를 보고 자신의 생각과 비교해 보세요.

03일 십만, 백만, 천만

① 십만, 백만, 천만 알아보기

- 10000이 10개 → 100000 / 10만 / 십만
- 10000이 100개 → 1000000 / 100만 / 백만
- 10000이 1000개 → 10000000 / 1000만 / 천만

쓰기		읽기
100000	10만	십만
1000000	100만	백만
10000000	1000만	천만

◐ 만, 십만, 백만, 천만의 관계

1만 →(10배) 10만 →(10배) 100만 →(10배) 1000만

- 10000이 3275개인 수
  → [쓰기] 32750000 또는 3275만 [읽기] 삼천이백칠십오만

② 천만 단위까지의 수에서 각 자리의 숫자가 나타내는 값

3	2	7	5	0	0	0	0
천	백	십	일	천	백	십	일
			만				일

→ 32750000＝30000000＋2000000＋700000＋50000

개념+ 천만 단위까지 수 읽기

5372 3904 → 오천삼백칠십이만 삼천구백사
①　②

① 일의 자리부터 네 자리씩 끊은 다음 단위를 '만', '일'로 하여 왼쪽부터 차례로 읽습니다.
② 숫자가 0인 자리는 읽지 않습니다.

5372 3904

확인 1 58360000은 얼마만큼의 수인지 알아보세요.

(1) 각 자리의 숫자 5, 8, 3, 6이 나타내는 값을 알아보려고 합니다. 빈칸에 알맞은 수를 써넣으세요.

5	8	3	6	0	0	0	0
천	백	십	일	천	백	십	일
			만				일

58360000＝50000000＋☐＋300000＋☐

(2) 58360000을 읽어 보세요.　(　　　　　　　　　　)

기본기 다지는 교과서 문제

1 같은 수끼리 선으로 이어 보세요.

10000이 10개인 수 •	• 1000만
10000이 1000개인 수 •	• 10만
10000이 100개인 수 •	• 100만

2 빈칸에 알맞은 수나 말을 써넣으세요.

47280000	사천칠백이십팔만
	육천오백구십삼만
30750000	
	칠백오십만

3 94760000을 표로 나타낸 것입니다. □ 안에 알맞은 수를 써넣으세요.

9	4	7	6	0	0	0	0
천	백	십	일	천	백	십	일
			만				일

94760000=□+4000000+□+60000

개념 따라쓰기

십만, 백만, 천만의 크기

1만 →(10배) 10만 →(10배) 100만 →(10배) 1000만

천만 단위까지 수 읽기

3527 | 1984
→ 삼천오백이십칠만 | 천구백팔십사

일의 자리부터 네 자리씩 끊은 다음 단위를 '만', '일'로 하여 왼쪽부터 차례로 읽습니다.

1 이해

같은 수끼리 선으로 이어 보세요.

10000이 100개인 수 •	• 10000000
10000이 1000개인 수 •	• 100000
10000이 10개인 수 •	• 1000000

2 06쪽 적용

빈칸에 알맞은 수를 써넣으세요.

10만 —10배→ □ —10배→ □

3 이해

63720000에서 각 자리의 숫자와 그 숫자가 나타내는 값을 알아보려고 합니다. 빈칸에 알맞은 수를 써넣으세요.

천만의 자리	백만의 자리	십만의 자리	만의 자리
	3		
		700000	

4 06쪽 적용

숫자 6이 나타내는 값을 각각 써넣으세요.

46720000 (㉠: 6)　　72640000 (㉡: 6)

㉠ (　　　　　)

㉡ (　　　　　)

5 06쪽 문제 해결

39562014에 대한 설명 중 옳은 것을 찾아 기호를 쓰세요.

㉠ 십만의 자리 숫자는 6입니다.
㉡ 백만의 자리 숫자는 900000을 나타냅니다.
㉢ 천만의 자리 숫자는 3이고 30000000을 나타냅니다.

(　　　　　)

6 06쪽 적용

수 카드를 모두 한 번씩만 사용하여 가장 큰 수를 만들고 읽어 보세요.

0 1 2 3 4 5 6 7

[쓰기] (　　　　　)

[읽기] (　　　　　)

7 07쪽 적용

설명하는 수가 얼마인지 쓰세요.

1000만이 5개, 100만이 13개, 10만이 7개인 수

(　　　　　　　　　　)

8 07쪽 문제 해결

㉠이 나타내는 값은 ㉡이 나타내는 값의 몇 배일까요?

46740000
(㉠: 첫째 자리 4, ㉡: 넷째 자리 4)

(　　　　　　　　　　)

+9 07쪽 수학적 독해력

수로 나타낼 때 0의 개수가 많은 것부터 차례로 기호를 쓰세요.

㉠ 삼천구백사만
㉡ 천이만
㉢ 팔천육백오십이만

□—□—□

독해 포인트 자릿값을 읽지 않은 자리는 숫자 0으로 나타냅니다.

+10 07쪽 수학적 표현력

은행에서 예금한 돈 3460000원을 찾으려고 합니다. 10만 원짜리 수표로 몇 장까지 찾을 수 있을지 풀이 과정을 쓰고, 답을 구하세요.

[풀이] ______________________

[답] ______________________

오늘 공부 어땠나요? 10개 중 맞힌 문제 □ 개 › 틀린 문제는 힌트를 보고 다시 도전해 보세요. › 맞힌 문제는 힌트를 보고 자신의 생각과 비교해 보세요.

04일 억과 조

① 억 알아보기

• 1000만이 10개인 수

→ **[쓰기] 100000000 또는 1억 [읽기] 억 또는 일억**

• 1억이 4237개인수

→ **[쓰기] 423700000000 또는 4237억 [읽기] 사천이백삼십칠억**

4	2	3	7	0	0	0	0	0	0	0	0
천	백	십	일	천	백	십	일	천	백	십	일
			억				만				일

→ 423700000000＝400000000000＋20000000000

＋3000000000＋700000000

◐ 1억 → 100000000 (0이 8개)

◐ 1조 → 1000000000000 (0이 12개)

◐ 일, 만, 억, 조의 관계

일 →(10000배) 만 →(10000배) 억 →(10000배) 조

② 조 알아보기

• 1000억이 10개인 수

→ **[쓰기] 1000000000000 또는 1조 [읽기] 조 또는 일조**

• 1조가 5368개인 수

→ **[쓰기] 5368000000000000 또는 5368조 [읽기] 오천삼백육십팔조**

5	3	6	8	0	0	0	0	0	0	0	0	0	0	0	0
천	백	십	일	천	백	십	일	천	백	십	일	천	백	십	일
			조				억				만				일

→ 5368000000000000＝5000000000000000＋300000000000000

＋60000000000000＋8000000000000

일의 자리부터 네 자리씩 끊은 다음 '만', '억', '조'를 이용해서 읽어.

확인 1 □ 안에 알맞은 수를 써넣고 읽어 보세요.

8326000000000000															
□	□	□	□	0	0	0	0	0	0	0	0	0	0	0	0
천	백	십	일	천	백	십	일	천	백	십	일	천	백	십	일
			조				억				만				일

( )

1 빈칸에 알맞은 수를 써넣으세요.

(1)

	10배		10배		10배		10배	
1만	→	□	→	□	→	1000만	→	□

(2)

	10배		10배		10배		10배	
1억	→	□	→	□	→	1000억	→	□

2 □ 안에 알맞은 수를 써넣으세요.

(1) 1억은
- 9999만보다 □만큼 더 큰 수입니다.
- 9990만보다 □만큼 더 큰 수입니다.

(2) 1조는
- 9900억보다 □만큼 더 큰 수입니다.
- 9000억보다 □만큼 더 큰 수입니다.

3 □ 안에 알맞은 수를 써넣고 읽어 보세요.

3574286900000000

□	□	□	□	□	□	□	□	0	0	0	0	0	0	0	0
천	백	십	일	천	백	십	일	천	백	십	일	천	백	십	일
			조				억				만				일

(　　　　　　　　　　　　　　　　　　　)

개념 따라쓰기

일, 만, 억, 조 사이의 관계

일 →(10000배) 만 →(10000배) 억 →(10000배) 조

조 단위까지의 수 읽기

1|0000|0000|0000
조 억 만 일

일의 자리부터 네 자리씩 끊은 다음 '만', '억', '조'를 이용하여 읽습니다.

1

이해

□ 안에 알맞은 수를 써넣으세요.

(1) 1억은 ┌ 1000만이 □개인 수입니다.
　　　　　└ 10만이 □개인 수입니다.

(2) 1조는 ┌ 1000억이 □개인 수입니다.
　　　　　└ 100억이 □개인 수입니다.

2

08쪽

이해

빈칸에 알맞은 수를 써넣으세요.

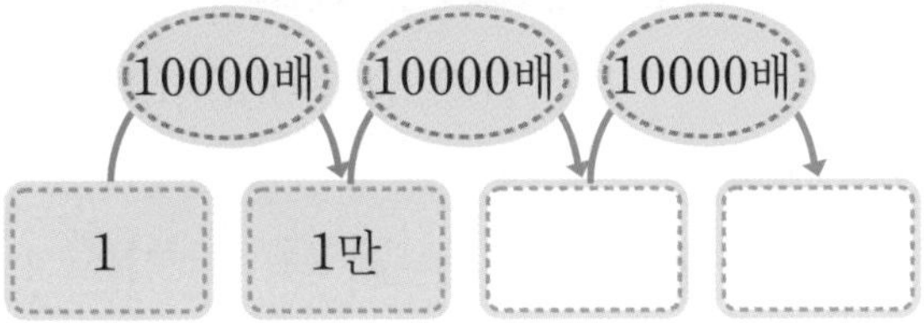

3

적용

빈칸에 알맞은 수를 써넣고 읽어 보세요.

7395481200000000															
								0	0	0	0	0	0	0	0
천	백	십	일	천	백	십	일	천	백	십	일	천	백	십	일
			조				억				만				일

(　　　　　　　　　　　　　　　　　　　　)

4

08쪽

이해

수를 〈보기〉와 같이 나타내어 보세요.

〈보기〉
682437915627 ➔ 6824억 3791만 5627

819735423854

➔ ______________________

5

08쪽

문제 해결

다음을 보고 물음에 답하세요.

28374590160000

(1) 숫자 7은 얼마를 나타낼까요?

(　　　　　　　　)

(2) 숫자 2는 어느 자리 숫자일까요?

(　　　　　　　　)

6

08쪽

적용

어느 기업의 연도별 매출액을 나타낸 표입니다. 빈칸에 알맞은 금액을 써넣으세요.

년도	매출액(원)	
2019	13조 7000억	13700000000000
2020	21조 5700억	
2021	32조 800억	

7 09쪽 추론

827953410000에 대한 설명으로 틀린 것을 찾아 기호를 쓰세요.

㉠ 2는 백억의 자리 숫자입니다.
㉡ 천만의 자리 숫자는 5입니다.
㉢ 숫자 7은 700000000을 나타냅니다.
㉣ 억이 8279개, 만이 5341개입니다.

(　　　　　　)

8 09쪽 적용

수로 나타낼 때 0의 수가 많은 것부터 차례로 기호를 쓰세요.

㉠ 21조 5240억
㉡ 이조 삼천오백억
㉢ 삼조 사백억

□—□—□

+9 09쪽 수학적 독해력

수 카드를 한 번씩 모두 사용하여 억의 자리 숫자가 9인 가장 큰 수를 만들고 읽어 보세요.

0 1 2 3 4 5 6 7 8 9

[쓰기] (　　　　　　)
[읽기] (　　　　　　)

독해 포인트 먼저 '억의 자리 숫자'에 수 카드 '9'를 놓습니다.

+10 09쪽 수학적 표현력

두 수 ㉠과 ㉡ 중에서 숫자 3이 나타내는 값이 더 작은 수의 기호를 쓰려고 합니다. 풀이 과정을 쓰고, 답을 구하세요.

㉠ 63741500000000
㉡ 235조 780억

[풀이] ______________________

____

____

[답] ______________________

오늘 공부 어땠나요? 10개 중 맞힌 문제 □ 개 > 틀린 문제는 힌트를 보고 다시 도전해 보세요. > 맞힌 문제는 힌트를 보고 자신의 생각과 비교해 보세요.

05일 뛰어 세기

❶ 뛰어 세기

• 10000씩 뛰어 세기 : 만의 자리 수가 1씩 커집니다.

350000 — 360000 — 370000 — 380000

• 10억씩 뛰어 세기 : 십억의 자리 수가 1씩 커집니다.

2450억 — 2460억 — 2470억 — 2480억

• 100조씩 뛰어 세기 : 100조의 자리 수가 1씩 커집니다.

5200조 — 5300조 — 5400조 — 5500조

10배 하기

2억 →(10배) 20억 →(10배) 200억 →(10배) 2000억

➜ 수를 10배 하면 수의 뒤에 0을 한 개 붙인 것과 같습니다.

❷ 얼마씩 뛰어 세었는지 알아보기

9570000 — 9670000 — 9770000 — 9870000

① 어느 자리 수가 몇씩 변하는지 살펴봅니다.

② 몇씩 뛰어 세었는지 알아봅니다.

➜ 십만의 자리 수가 1씩 커지므로 10만씩 뛰어 세었습니다.

확인 1 10000씩 뛰어 세어 보세요.

520000 — 530000 — ☐ — 550000 — ☐

확인 2 얼마씩 뛰어 세었는지 ☐ 안에 알맞은 말이나 수를 써넣으세요.

4237억 — 4247억 — 4257억 — 4267억 — 4277억

➜ ☐의 자리 수가 1씩 커지므로 ☐씩 뛰어 세었습니다.

기본기 다지는 교과서 문제

» 정답 · 풀이 06쪽

1 100000씩 뛰어 세어 보세요.

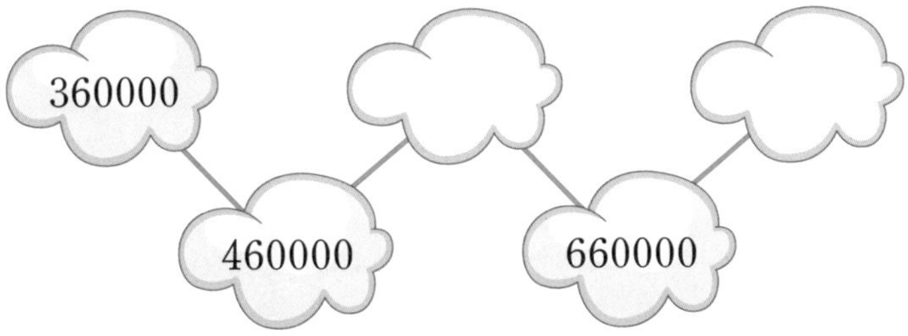

2 50억씩 뛰어 세어 보세요.

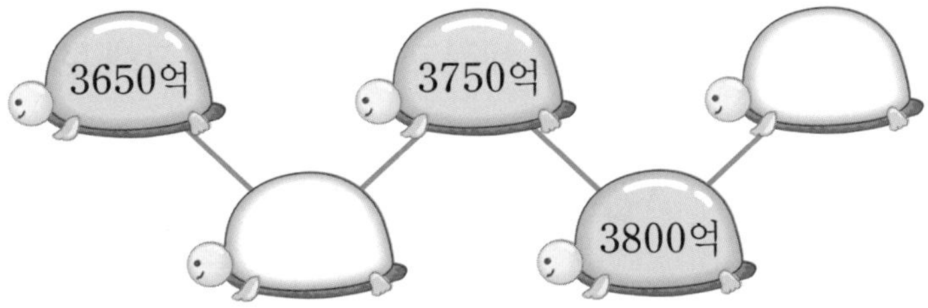

3 얼마씩 뛰어 세었는지 써 보세요.

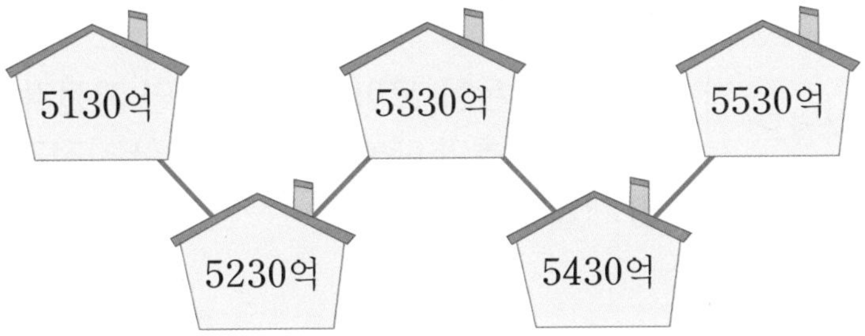

( )

개념 따라쓰기

10000씩 뛰어 세기

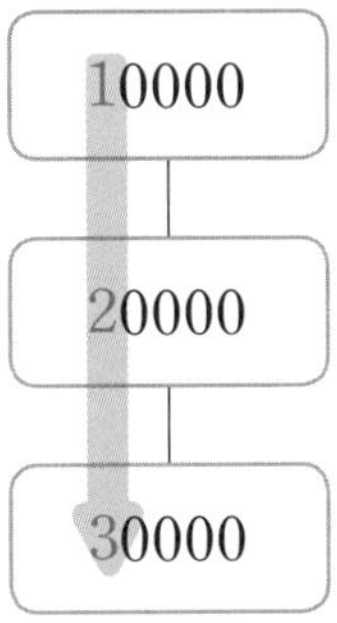

10000씩 뛰어 세면 만의 자리 수가 1씩 커집니다.

얼마씩 뛰어 세었는지 알아보기

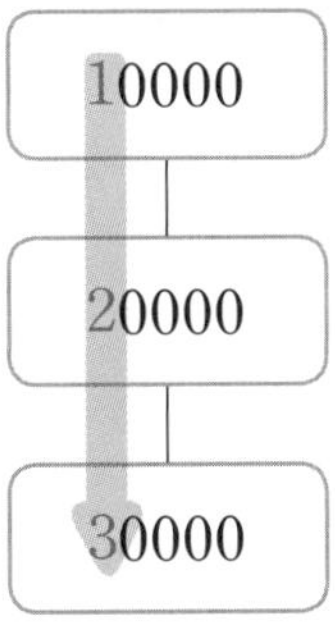

만의 자리 수가 1씩 커져.
→ 10000씩 뛰어 세었어.

얼마씩 뛰어 세었는지 찾을 때에는 어느 자리 수가 몇씩 변하는지 살펴봅니다.

1

이해

100만씩 뛰어 세어 보세요.

5387만 — 5487만 — [ ] — [ ] — [ ] — 5887만

2

이해

뛰어 세기를 하여 빈칸에 알맞은 수를 써넣고 얼마씩 뛰어 세었는지 쓰세요.

3148억 — 3158억 — [ ] — 3178억 — [ ] — [ ]

→ [ ]씩 뛰어 세었습니다.

3

10쪽

적용

뛰어 세는 규칙을 찾아 빈칸에 알맞은 말을 써넣으세요.

백이십칠억 — 백사십칠억 — [ ] — 백팔십칠억 — [ ] — [ ]

4

10쪽

이해

얼마씩 뛰어 세었는지 쓰세요.

7354000 — 7454000 — 7554000 — 7654000 — 7754000

(　　　　　　)

5

10쪽

문제 해결

3조씩 뛰어 세려고 합니다. ★를 구해 보세요.

(　　　　　　)

6

10쪽

적용

민호는 용돈을 모아서 12만 원인 자전거를 사려고 합니다. 민호가 매월 2만 원씩 모아 자전거를 사려면 몇 개월이 걸릴까요?

(　　　　　　)

» 정답 · 풀이 06쪽

조금 더 **어려운 문제**에 도전해 볼까요?

7 11쪽 추론

♣에서 1000만씩 뛰어 세기를 3번 하였더니 다음과 같았습니다. ♣를 구하세요.

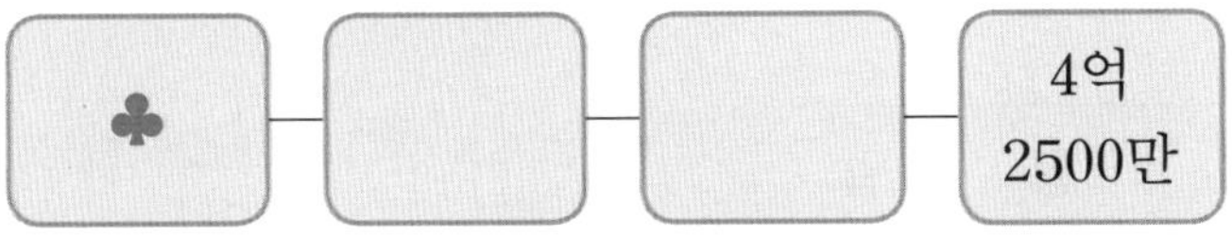

( )

8 11쪽 문제 해결

수직선에서 ㉠에 알맞은 수를 구해 보세요.

( )

+9 11쪽 수학적 독해력

뛰어 세는 규칙을 찾아 ♥와 ◆에 알맞은 수를 각각 구해 보세요.

♥ ( ), ◆ ( )

독해 포인트 가로와 세로의 뛰어 세기에서 '규칙'을 찾아보세요.

+10 11쪽 수학적 표현력

어떤 수에서 100억씩 커지도록 10번 뛰어 세면 3592억입니다. 어떤 수는 얼마인지 풀이 과정을 쓰고, 답을 구하세요.

[풀이] ______________________

____

____

[답] ______________________

오늘 공부 어땠나요? 10개 중 맞힌 문제 ☐ 개 > 틀린 문제는 힌트를 보고 다시 도전해 보세요. > 맞힌 문제는 힌트를 보고 자신의 생각과 비교해 보세요.

수의 크기 비교

1 자리 수가 다른 두 수의 크기 비교

자리 수가 많은 쪽이 더 큰 수입니다.

예 241680000과 59730000의 크기 비교

일	천	백	십	일	천	백	십	일
억				만				일
2	4	1	6	8	0	0	0	0
	5	9	7	3	0	0	0	0

241680000 > 59730000

9자리 수 8자리 수

수의 크기 비교 방법

자리 수 비교

- 자리 수가 다르면 → 자리 수가 많은 쪽이 더 큰 수
- 자리 수가 같으면 → 높은 자리 수가 큰 쪽이 더 큰 수

2 자리 수가 같은 두 수의 크기 비교

가장 높은 자리 수부터 차례로 비교하여 수가 큰 쪽이 더 큰 수입니다.

예 372590000과 374820000의 크기 비교

일	천	백	십	일	천	백	십	일
억				만				일
3	7	2	5	9	0	0	0	0
3	7	4	8	2	0	0	0	0

372590000 < 374820000

2<4

형태가 다른 수의 크기 비교

두 수의 형태가 다를 때에는 같은 형태로 바꾸어서 크기를 비교합니다.

예 2억 3410만과 237450000의 비교

→ 2억 3410만<2억 3745만

확인 1 두 수의 크기를 비교하여 ◯ 안에 >, =, <를 알맞게 써넣으세요.

천	백	십	일	천	백	십	일
			만				일
	7	9	6	0	0	0	0
1	4	3	6	0	0	0	0

7960000 ◯ 14360000

기본기 다지는 교과서 문제

» 정답 · 풀이 07쪽

1 두 수를 쓰고 크기를 비교하여 ◯ 안에 >, =, <를 알맞게 써넣으세요.

(1)

7	0	0	0	0
	9	0	0	0
		3	0	0
			5	0
				6

3	0	0	0	0	0
	1	0	0	0	0
		5	0	0	0
			8	0	0
				2	0
					4

□ ◯ □

(2)

4	0	0	0	0
	6	0	0	0
		1	0	0
			5	0
				3

4	0	0	0	0
	3	0	0	0
		9	0	0
			7	0
				8

□ ◯ □

2 두 수의 크기를 비교하여 ◯ 안에 >, =, <를 알맞게 써넣으세요.

(1) 135487 ◯ 72485

(2) 52498673 ◯ 52894317

3 두 수의 크기를 비교하여 ◯ 안에 >, =, <를 알맞게 써넣으세요.

(1) 470억 3054만 ◯ 2157억 3012만

(2) 245조 2000억 ◯ 242조 9000억

개념 따라쓰기

자리 수가 다른 두 수의 크기 비교

78453 ⓒ< 251643

5자리 수 / 6자리 수

자리 수가 다르면 자리 수가 많은 쪽이 더 큰 수입니다.

자리 수가 같은 두 수의 크기 비교

78453 ⓒ< 79312

8<9

자리 수가 같으면 가장 높은 자리 수부터 차례로 비교하여 수가 큰 쪽이 더 큰 수입니다.

1

이해

두 수의 크기를 비교하여 ◯ 안에 >, =, <를 알맞게 써넣으세요.

(1) 374129 ◯ 375218

(2) 31489520 ◯ 9856234

2

이해

두 수의 크기를 비교하여 ◯ 안에 >, =, <를 알맞게 써넣으세요.

(1) 967억 7458만 ◯ 4132억 5076만

(2) 547조 2583억 ◯ 546조 9785

3

12쪽

적용

가장 큰 수에 ○표, 가장 작은 수에 △표 하세요.

4736521	475863	473912
(　　　)	(　　　)	(　　　)

4

12쪽

이해

두 수의 크기를 비교하여 ◯ 안에 >, =, <를 알맞게 써넣으세요.

(1) 918조 ◯ 천사백이십삼조

(2) 284600000000 ◯ 이천팔백삼십구억

5

12쪽

문제 해결

가, 나, 다 세 도시의 인구를 나타낸 표입니다. 인구가 가장 많은 도시의 기호를 쓰세요.

도시	인구(명)
가	3594732
나	378만 1423
다	삼백칠십이만 팔천오백이십사

(　　　　　)

6

12쪽

적용

㉠과 ㉡이 나타내는 수를 수직선에 각각 나타내고 크기를 비교해 보세요.

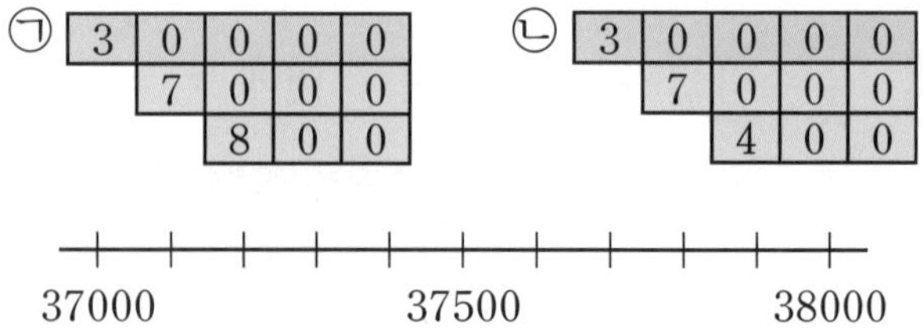

→ ㉠은 ㉡보다 (큽니다 , 작습니다).

7 13쪽

추론

큰 수부터 차례로 기호를 쓰세요.

㉠ 6358491072
㉡ 6357984132
㉢ 63501294700

□—□—□

8 13쪽

문제 해결

0부터 9까지의 수 중에서 □ 안에 들어갈 수 있는 수를 모두 구해 보세요.

$25734160832 < 25\square60172439$

(　　　　　　)

+9 13쪽

수학적 독해력

설명에 알맞은 수를 구해 보세요.

- 수 카드 1, 2, 3, 4, 5를 모두 한 번씩만 사용하여 만든 수입니다.
- 34000보다 큰 수입니다.
- 34200보다 작은 수입니다.
- 일의 자리 수는 홀수입니다.

(　　　　　　)

독해 포인트　모든 조건에 알맞은 수를 구해야 합니다.

+10 13쪽

수학적 표현력

가와 나 두 회사의 1년 간 수출액을 나타낸 표입니다. 어느 회사의 수출액이 더 많은지 풀이 과정을 쓰고, 답을 구하세요.

회사	수출액(원)
가	5024억 8639만
나	507237980000

[풀이] ______________________

[답] ______________________

오늘 공부 어땠나요?　10개 중 맞힌 문제 □ 개 > 틀린 문제는 힌트를 보고 다시 도전해 보세요. > 맞힌 문제는 힌트를 보고 자신의 생각과 비교해 보세요.

단원평가

01 나타내는 수가 다른 것을 찾아 기호를 쓰세요.

㉠ 9900보다 100만큼 더 큰 수
㉡ 1000이 10개인 수
㉢ 10000의 10배인 수
㉣ 9990보다 10 큰 수

(　　　　　　　)

02 □ 안에 알맞은 수를 써넣으세요.

10000이 5개
1000이 3개
100이 7개 ─ 이면 □
10이 2개
1이 9개

03 숫자 3이 300000을 나타내는 수는 어느 것인지 기호를 쓰세요.

㉠ 32587604	㉡ 98730542
㉢ 14368429	㉣ 53824796

(　　　　　　　)

04 수로 나타내었을 때 0은 모두 몇 개인가요?

이백구조 오천삼십억 구천만 십오

(　　　　　　　)

05 수 카드를 모두 한 번씩만 사용하여 만들 수 있는 수 중에서 십억의 자리 숫자가 4인 가장 큰 수를 쓰세요.

0　1　2　3　4
5　6　7　8　9

(　　　　　　　)

06 ㉠에 알맞은 수는 얼마인지 쓰세요.

655억 3500만 ─ 656억 3500만 ─
657억 3500만 ─ 658억 3500만 ─
㉠

(　　　　　　　)

07 어떤 수에서 100억씩 10번 뛰어 센 수가 1조 9500억이었습니다. 어떤 수는 얼마일까요?

(　　　　　　　　)

08 가와 나 두 회사가 한 달 동안 만든 연필의 수를 나타낸 표입니다. 연필을 더 많이 만든 회사를 쓰세요.

회사	가	나
연필 수(자루)	3876942	3879031

(　　　　　　　　)

09 0부터 9까지의 수 중에서 □ 안에 들어갈 수 있는 수를 모두 쓰세요.

453□28196 > 453619273

(　　　　　　　　)

서술형

10 ㉠이 나타내는 수는 ㉡이 나타내는 수의 몇 배인지 풀이 과정을 쓰고, 답을 구하세요.

2472018 (㉠: 첫 번째 2, ㉡: 두 번째 2)

[풀이] ____________________

____

____

[답] ____________________

07일

각의 크기 비교하기 / 각의 크기 재기

① 각의 크기 비교하기

각의 크기는 두 변이 벌어진 정도가 클수록 큰 각입니다.

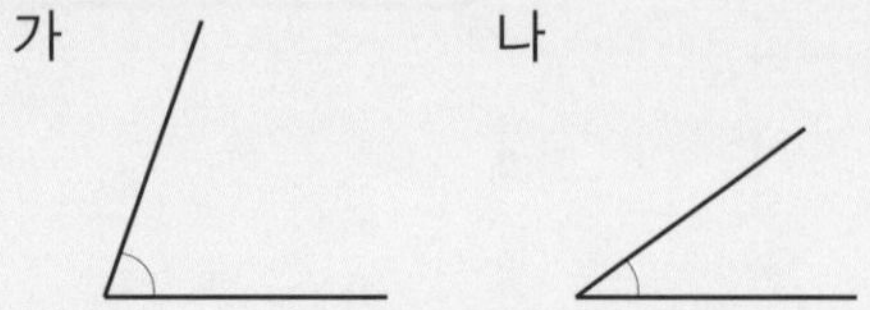

➜ 가의 각의 크기가 나의 각의 크기보다 더 큽니다.

◐ 각의 크기는 변의 길이에 관계 없이 두 변이 벌어진 정도로 비교합니다.

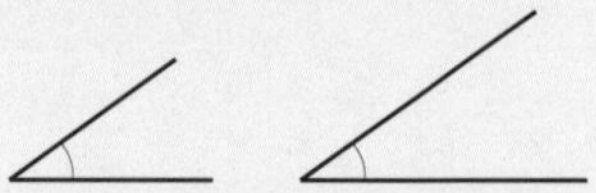

➜ 두 각의 크기는 같습니다.

② 각도 알아보기

- 각의 크기를 **각도**라고 합니다.
- 직각을 똑같이 90으로 나눈 것 중 하나를 **1도**라 하고, **1°**라고 씁니다.
- 직각은 **90°**입니다.

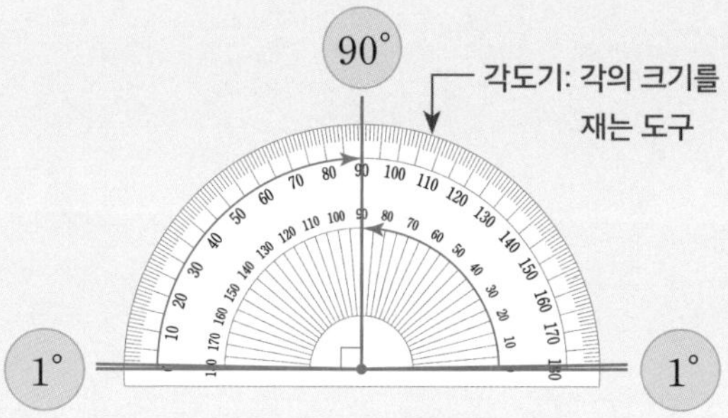

③ 각도기를 이용하여 각도 재기

① 각도기의 중심을 각의 꼭짓점에 맞춥니다.
② 각도기의 밑금을 각의 한 변에 맞춥니다.
③ 각의 나머지 변이 가리키는 각도기의 눈금을 읽습니다.

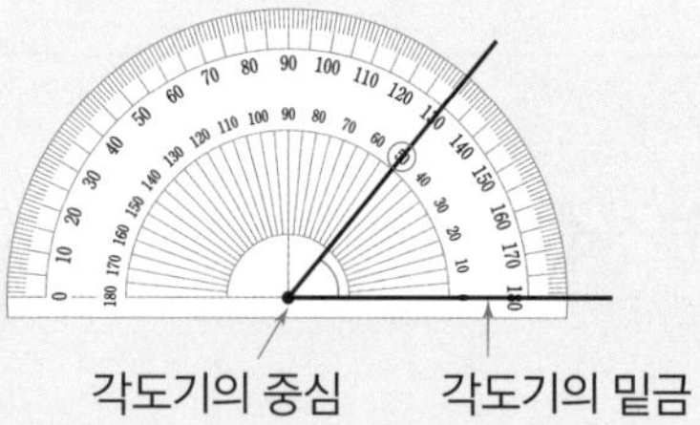

개념+ 각도기의 눈금을 읽는 방법

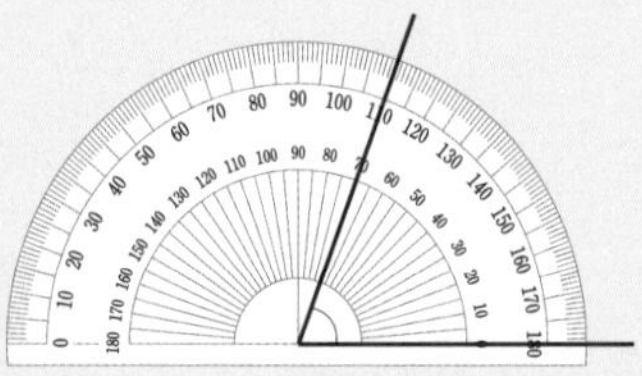

- 각의 한 변이 **안쪽 눈금 0**에 맞춰져 있으면 **안쪽 눈금**을 읽습니다. ➜ 70°

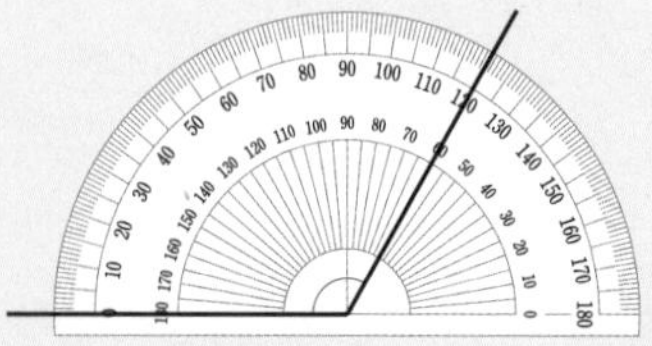

- 각의 한 변이 **바깥쪽 눈금 0**에 맞춰져 있으면 **바깥쪽 눈금**을 읽습니다. ➜ 120°

기본기 다지는 교과서 문제

» 정답 · 풀이 10쪽

1 피자 조각이 2개 있습니다. 두 피자 조각의 각 중에서 더 큰 각을 찾아 ○표 하세요.

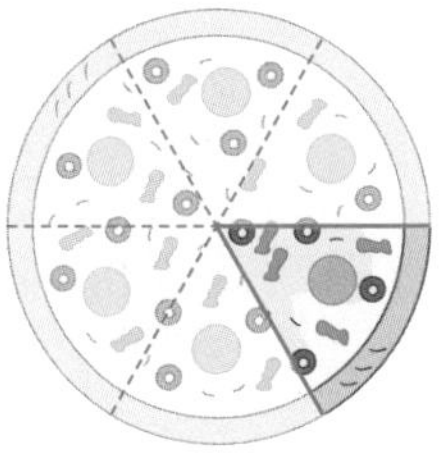

(　　　　)

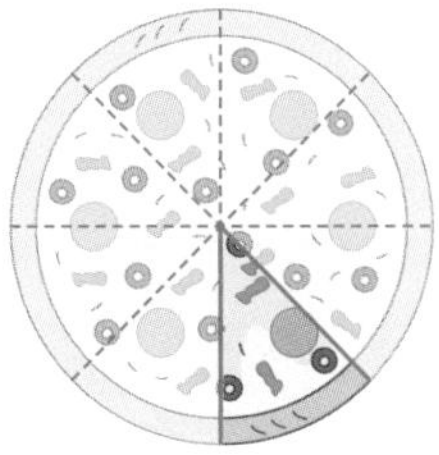

(　　　　)

2 각도기의 중심을 바르게 맞춘 것에 ○표 하세요.

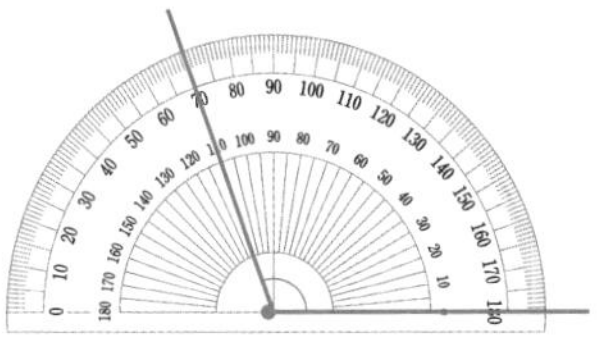

(　　　　)

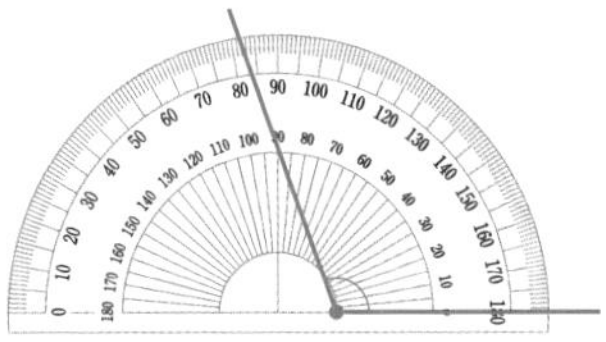

(　　　　)

3 각도기의 밑금을 바르게 맞춘 것에 ○표 하세요.

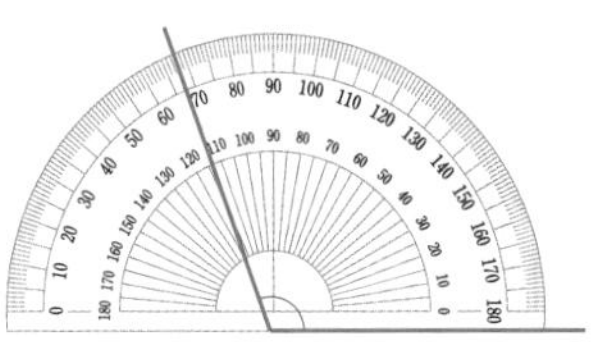

(　　　　)

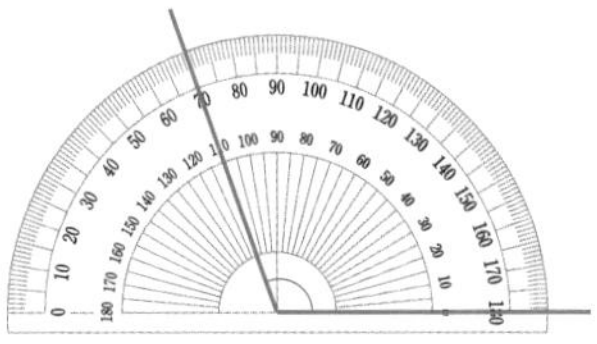

(　　　　)

4 각도를 구해 보세요.

(1)

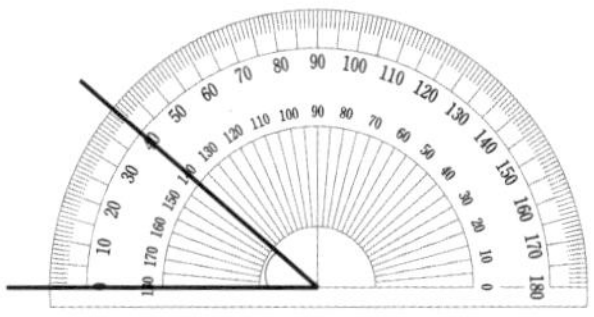

□°

(2)

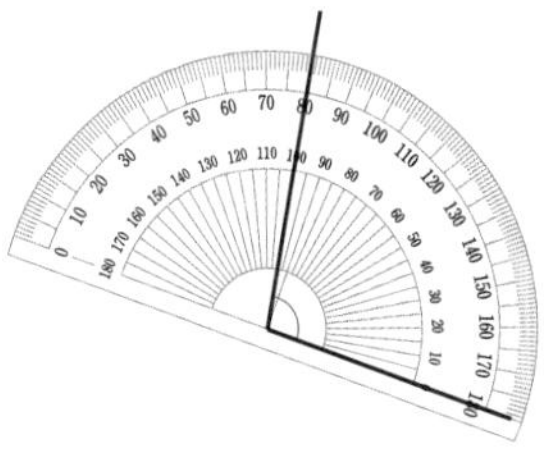

□°

개념 따라쓰기

2 단원

각도기로 각을 재는 방법

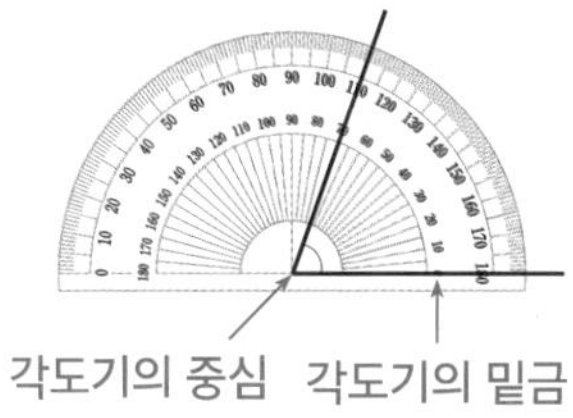

각도기의 중심을 각의 꼭짓점에, 각도기의 밑금을 각의 한 변에 맞춥니다.

각도 읽기 ①-안쪽 눈금 읽기

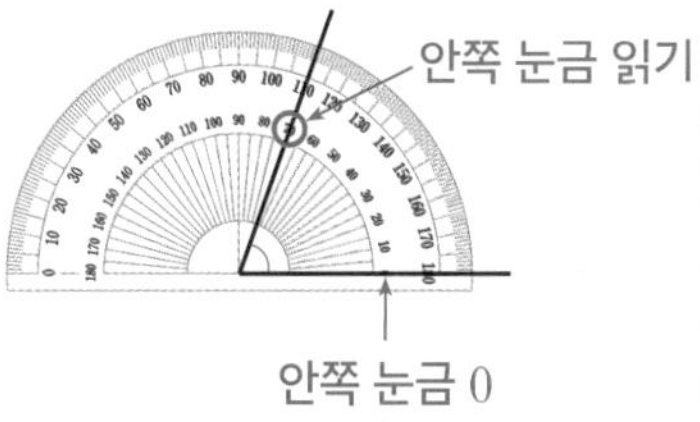

각의 한 변이 안쪽 눈금 0에 맞춰져 있으면 안쪽 눈금을 읽습니다.

각도 읽기 ②-바깥쪽 눈금 읽기

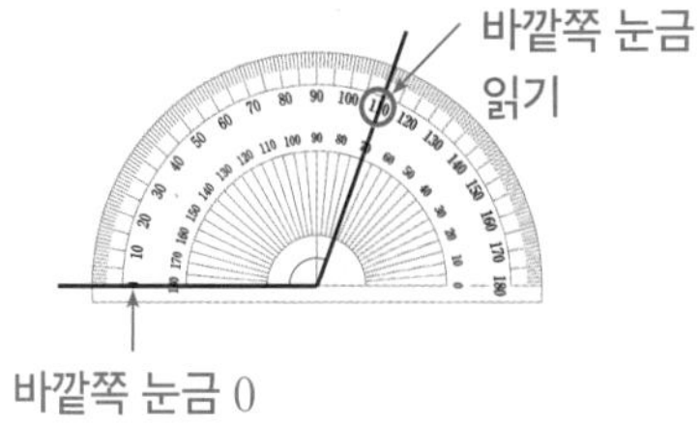

각의 한 변이 바깥쪽 눈금 0에 맞춰져 있으면 바깥쪽 눈금을 읽습니다.

스스로 풀어내는 도전 10 문제

1 14쪽 이해

각의 크기가 큰 순서대로 1, 2, 3을 써넣으세요.

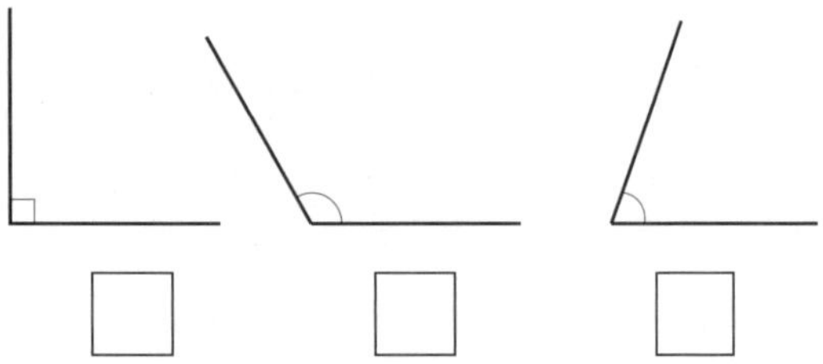

2 14쪽 이해

각도기의 작은 눈금 한 칸은 몇 도를 나타내는지 쓰세요.

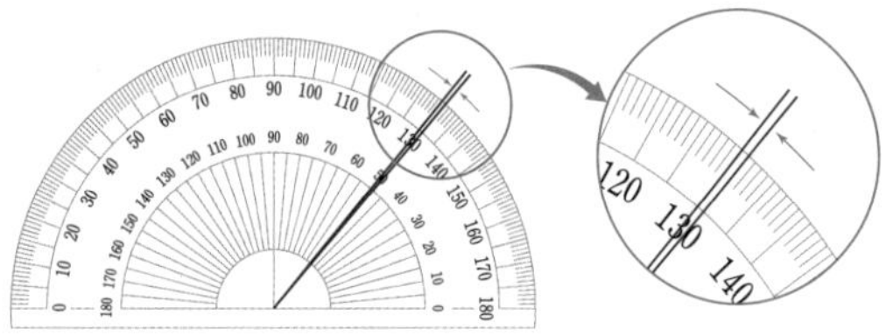

(　　　　　　　)

3 14쪽 적용

각도기를 이용하여 각도를 바르게 잰 것을 찾아 기호를 쓰세요.

㉠
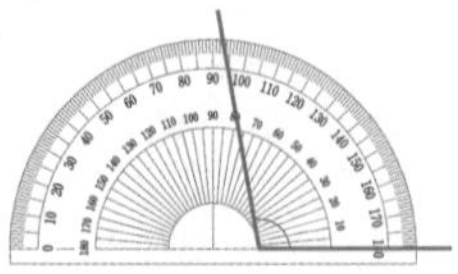
㉡
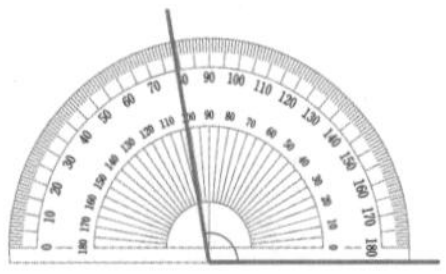
㉢
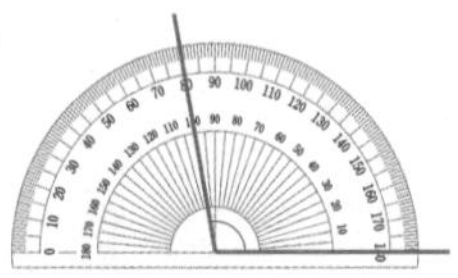
㉣
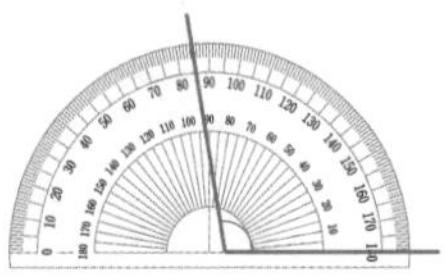

(　　　　　　　)

4 이해

각도기를 이용하여 각도를 재어 보세요.

(1)
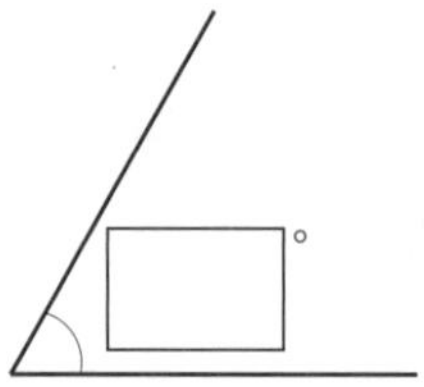
(2)
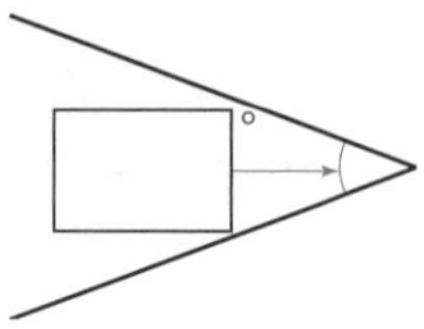

5 문제 해결

각도기를 이용하여 여러 가지 도형의 각도를 재어 보세요.

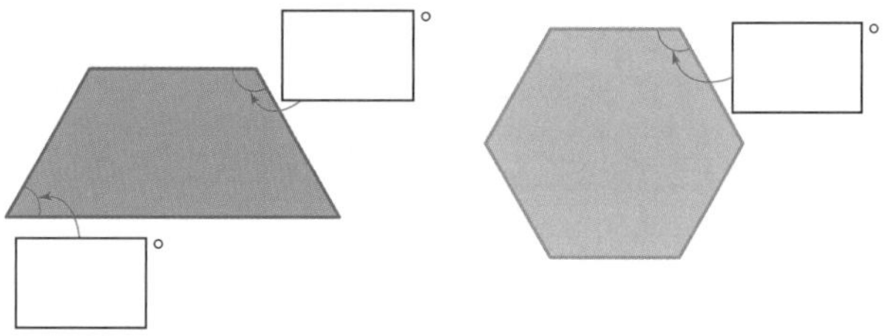

6 14쪽 의사 소통

슬기, 서준, 윤하는 뾰족한 지붕이 있는 집을 그렸습니다. 지붕 위쪽의 각의 크기를 바르게 비교한 사람은 누구인지 쓰세요.

슬기　　서준　　윤하

슬기: 세 지붕 위쪽의 각의 크기는 모두 같아.
서준: 윤하가 그린 지붕 위쪽의 각의 크기가 가장 커.
윤하: 슬기가 그린 지붕 위쪽의 각의 크기가 가장 작아.

(　　　　　　　)

조금 더 어려운 문제에 도전해 볼까요?

» 정답 · 풀이 10쪽

7 15쪽 추론

그림에서 각 ㄱㄴㄹ보다 작은 각은 모두 몇 개일까요?

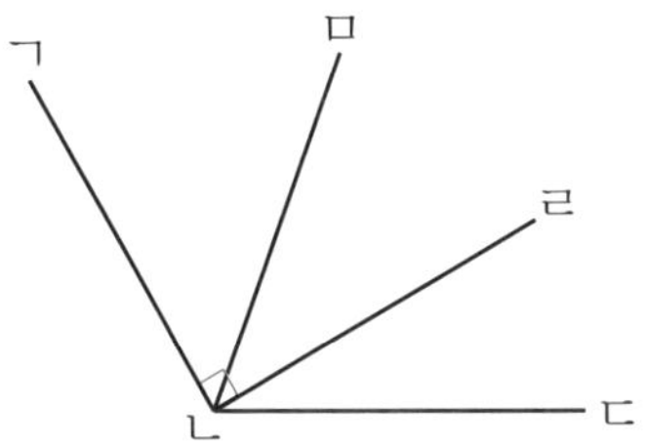

( )

8 15쪽 이해

각 ㄱㄴㅁ과 각 ㄹㄴㄷ의 크기를 각각 구하세요.

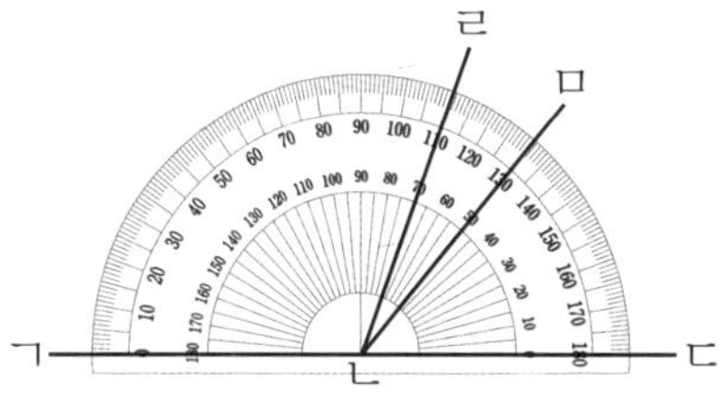

각 ㄱㄴㅁ ( )
각 ㄹㄴㄷ ( )

+9 15쪽 수학적 독해력

시계의 긴바늘과 짧은바늘이 이루는 작은 쪽의 각이 더 큰 시계에 ○표 하세요.

( ) ( )

독해 포인트 시계의 두 바늘이 이루는 각은 두 개입니다.

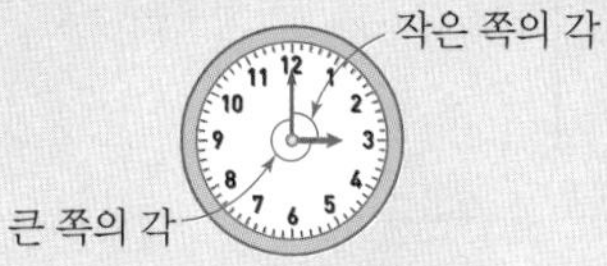

+10 15쪽 수학적 표현력

서연이가 각도를 잘못 읽었습니다. 각도를 바르게 쓰고, 각도를 잘못 읽은 이유를 설명해 보세요.

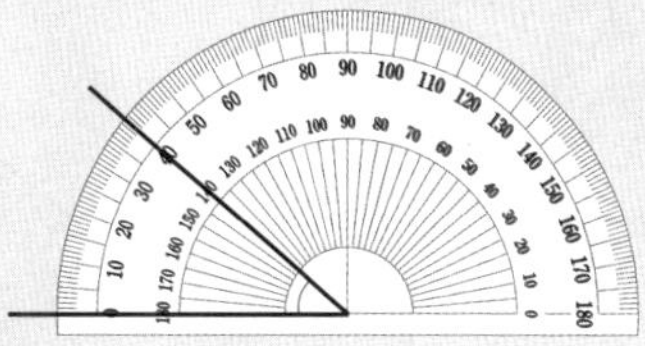

[바른 각도] ____________________

[잘못 읽은 이유] ____________________

____

____

오늘 공부 어땠나요? 10개 중 맞힌 문제 [ ] 개 > **틀린 문제**는 힌트를 보고 다시 도전해 보세요. > **맞힌 문제**는 힌트를 보고 자신의 생각과 비교해 보세요.

08일 예각과 둔각 알아보기 / 각도 어림하기

① 예각과 둔각 알아보기

- 각도가 0°보다 크고 직각보다 작은 각을 **예각**이라고 합니다.
- 각도가 직각보다 크고 180°보다 작은 각을 **둔각**이라고 합니다.

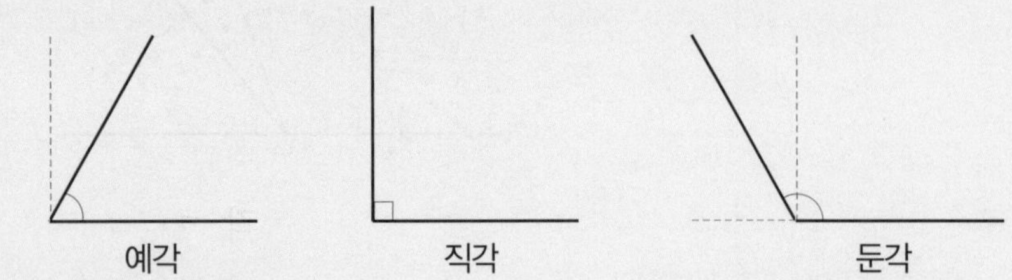

0°<(예각)<90° 90° 90°<둔각<180°

◐ 직각을 기준으로 하여 예각과 둔각을 구분할 수 있습니다.

0°<■°<90°<●°<180°
↑ 예각 ↑ 직각 ↑ 둔각

② 각도 어림하기

- 각도기를 이용하지 않고 각도가 얼마쯤 되는지 어림합니다.
- 어림한 각도를 나타낼 때에는 '약'을 붙입니다.
- 어림한 각도와 각도기로 잰 각도의 차가 작을수록 가깝게 어림한 것입니다.

◐ 어림할 때 삼각자의 30°, 45°, 60°, 90°를 기준으로 각도를 비교하면 쉽게 어림할 수 있습니다.

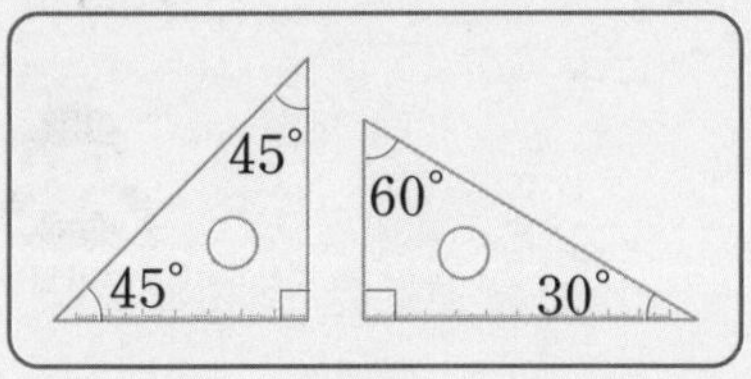

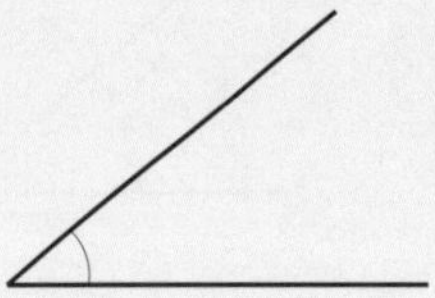

➔ 삼각자의 45°보다 조금 작아 보입니다.

어림한 각도: 약 40°
잰 각도: 40°

확인 1 주어진 각을 보고 물음에 답하세요.

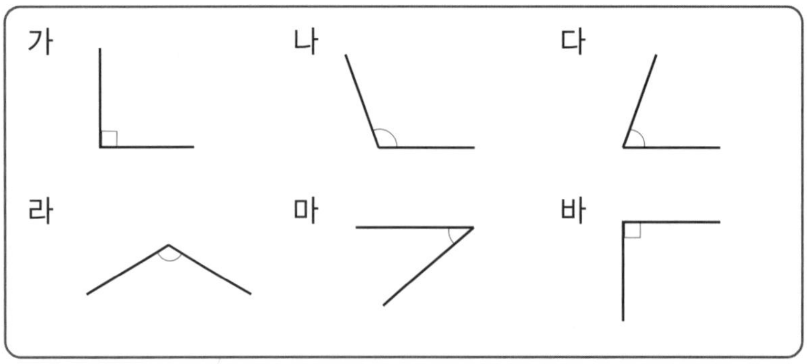

(1) 직각보다 작은 각을 모두 찾아 기호를 쓰고, 옳은 것에 ○표 하세요.

☐ ➔ (예각 , 둔각)

(2) 직각보다 큰 각을 모두 찾아 기호를 쓰고, 옳은 것에 ○표 하세요.

☐ ➔ (예각 , 둔각)

» 정답 · 풀이 11쪽

기본기 다지는 교과서 문제

1 각을 보고 예각, 둔각 중 어느 것인지 □ 안에 써넣으세요.

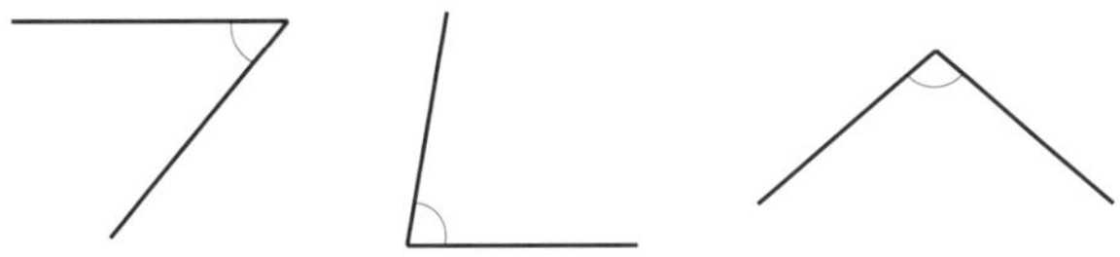

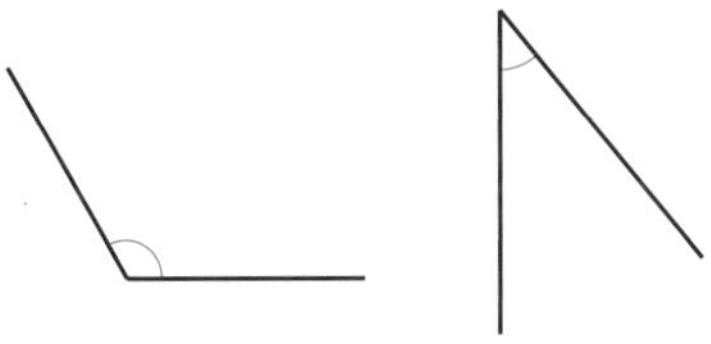

2 주어진 각을 예각, 직각, 둔각으로 분류하여 기호를 써넣으세요.

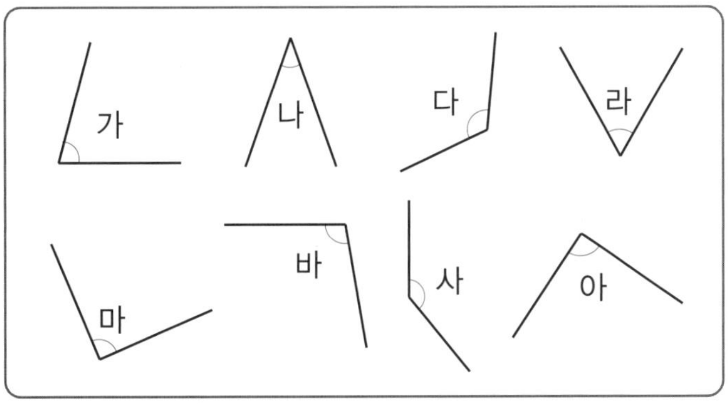

예각	직각	둔각

3 삼각자의 각과 비교하여 각도를 어림하고, 각도기로 재어 확인해 보세요.

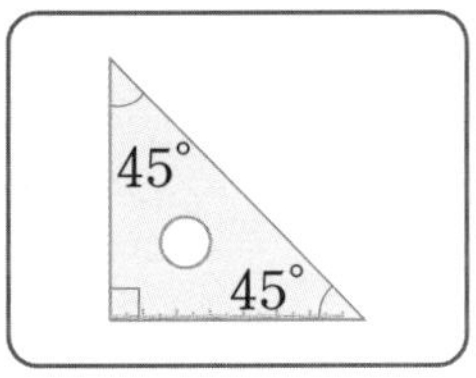

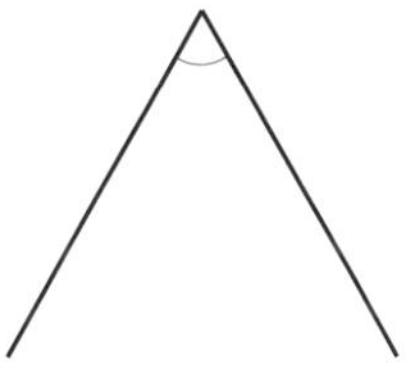

어림한 각도 약 □°

잰 각도 □°

개념 따라쓰기

예각, 직각, 둔각 알아보기

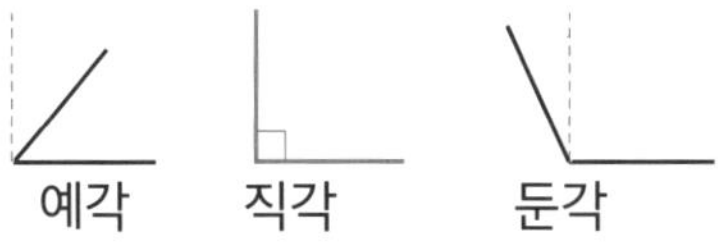

0° < (예각) < (직각) < (둔각) < 180°

직각을 기준으로 하여 예각과 둔각을 구분할 수 있습니다.

각도 어림하기

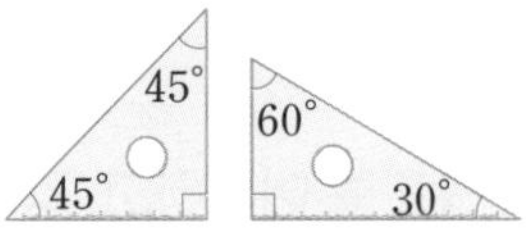

삼각자의 30°, 45°, 60°, 90°를 기준으로 각도를 비교하면 쉽게 어림할 수 있습니다.

스스로 풀어내는 도전 10 문제

막힐 때 힌트북

1

이해

예각이면 △표, 둔각이면 ○표 하세요.

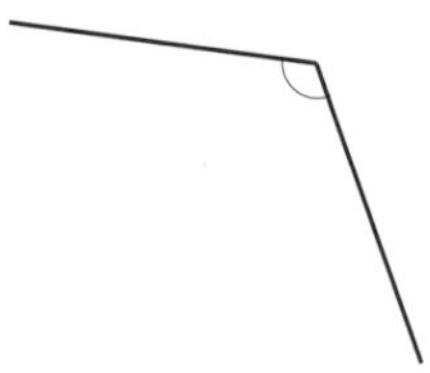

(　　　　)

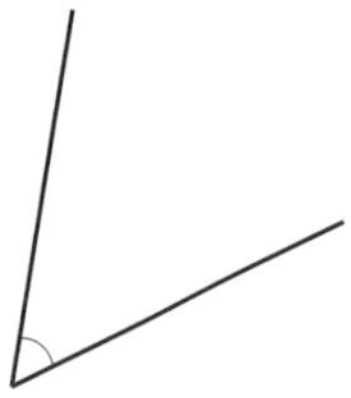

(　　　　)

2 16쪽

이해

예각과 둔각으로 분류하여 기호를 써넣으세요.

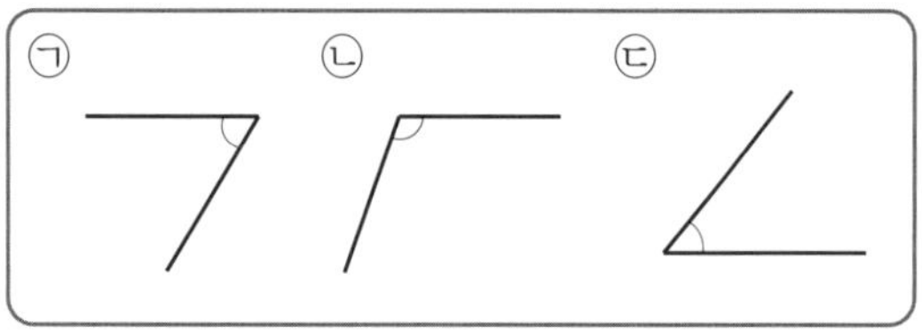

예각	둔각

3

적용

노트북의 각도를 어림하고, 각도기로 재어 확인하세요.

어림한 각도 약 □°

잰 각도 □°

4 16쪽

이해

다음 도형에는 둔각이 모두 몇 개 있을까요?

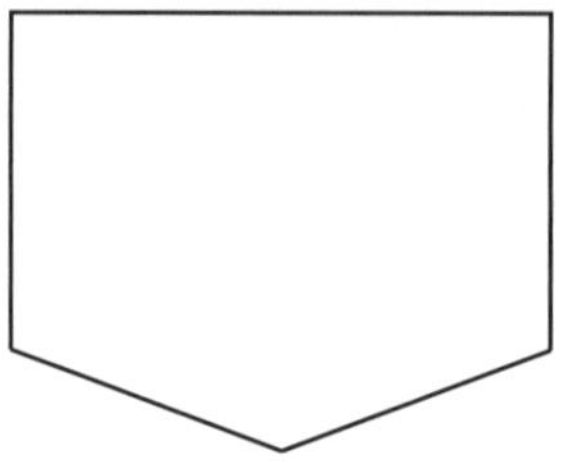

(　　　　)

5 16쪽

문제 해결

주어진 선분을 한 변으로 하는 예각을 그리려고 합니다. 점 ㄱ과 이어야 하는 점은 어느 것일까요?

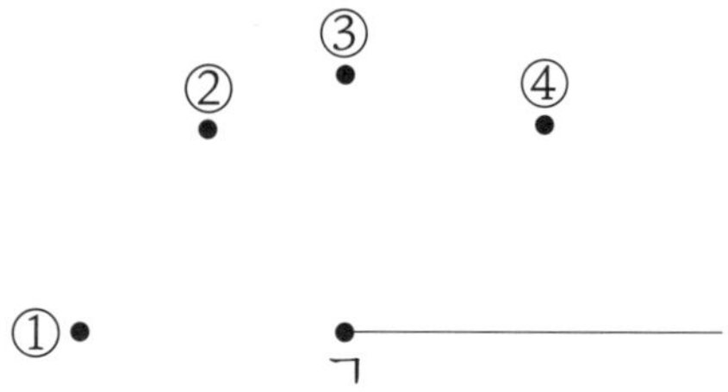

(　　　　)

6 16쪽

적용

시계의 긴바늘과 짧은바늘이 이루는 작은 쪽의 각이 예각, 둔각 중 어느 것인지 쓰세요.

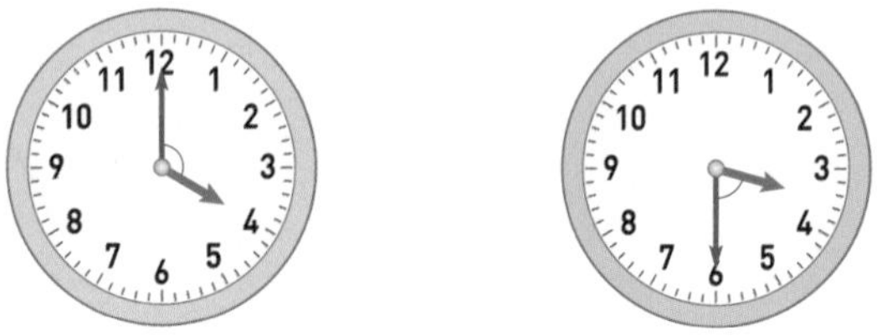

(　　　　)　　(　　　　)

» 정답 · 풀이 11쪽

7 17쪽 추론

그림에서 찾을 수 있는 둔각은 모두 몇 개일까요?

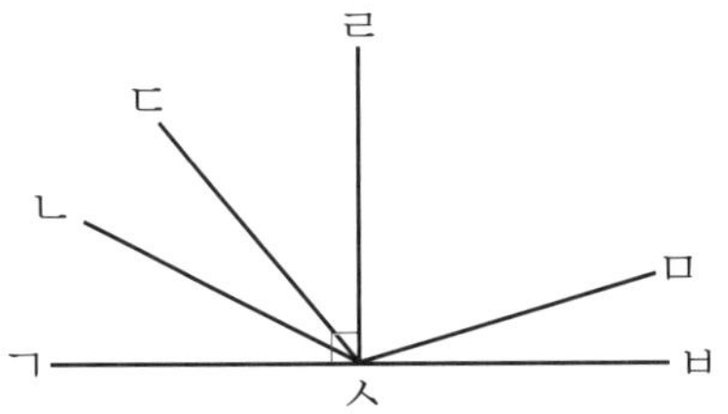

( )

8 17쪽 이해

도형 안에서 찾을 수 있는 예각과 둔각의 개수는 각각 몇 개일까요?

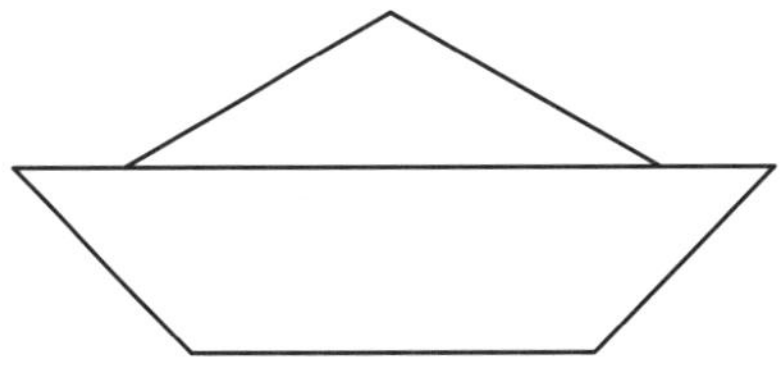

예각 ( )

둔각 ( )

+9 17쪽 수학적 독해력

시계가 다음 시각을 가리킬 때 시계의 긴바늘과 짧은바늘이 이루는 작은 쪽의 각은 예각, 직각, 둔각 중 어느 것일까요?

8시

( )

독해 포인트 주어진 시각을 보고 시계의 두 바늘이 이루는 각의 크기를 생각해 보세요.

+10 17쪽 수학적 표현력

다음은 각도를 어림한 것입니다. 각도기로 재어 확인한 다음 가장 잘 어림한 사람의 이름을 쓰고, 그 이유를 써 보세요.

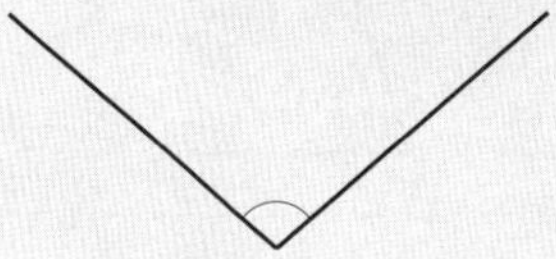

서준	수현	종욱
약 80°	약 60°	약 110°

〔가장 잘 어림한 사람〕 ____________

〔이유〕 ____________

____

오늘 공부 어땠나요? 10개 중 맞힌 문제 ☐ 개 › **틀린 문제**는 힌트를 보고 다시 도전해 보세요. › **맞힌 문제**는 힌트를 보고 자신의 생각과 비교해 보세요.

09일 각도의 합과 차

① 각도의 합 구하기

각도의 합은 각각의 각도를 더한 것과 같습니다.

예 50°와 70°의 합

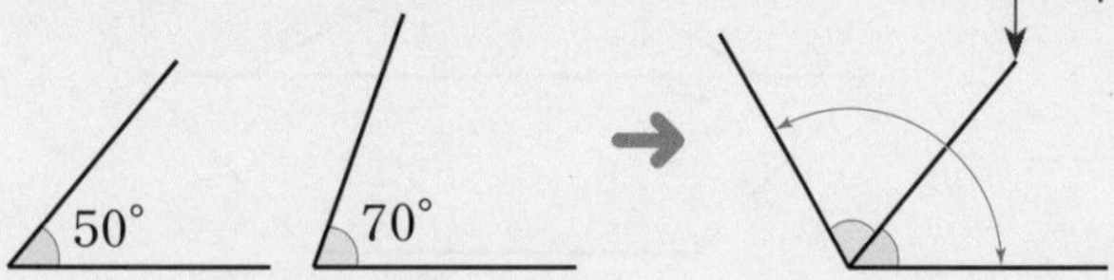

$50° + 70° = 120°$

50+70=120

자연수의 덧셈과 같은 방법으로 계산한 다음 단위(°)를 붙입니다.

② 각도의 차 구하기

각도의 차는 큰 각도에서 작은 각도를 뺀 것과 같습니다.

예 120°와 70°의 차

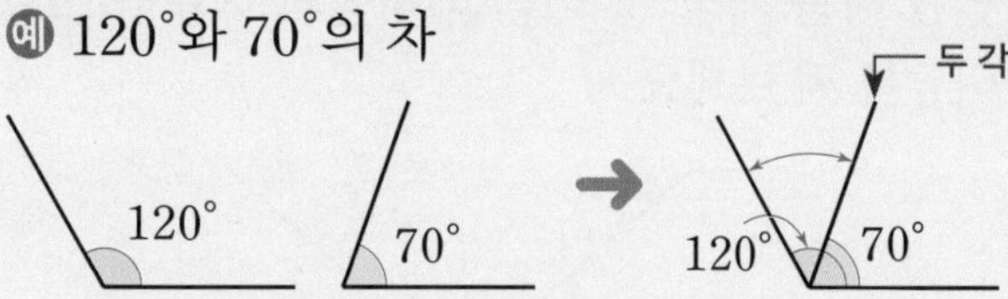

$120° - 70° = 50°$

120−70=50

자연수의 뺄셈과 같은 방법으로 계산한 다음 단위(°)를 붙입니다.

◐ 각도의 합과 차를 이용하면 각도기로 잴 수 없는 각의 크기를 알 수 있습니다.

①

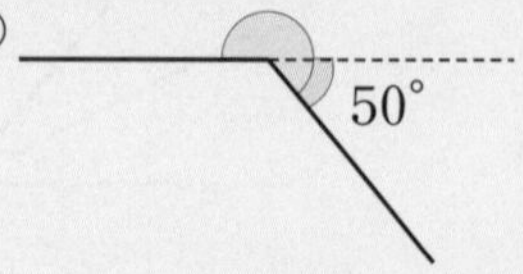

 → 180°+50°=230°

②

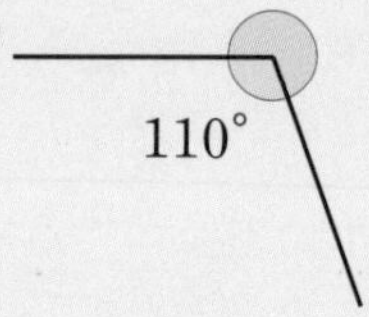

 → 360°−110°=250°

각도의 합과 차는 자연수의 덧셈, 뺄셈과 같은 방법으로 계산해.

확인 1 각도의 합과 차를 구해 보세요.

(1) 각도의 합을 구해 보세요.

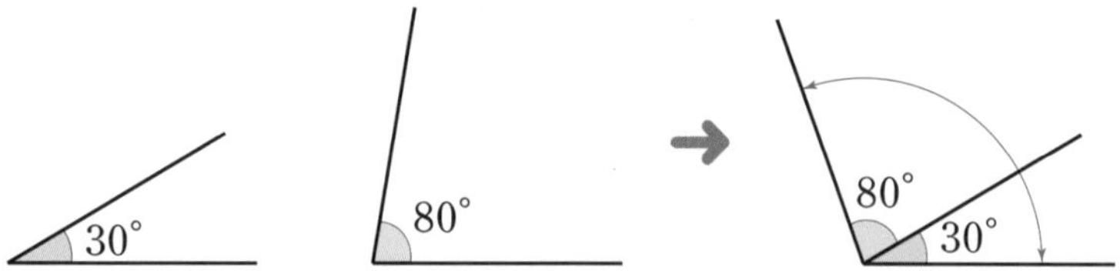

□° + □° = □°

(2) 각도의 차를 구해 보세요.

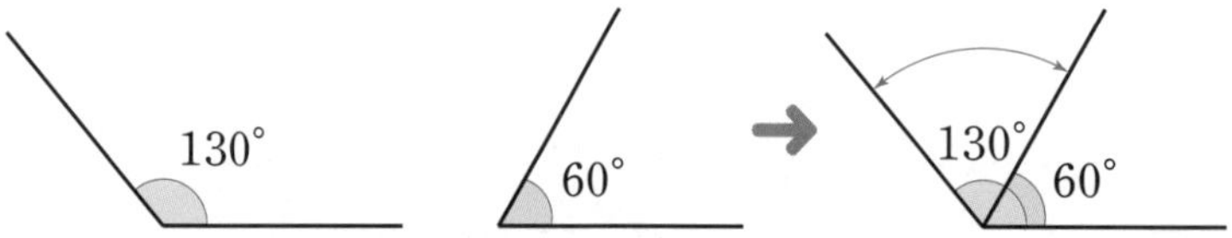

□° − □° = □°

기본기 다지는 교과서 문제

» 정답 · 풀이 12쪽

1 각도의 합과 차를 구하세요.

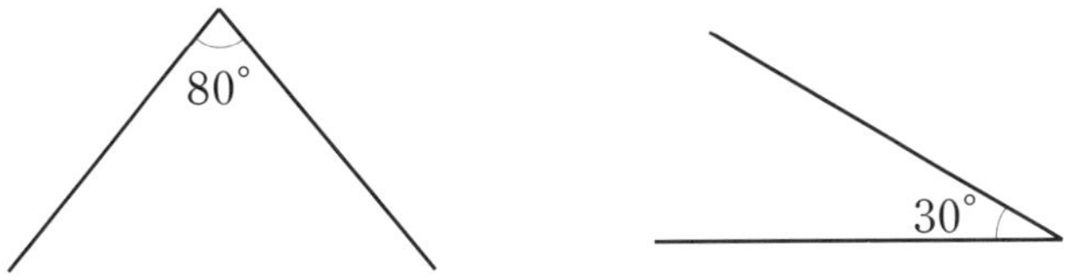

(1) 합: □° + □° = □°

(2) 차: □° − □° = □°

2 각도의 합과 차를 구하세요.

(1) 55° + 60° = □°

(2) 130° + 25° = □°

(3) 98° − 40° = □°

(4) 75° − 45° = □°

3 각도의 합과 차를 구하세요.

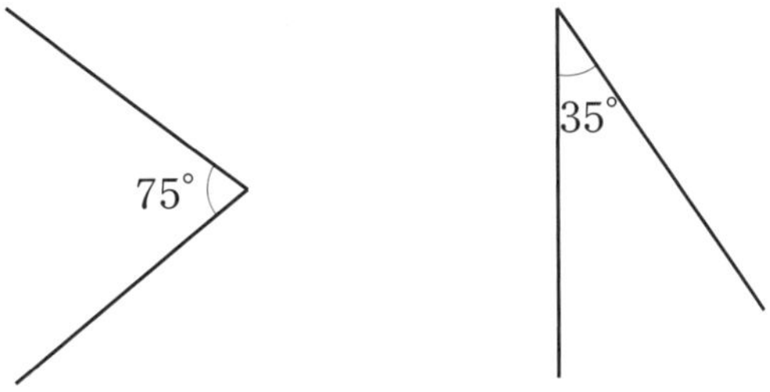

합 (   ), 차 (   )

개념 따라쓰기

각도의 합

■° + ●° = ▲°

■ + ● = ▲

각도의 합은 자연수의 덧셈과 같은 방법으로 계산한 다음 단위(°)를 붙입니다.

각도의 차

■° − ●° = ▲°

■ − ● = ▲

각도의 차는 자연수의 뺄셈과 같은 방법으로 계산한 다음 단위(°)를 붙입니다.

1 18쪽 이해

두 각도의 합을 구하세요.

(1) $50^\circ+60^\circ=$ ☐ $^\circ$

(2) $65^\circ+105^\circ=$ ☐ $^\circ$

2 18쪽 이해

각도의 차를 구하세요.

(1) $70^\circ-25^\circ=$ ☐ $^\circ$

(2) $85^\circ-30^\circ=$ ☐ $^\circ$

3 적용

각도의 합과 차를 구하세요.

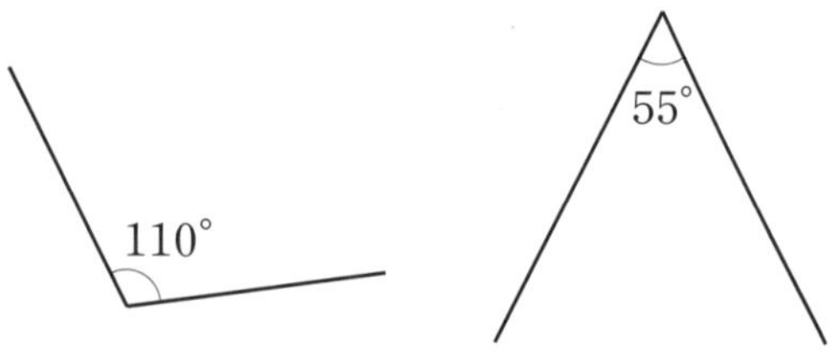

합 (　　　　　　)
차 (　　　　　　)

4 이해

각도를 비교하여 ◯ 안에 >, =, <를 알맞게 써넣으세요.

$45^\circ+35^\circ$ ◯ $155^\circ-65^\circ$

5 18쪽 문제 해결

㉠의 각도를 구해 보세요.

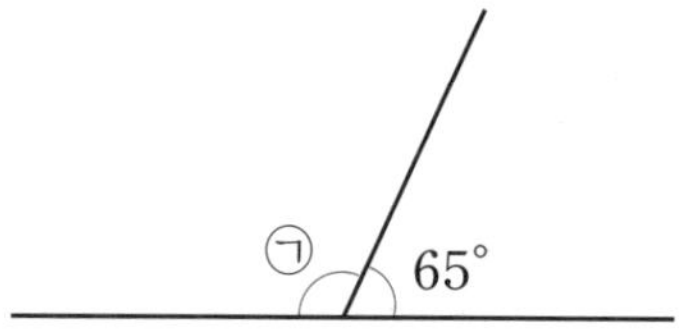

(　　　　　　)

6 18쪽 적용

피자를 먹고 두 조각이 남았습니다. 두 피자 조각의 각도의 차를 구해 보세요.

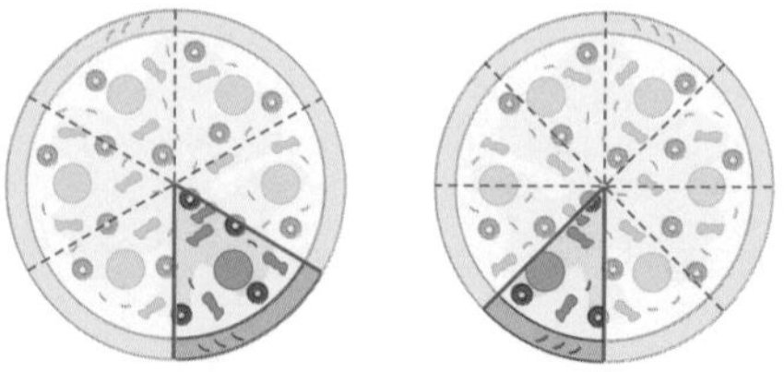

☐ $^\circ-$ ☐ $^\circ=$ ☐ $^\circ$

조금 더 어려운 문제에 도전해 볼까요?

7 19쪽 추론

계산한 각도가 둔각인 것을 모두 찾아 기호를 쓰세요.

㉠ $30° + 80°$ ㉡ $120° - 45°$
㉢ $145° + 35°$ ㉣ $140° - 35°$

( )

8 19쪽 적용

㉠과 ㉡ 중 더 큰 각도는 어느 것인지 기호를 쓰세요.

- $35° +$ ㉠ $= 145°$
- ㉡ $- 80° = 35°$

( )

+9 19쪽 수학적 독해력

시계를 보고 시계의 긴바늘과 짧은바늘이 이루는 작은 쪽의 두 각도의 합과 차를 구해 보세요.

합 ( )
차 ( )

독해 포인트 시계의 두 바늘이 이루는 작은 쪽의 각의 크기를 먼저 구하세요.

+10 19쪽 수학적 표현력

㉠의 각도를 구하려고 합니다. 풀이 과정을 쓰고, 답을 구하세요.

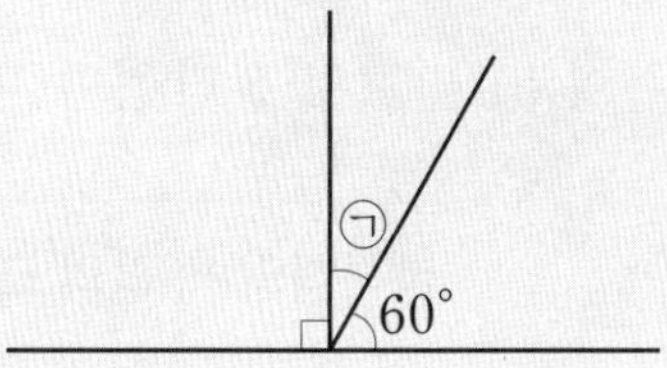

[풀이] ____________________

____

____

[답] ____________________

오늘 공부 어땠나요? 10개 중 맞힌 문제 □ 개 > 틀린 문제는 힌트를 보고 다시 도전해 보세요. > 맞힌 문제는 힌트를 보고 자신의 생각과 비교해 보세요.

10일 삼각형의 세 각의 크기의 합

① 삼각형의 세 각의 크기의 합

• 각도를 재어 삼각형의 세 각의 크기의 합 알아보기

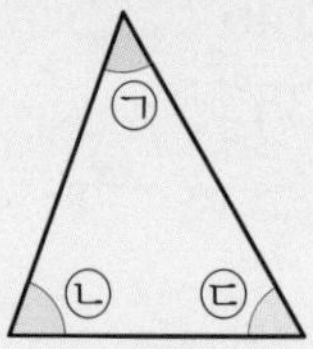

	㉠	㉡	㉢
각도기로 잰 각의 크기	50°	70°	60°

(삼각형의 세 각의 크기의 합)$=50°+70°+60°=180°$

• 삼각형을 잘라 붙여 세 각의 크기의 합 알아보기

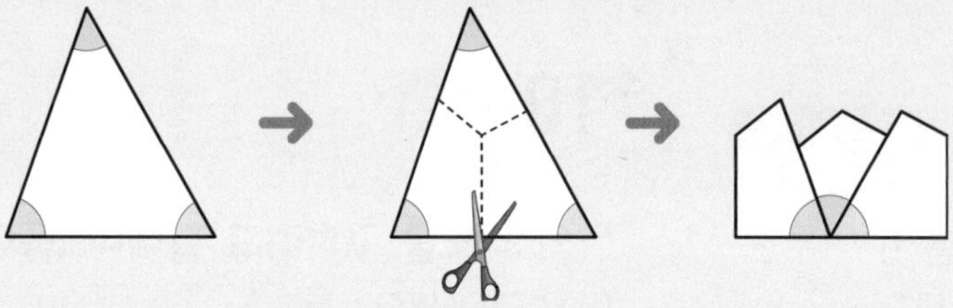

➜ 삼각형의 세 각을 모으면 직선이 됩니다. 한 직선이 이루는 각도는 180°이므로 삼각형의 세 각의 크기의 합은 180°입니다.

삼각형의 세 각의 크기의 합은 180°입니다.

◐ 모양과 크기가 달라도 삼각형의 세 각의 크기의 합은 항상 180°입니다.

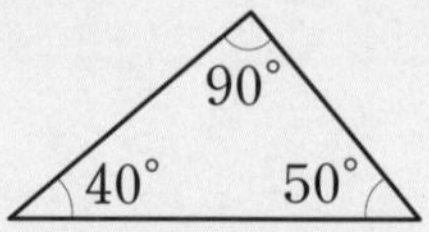

$90°+40°+50°=180°$

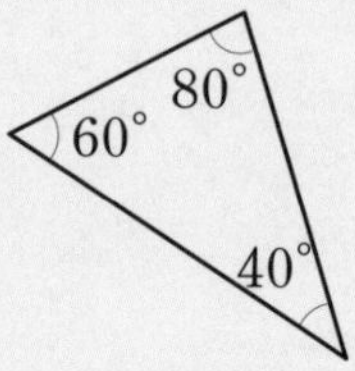

$80°+60°+40°=180°$

◐ **종이접기로 삼각형의 세 각의 크기의 합 구하기**

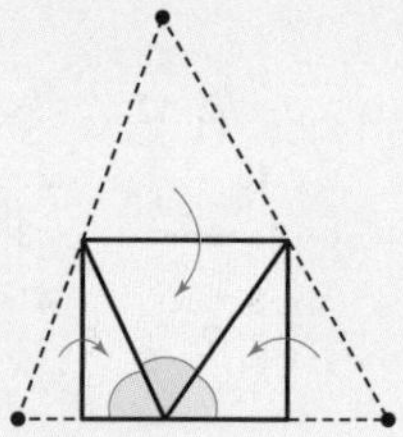

➜ 삼각형의 세 꼭짓점을 한 점에 모이도록 접으면 일직선이 되므로 삼각형의 세 각의 크기의 합은 180° 입니다.

확인 1 각도기로 재어 □ 안에 알맞은 수를 써넣으세요.

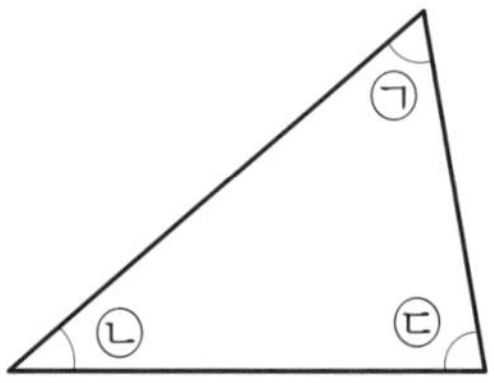

㉠+㉡+㉢=□°+□°+□°

=□°

확인 2 표시한 각도가 바르게 된 것에 ○표 하세요.

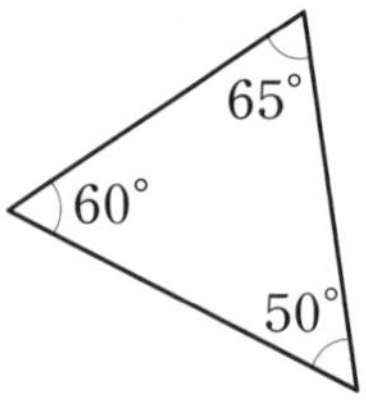

(　　　)

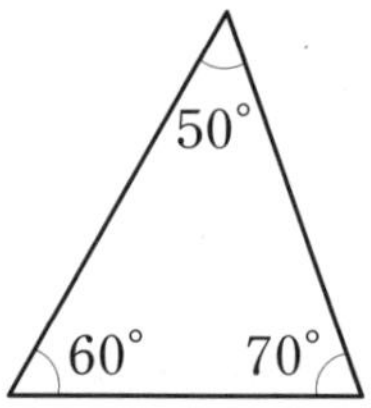

(　　　)

» 정답 · 풀이 13쪽

1 삼각형의 세 각의 크기의 합을 구하세요.

(1)

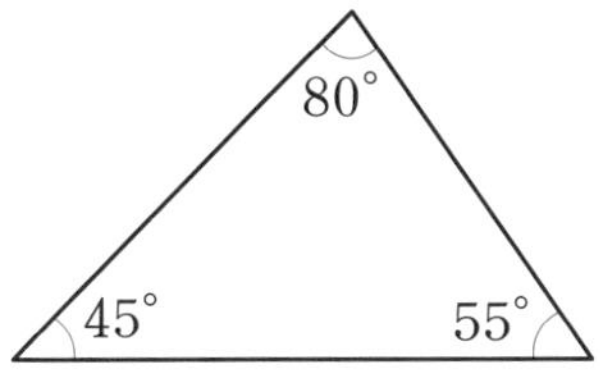

$\square^\circ + \square^\circ + \square^\circ = \square^\circ$

(2)

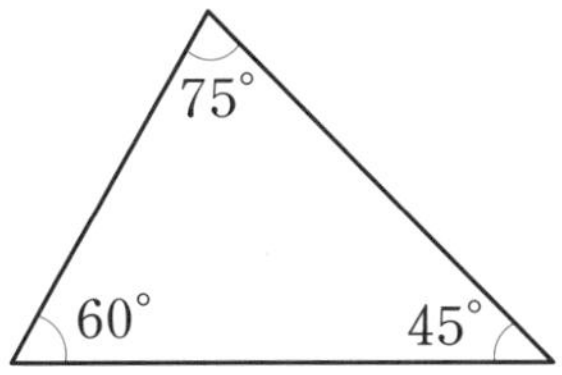

$\square^\circ + \square^\circ + \square^\circ = \square^\circ$

2 □ 안에 알맞은 수를 써넣으세요.

(1)

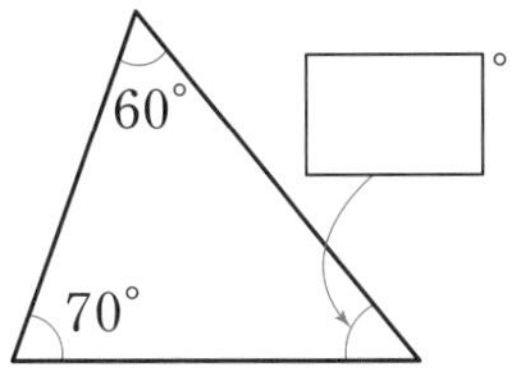

(2)

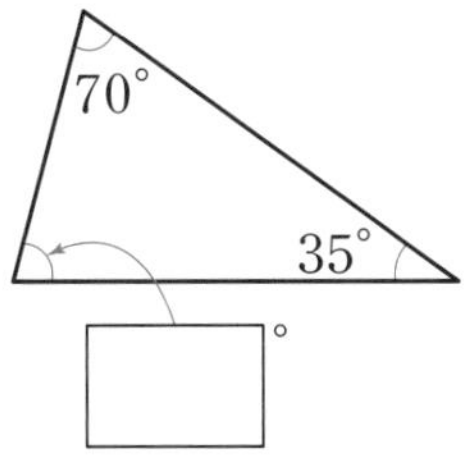

3 삼각형을 잘라서 세 꼭짓점이 한 점에 모이도록 겹치지 않게 이어 붙였습니다. ㉠의 각도를 구하세요.

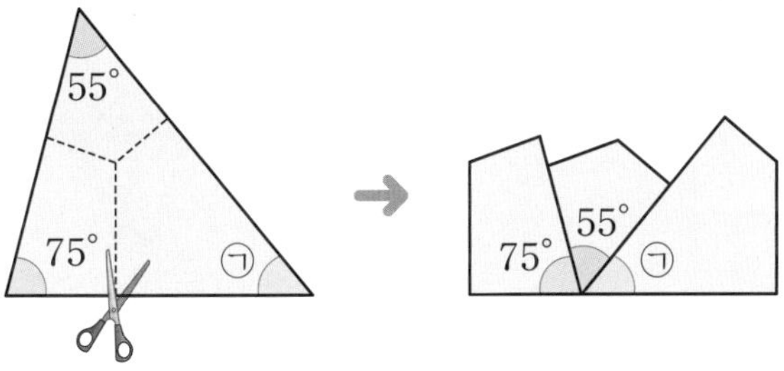

(　　　　　　　　)

개념 따라쓰기

삼각형의 세 각의 크기의 합

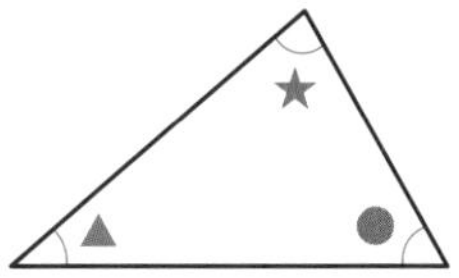

★+▲+●=180°

모양과 크기가 달라도 삼각형의 세 각의 크기의 합은 항상 180°입니다.

삼각형을 잘라 세 각의 크기의 합 구하기

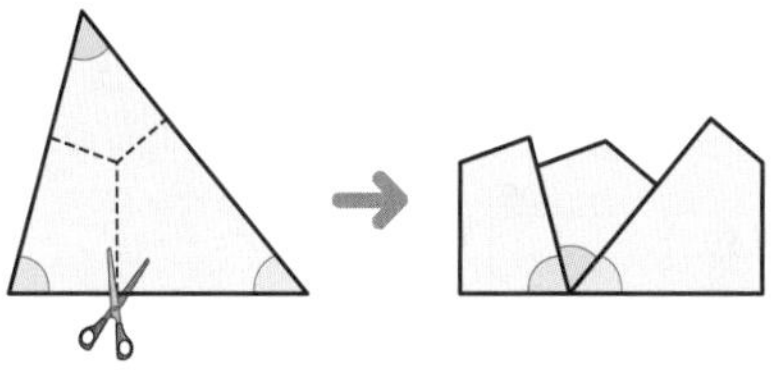

삼각형을 잘라 세 각을 붙이면 한 직선 위에 놓이므로 180°입니다.

1
이해

삼각형을 잘라서 세 꼭짓점이 한 점에 모이도록 겹치지 않게 이어 붙였습니다. ㉠의 각도를 구하세요.

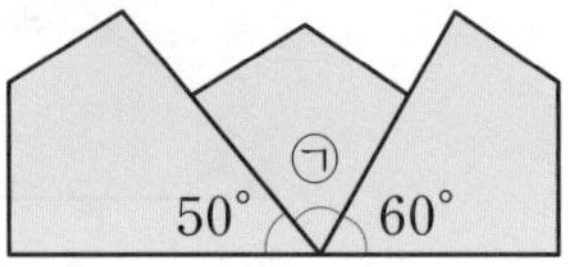

(　　　　　　)

2
이해

□ 안에 알맞은 수를 써넣으세요.

(1)

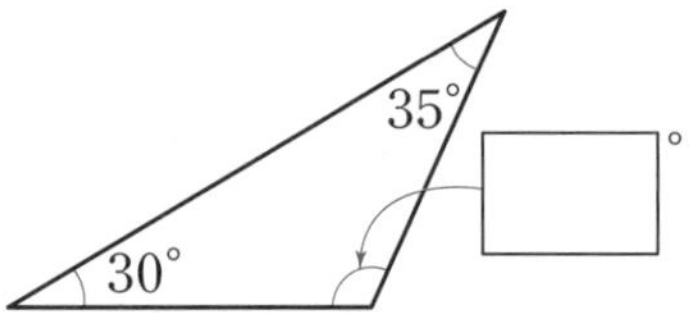

(2)

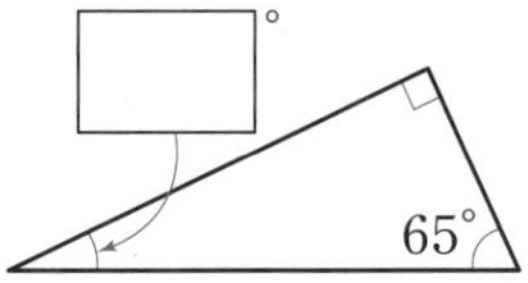

3 20쪽
적용

두 삼각형에서 ㉠과 ㉡의 각도의 합을 구하세요.

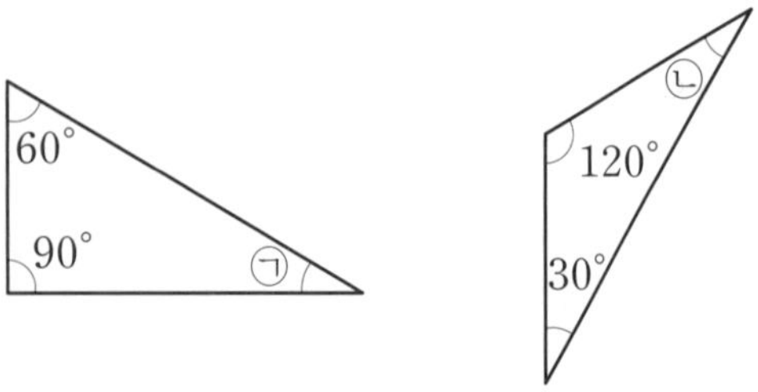

□° + □° = □°

4 20쪽
이해

두 삼각형에서 ㉠과 ㉡의 각도의 차를 구하세요.

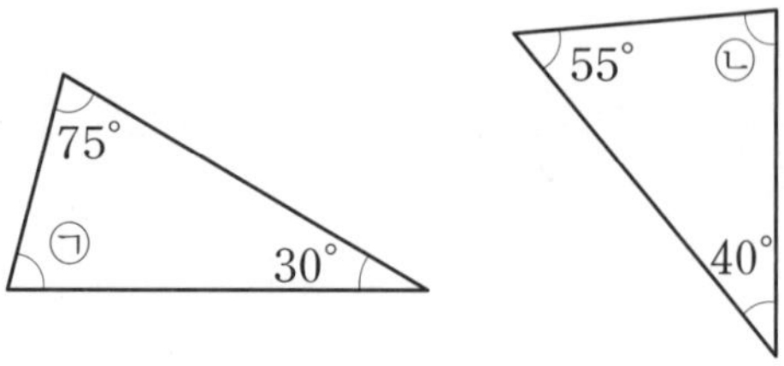

□° − □° = □°

5 20쪽
이해

㉠과 ㉡의 각도의 합을 구하세요.

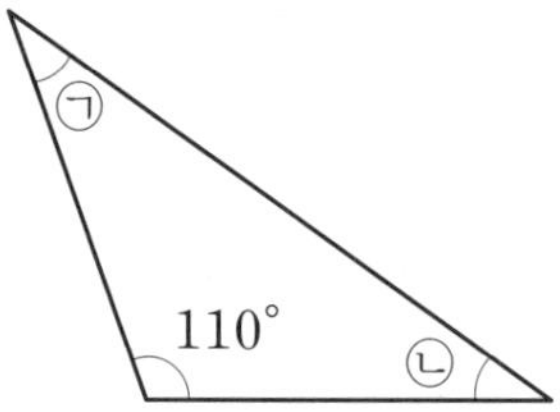

(　　　　　　)

6 20쪽
적용

두 직각 삼각자를 겹치지 않게 이어 붙여서 ㉠을 만들었습니다. ㉠의 각도를 구하세요.

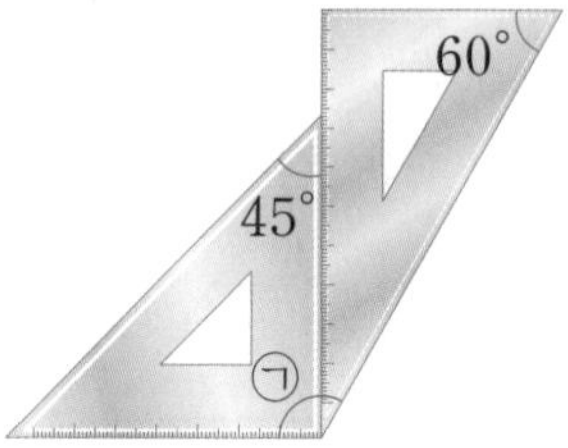

(　　　　　　)

조금 더 **어려운 문제**에 도전해 볼까요?

7 21쪽 의사 소통

삼각형의 세 각의 크기를 잘못 잰 사람은 누구일까요?

슬기	35°	70°	75°
영민	25°	80°	65°
지혜	100°	45°	35°

( )

8 21쪽 문제 해결

㉠의 각도를 구하세요.

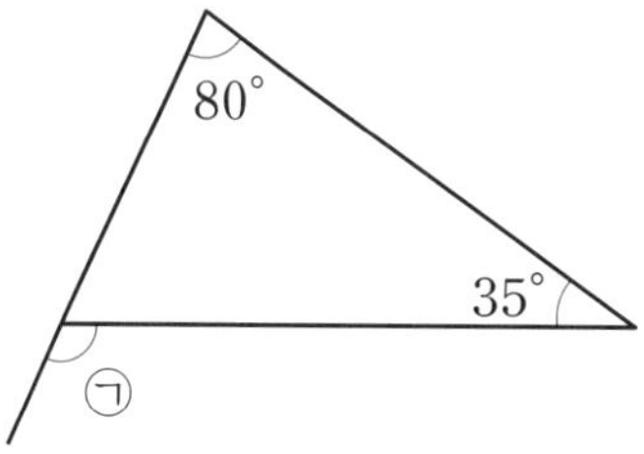

( )

+9 21쪽 수학적 독해력

다음 삼각형의 세 각의 크기는 모두 같습니다. ㉠의 각도를 구하세요.

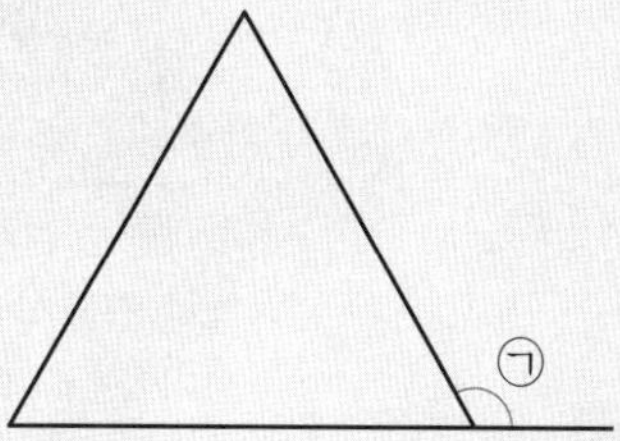

( )

독해 포인트 세 각의 크기가 모두 같은 삼각형의 한 각의 크기는 얼마일지 생각해 보세요.

+10 21쪽 수학적 표현력

각도기를 이용하지 않고 □ 안에 알맞은 각도를 구하려고 합니다. 풀이 과정을 쓰고, 답을 구하세요.

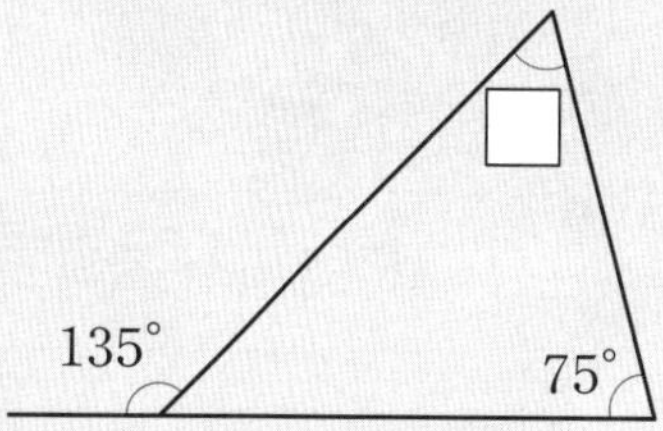

풀이

답

오늘 공부 어땠나요? 10개 중 맞힌 문제 □ 개 > **틀린 문제**는 힌트를 보고 다시 도전해 보세요. > **맞힌 문제**는 힌트를 보고 자신의 생각과 비교해 보세요.

11일 사각형의 네 각의 크기의 합

① 사각형의 네 각의 크기의 합

• 각도를 재어 사각형의 네 각의 크기의 합 알아보기

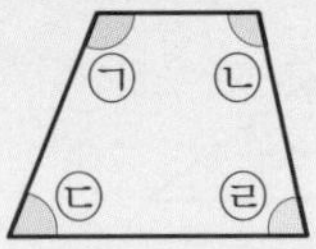

	㉠	㉡	㉢	㉣
각도기로 잰 각의 크기	110°	100°	70°	80°

(사각형의 네 각의 크기의 합)＝110°＋100°＋70°＋80°＝360°

• 사각형을 잘라 붙여 네 각의 크기의 합 알아보기

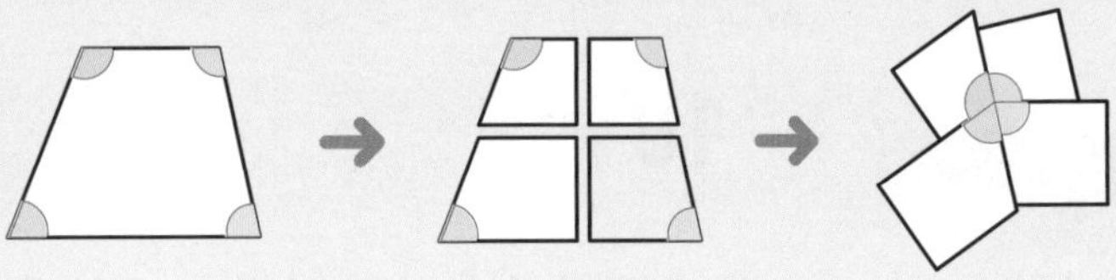

→ 사각형의 네 각을 모으면 한 바퀴가 채워집니다. 한 바퀴 돌린 각의 크기는 360°이므로 사각형의 네 각의 크기의 합은 360°입니다.

사각형의 네 각의 크기의 합은 360°입니다.

◐ 모양과 크기가 달라도 사각형의 네 각의 크기의 합은 항상 360°입니다.

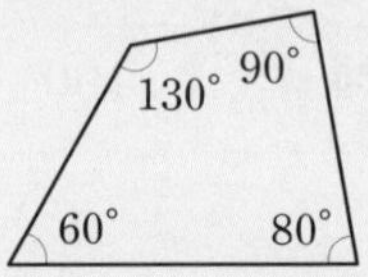

130°＋60°＋80°＋90°＝360°

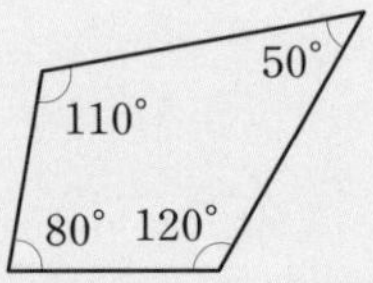

110°＋80°＋120°＋50°＝360°

◐ **사각형을 삼각형 2개로 나누어 사각형의 네 각의 크기의 합 구하기**

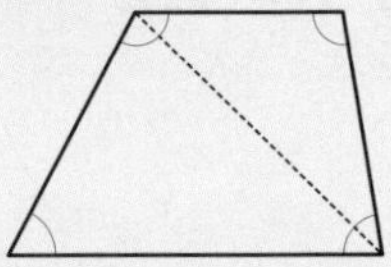

→ 사각형은 삼각형 2개로 나눌 수 있고 삼각형의 세 각의 크기의 합은 180°이므로 사각형의 네 각의 크기의 합은 180°×2＝360°입니다.

확인 1 각도기로 재어 □ 안에 알맞은 수를 써넣으세요.

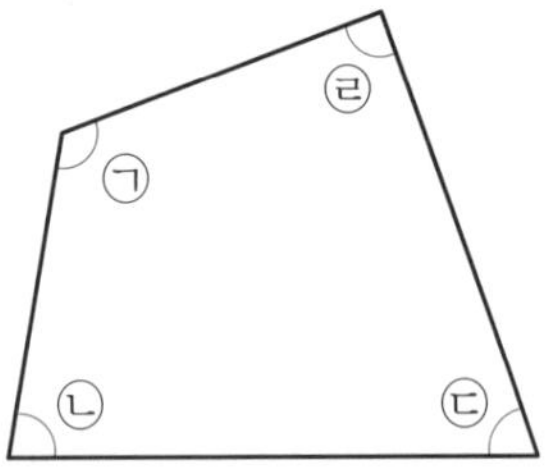

㉠＋㉡＋㉢＋㉣

＝□°＋□°＋□°＋□°

＝□°

확인 2 표시한 각도가 바르게 된 것에 ○표 하세요.

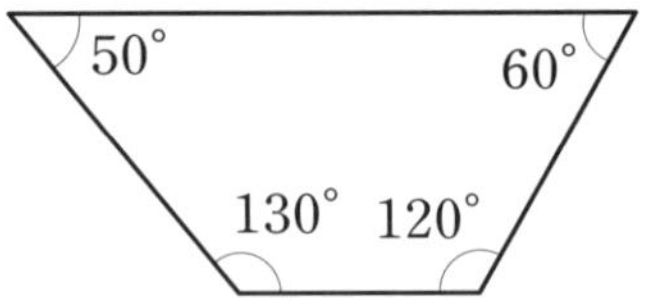

(　　　)

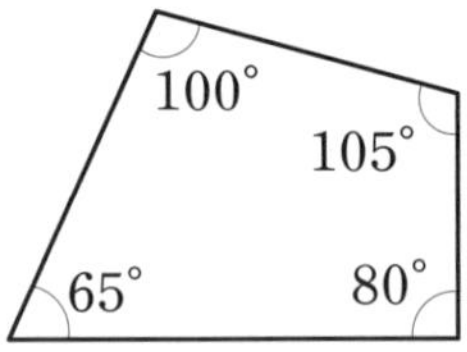

(　　　)

기본기 다지는 교과서 문제

» 정답 · 풀이 14쪽

1 사각형의 네 각의 크기의 합을 구하세요.

(1)

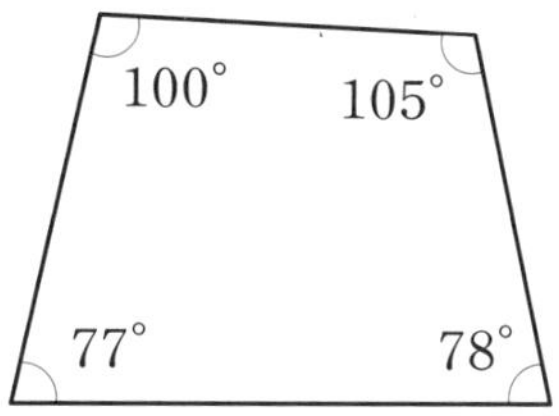

□° + □° + □° + □° = □°

(2)

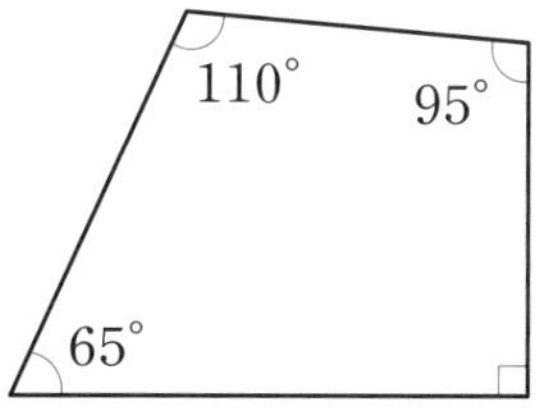

□° + □° + □° + □° = □°

2 □ 안에 알맞은 수를 써넣으세요.

(1)

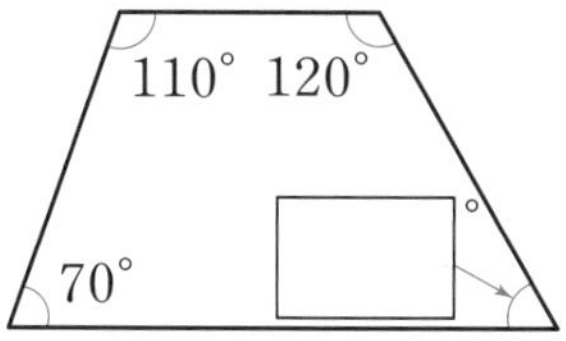

(2)

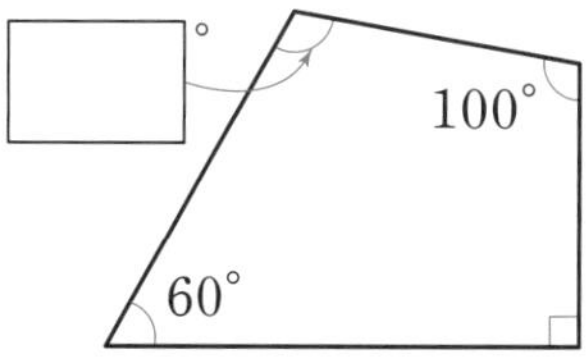

3 사각형을 잘라서 네 꼭짓점이 한 점에 모이도록 겹치지 않게 이어 붙였습니다. ㉠의 각도를 구하세요.

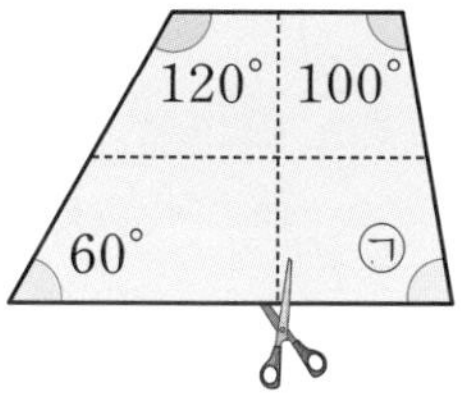

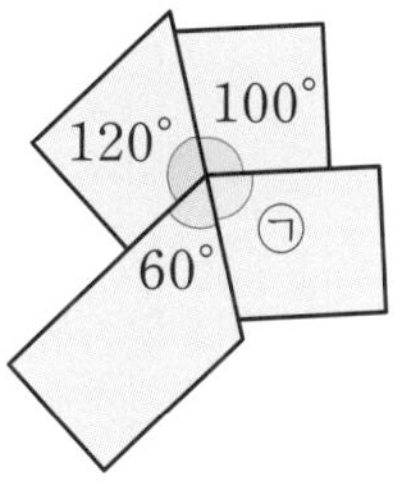

(   )

개념 따라쓰기

2 단원

사각형의 네 각의 크기의 합

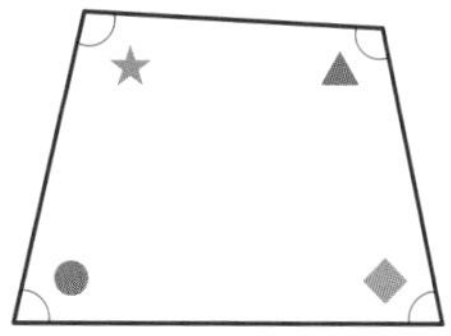

★+●+◆+▲=360°

모양과 크기가 달라도 사각형의 네 각의 크기의 합은 항상 360°입니다.

사각형을 잘라 네 각의 크기의 합 구하기

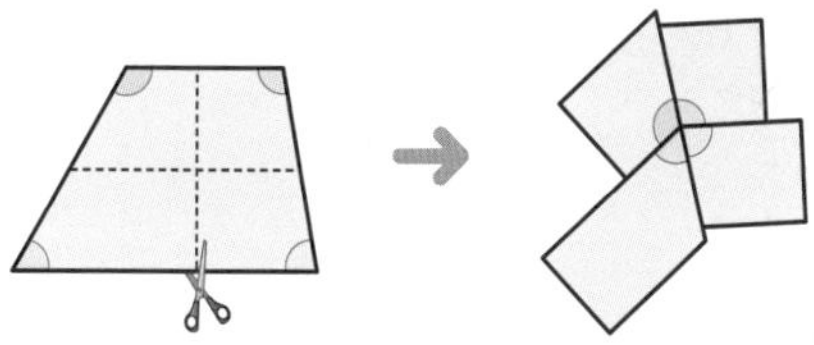

사각형을 잘라 네 각을 붙이면 한 바퀴가 채워지므로 360°입니다.

1

이해

사각형을 잘라서 네 꼭짓점이 한 점에 모이도록 겹치지 않게 이어 붙였습니다. ㉠의 각도를 구하세요.

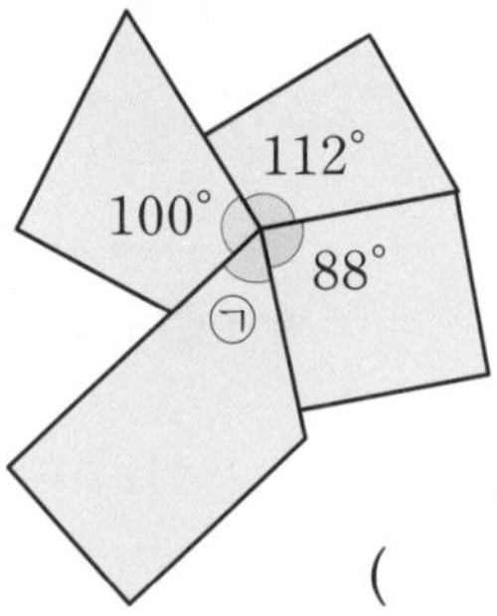

(　　　　　　　　)

2

이해

□ 안에 알맞은 수를 써넣으세요.

(1)

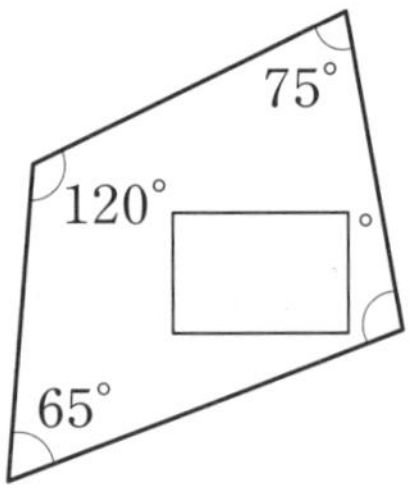

(2)

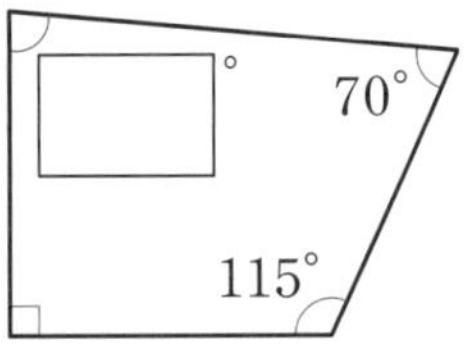

3 22쪽

적용

㉠과 ㉡의 각도의 합을 구하세요.

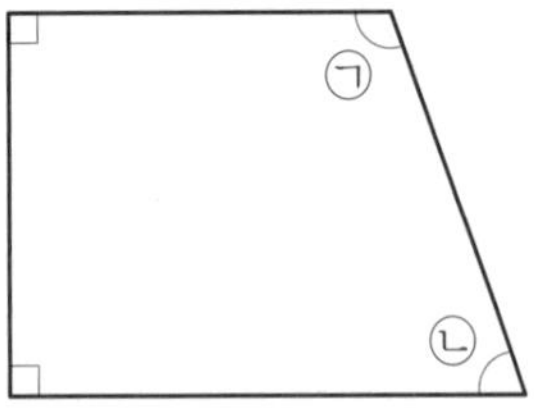

(　　　　　　　　)

4 22쪽

적용

□ 안에 알맞은 수를 써넣으세요.

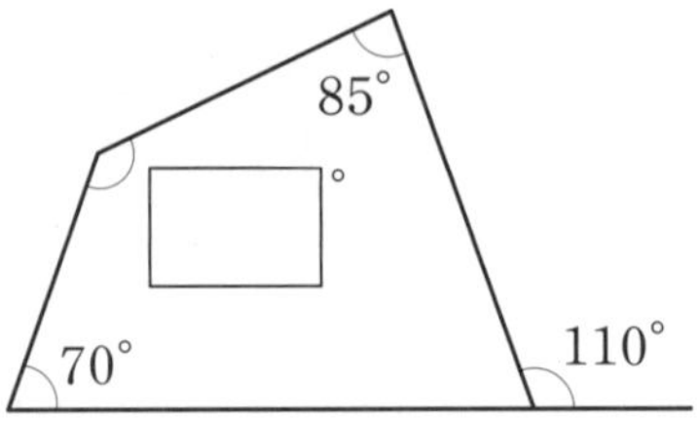

5 22쪽

문제 해결

㉠과 ㉡의 각도의 합을 구하세요.

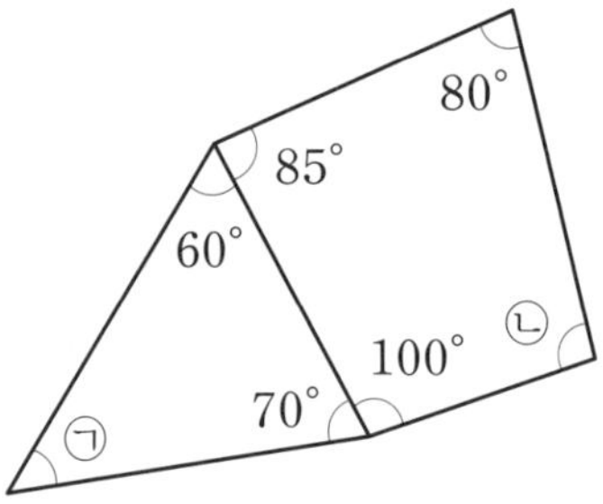

(　　　　　　　　)

6 22쪽

의사 소통

두 사각형 가와 나의 네 각의 크기를 나타낸 것입니다. ㉠과 ㉡의 각도의 차를 구하세요.

가	70°	105°	㉠	95°
나	120°	㉡	70°	90°

(　　　　　　　　)

» 정답 · 풀이 14쪽

조금 더 어려운 문제에 도전해 볼까요?

7 23쪽 추론

㉠의 각도를 구하세요.

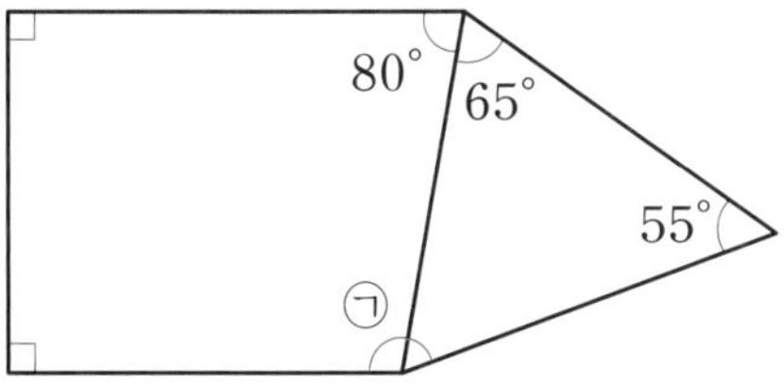

( )

8 23쪽 문제 해결

각 ㄱㄹㅁ의 크기를 구하세요.

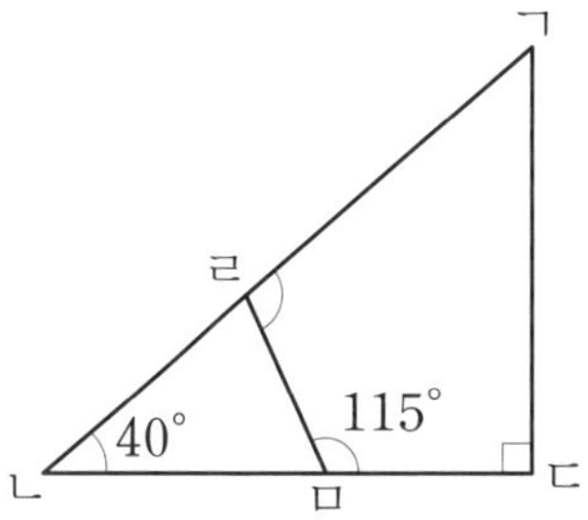

( )

+9 23쪽 수학적 독해력

직사각형 모양의 종이를 그림과 같이 접었을 때 ㉠의 각도는 얼마일까요?

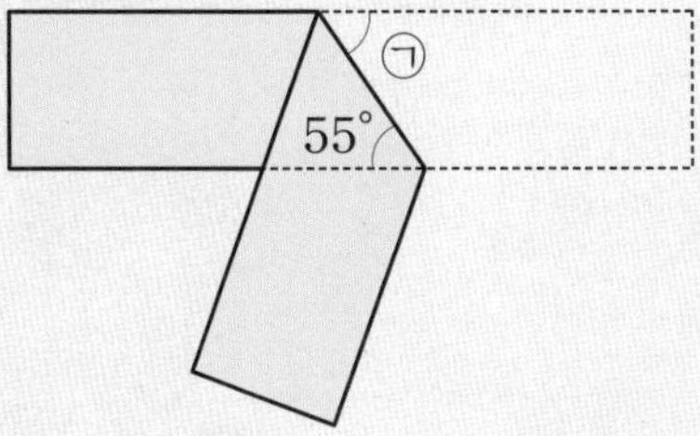

( )

독해 포인트 한 직선이 이루는 각은 180°입니다.

+10 23쪽 수학적 표현력

□ 안에 알맞은 각도를 구하려고 합니다. 풀이 과정을 쓰고, 답을 구하세요.

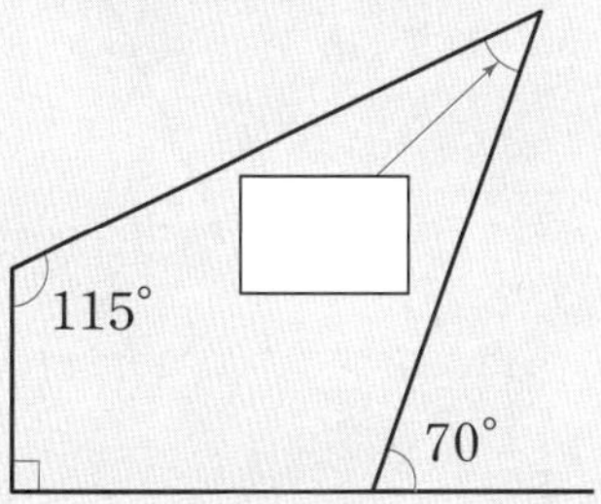

[풀이]

[답]

오늘 공부 어땠나요? 10개 중 맞힌 문제 □ 개 > 틀린 문제는 힌트를 보고 다시 도전해 보세요. > 맞힌 문제는 힌트를 보고 자신의 생각과 비교해 보세요.

07~11일

단원평가

2. 각도

시험 시간 **20분** | 문제 수 **10개**

01 가장 큰 각에 ○표, 가장 작은 각에 △표 하세요.

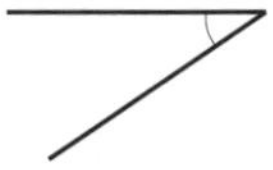

( ) ( ) ( )

02 각도기를 이용하여 각도를 재어 보세요.

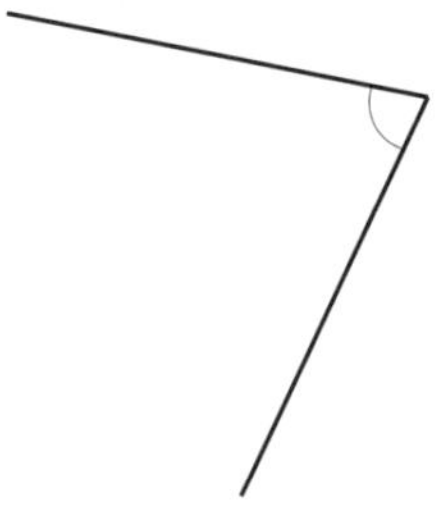

( )

03 잘못 말한 사람은 누구일까요?

> 슬기: 직각의 크기는 90°입니다.
> 로운: 각의 크기는 두 변의 길이가 길수록 큽니다.
> 지혜: 각도가 0°보다 크고 직각보다 작은 각을 예각이라고 합니다.

( )

04 도형에서 찾을 수 있는 예각은 모두 몇 개인가요?

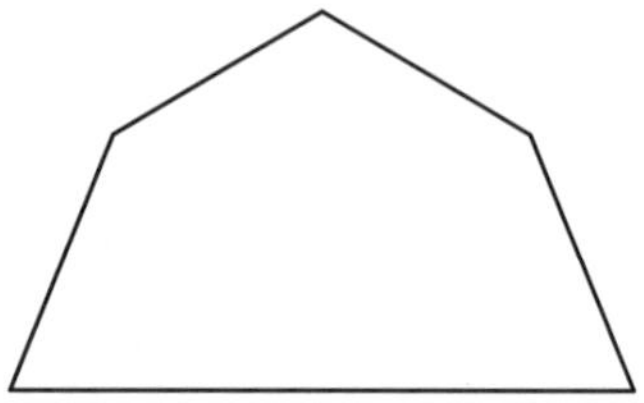

( )

05 시계의 긴바늘과 짧은바늘이 이루는 작은 쪽의 각이 예각, 직각, 둔각 중 무엇인지 쓰세요.

> 2시 30분

( )

06 두 각도의 합과 차를 구하세요.

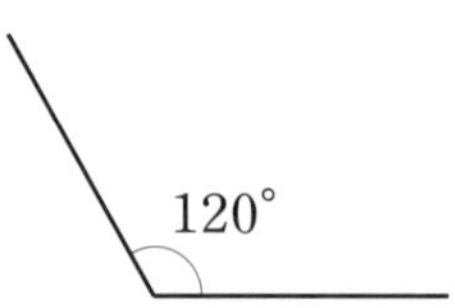

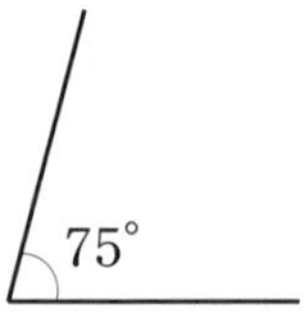

합 ( )

차 ( )

07 각도가 $70°$인 각을 세 사람이 어림한 것입니다. 가장 잘 어림한 사람은 누구일까요?

진우: $45°$　　정은: $65°$　　준수: $80°$

(　　　　　　)

08 ㉠과 ㉡의 각도의 합을 구하세요.

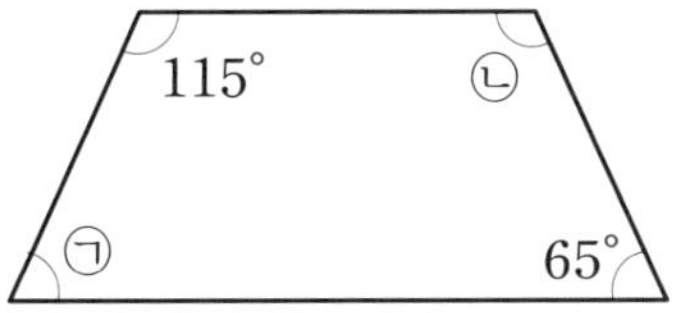

(　　　　　　)

09 ㉠의 각도를 구하세요.

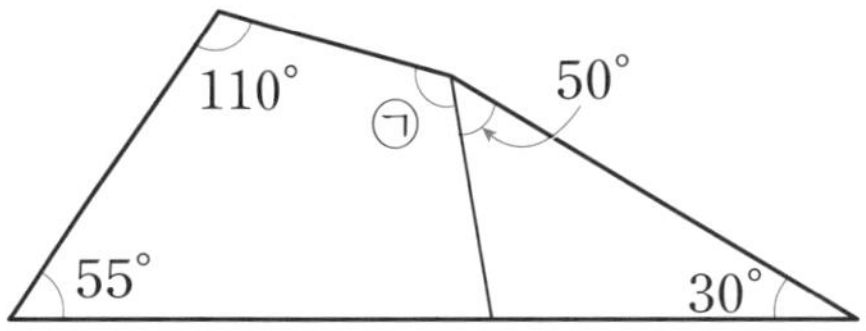

(　　　　　　)

서술형

10 ㉠의 각도는 몇 도인지 풀이 과정을 쓰고, 답을 구하세요.

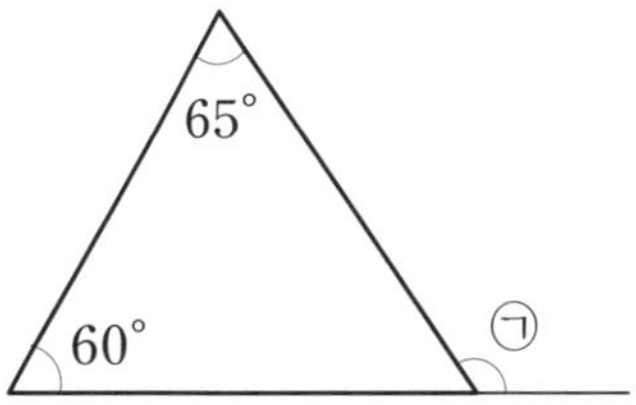

[풀이]

[답]

공부한 날 ( ) 월 ( ) 일

12일 (세 자리 수)×(몇십)

① (세 자리 수)×(몇십)

(세 자리 수)×(몇십)은 (세 자리 수)×(몇)의 값에 0을 1개 붙입니다.

예 194×30의 계산

$194 \times 3 = 582$ (각각 10배) → $194 \times 30 = 5820$

	1 9 4	1 9 4
×	3	× 3 0
	5 8 2 (10배)	5 8 2 0

◐ (세 자리 수)×(몇십)의 계산은 (세 자리 수)×(몇)의 계산의 10배입니다.

◐ 곱셈은 두 수를 바꾸어 곱해도 계산 결과가 같습니다.
예 194×30=30×194

개념+ (몇백)×(몇십)

(몇)×(몇)의 값에 두 수의 0의 개수만큼 0을 붙입니다.

$500 \times 30 = 15000$ (0이 3개, 5×3=15)

	5 0 0
×	3 0
	1 5 0 0 0

◐ **194×30 어림하기**
(몇백)×(몇십)으로 어림하여 계산할 수 있습니다.
194는 200쯤이므로
194×30을 어림하여 구하면 약 200×30=6000입니다.

[주의] 400×50과 같이 (몇)×(몇)의 계산에서 0이 나올 경우 2000이라고 답하지 않도록 주의합니다.

$400 \times 50 = 20000$ (4×5=20)

확인 1 빈칸에 알맞은 수를 써넣고 132×40의 값을 구하세요.

	천의 자리	백의 자리	십의 자리	일의 자리
132×4		5	2	8
132×40				

→ 132×40의 값은 ☐입니다.

확인 2 ☐ 안에 알맞은 수를 써넣으세요.

(1) 264×3= 792 → ☐배
264×30= ☐

(2) 173×5= 865 → ☐배
173×50= ☐

기본기 다지는 교과서 문제

» 정답 · 풀이 17쪽

1 다음 표를 채워 197×30의 값을 구하세요.

	천의 자리	백의 자리	십의 자리	일의 자리	→	결과
197×3		5	9	1		
197×3의 10배						

2 □ 안에 알맞은 수를 써넣으세요.

(1) 735×4=[2940] → □배

735×40=□

$$\begin{array}{r} 7\ 3\ 5 \\ \times \quad 4\ 0 \\ \hline \square \end{array}$$

(2) 936×7=□ → □배

936×70=□

$$\begin{array}{r} 9\ 3\ 6 \\ \times \quad 7\ 0 \\ \hline \square \end{array}$$

3 계산해 보세요.

(1)
$$\begin{array}{r} 4\ 0\ 0 \\ \times \quad 2\ 0 \\ \hline \end{array}$$

(2)
$$\begin{array}{r} 6\ 0\ 0 \\ \times \quad 5\ 0 \\ \hline \end{array}$$

(3)
$$\begin{array}{r} 9\ 0\ 0 \\ \times \quad 4\ 0 \\ \hline \end{array}$$

(4)
$$\begin{array}{r} 7\ 0\ 0 \\ \times \quad 8\ 0 \\ \hline \end{array}$$

개념 따라쓰기

(세 자리 수)×(몇십)의 계산

157× 2= 314

↓10배 ↓10배

157×20=3140

(세 자리 수)×(몇십)은 (세 자리 수)×(몇)의 값에 0을 1개 붙입니다.

(몇백)×(몇십)의 계산

0이 3개

300×20=6000

3×2=6

(몇백)×(몇십)은 (몇)×(몇)의 값에 두 수의 0의 개수만큼 0을 붙입니다.

3단원

1

이해

□ 안에 알맞은 수를 써넣으세요.

219×5=□
219×50=□
□배

$$\begin{array}{r} 2\ 1\ 9 \\ \times\quad 5\ 0 \\ \hline \square \end{array}$$

2

계산

계산해 보세요.

(1) $\begin{array}{r} 4\ 3\ 1 \\ \times\quad 6\ 0 \\ \hline \end{array}$

(2) $\begin{array}{r} 7\ 5\ 9 \\ \times\quad 2\ 0 \\ \hline \end{array}$

3

24쪽

적용

683×5=3415입니다. 683×50의 계산에서 숫자 4는 어느 곳에 써야 하는지 기호를 쓰세요.

		6	8	3
	×		5	0
㉠	㉡	㉢	㉣	㉤

(　　　　　　)

4

24쪽

이해

600×40과 계산 결과가 다른 것을 찾아 기호를 쓰세요.

㉠ 300×80　　㉡ 40×600
㉢ 60×400　　㉣ 600×30

(　　　　　　)

5

24쪽

문제 해결

잘못 계산한 곳을 찾아 바르게 고쳐 보세요.

$$\begin{array}{r} 5\ 0\ 0 \\ \times\quad 4\ 0 \\ \hline 2\ 0\ 0\ 0 \end{array} \rightarrow \begin{array}{r} 5\ 0\ 0 \\ \times\quad 4\ 0 \\ \hline \end{array}$$

6

24쪽

이해

□ 안에 알맞은 수를 써넣고 알맞은 말에 ○표 하세요.

$$\begin{array}{r} 8\ 1\ 2 \\ \times\quad 4\ 0 \\ \hline \end{array}$$

□×40=32000이므로
812×40은 32000보다
(클 거야, 작을 거야).

» 정답 · 풀이 17쪽

조금 더 어려운 문제에 도전해 볼까요?

7 25쪽 추론

계산이 틀린 것을 찾아 기호를 쓰세요.

㉠ $413 \times 20 = 8260$

㉡ $692 \times 60 = 4152$

㉢ $879 \times 40 = 35160$

(　　　　　　)

8 25쪽 이해

곱이 큰 것부터 차례로 괄호 안에 1, 2, 3을 써넣으세요.

367×50	438×70	719×30
(　　　)	(　　　)	(　　　)

3단원

+9 25쪽 수학적 독해력

슬기는 매일 줄넘기를 아침에 180번, 저녁에 365번 했습니다. 슬기는 30일 동안 줄넘기를 모두 몇 번 했을까요?

(　　　　　　)

독해 포인트 슬기가 줄넘기를 하루에 몇 번 했는지 먼저 생각해 보세요.

+10 25쪽 수학적 표현력

로운이는 자전거를 사기 위해 저금통에 용돈을 모았습니다. 저금통에는 50원짜리 동전 376개와 500원짜리 동전 70개가 들어 있습니다. 저금통에 있는 돈은 모두 얼마인지 풀이 과정을 쓰고, 답을 구하세요.

[풀이] ______________________

[답] ______________________

오늘 공부 어땠나요?

10개 중 맞힌 문제 □ 개 > **틀린 문제**는 힌트를 보고 다시 도전해 보세요. > **맞힌 문제**는 힌트를 보고 자신의 생각과 비교해 보세요.

13일

공부한 날 월 일

(세 자리 수)×(몇십몇)

① (세 자리 수)×(몇십몇)

몇십몇을 몇십과 몇으로 나누어 계산한 후 두 곱을 더합니다.

예 214×36의 계산

```
  2 1 4        2 1 4       2 1 4         2 1 4
×   3 6   →  ×   3 0  +  ×     6   →   ×   3 6 ← 30+6
             -------     -------       -------
             6 4 2 0     1 2 8 4       1 2 8 4 ← 214×6
                                       6 4 2 0 ← 214×30
                                       -------
                                       7 7 0 4
```

개념+ 세로 계산에서 일의 자리 0의 표시의 생략

세로 계산에서 십의 자리를 곱할 때 계산의 편리함을 위해 일의 자리 0의 표시를 생략할 수 있습니다.

```
  2 1 4
×   3 6
-------
  1 2 8 4
  6 4 2 0 ← 일의 자리의 0은 생략할 수 있어요.
-------
  7 7 0 4
```

214×36 어림하기

(몇백)×(몇십)으로 어림하여 계산할 수 있습니다.
214는 200쯤이고, 36은 40쯤이므로 214×36을 어림하여 구하면
약 200×40=8000입니다.

확인 1 298×43을 계산해 보세요.

298×40 298×3

298×43=□+□

=□

확인 2 572×34를 계산해 보세요.

```
  5 7 2       5 7 2          5 7 2
×   3 0     ×     4    →   ×   3 4
-------     -------        -------
    □           □ ------→      □
    └------------------------→ □
                               -------
                               □
```

» 정답 · 풀이 18쪽

기본기 다지는 교과서 문제

1 □ 안에 알맞은 수를 써넣으세요.

(1) 587×20 → □, 587×□ → □

587×26=□+□=□

(2) 269×□ → □, 269×3 → □

269×83=□+□=□

2 □ 안에 알맞은 수를 써넣으세요

$$\begin{array}{r} 814 \\ \times\ \ 20 \\ \hline \square \end{array} \qquad \begin{array}{r} 814 \\ \times\ \ \ 9 \\ \hline \square \end{array} \quad \rightarrow \quad \begin{array}{r} 814 \\ \times\ \ 29 \\ \hline \square \\ \square \\ \hline \square \end{array}$$

3 계산해 보세요.

(1)
$$\begin{array}{r} 274 \\ \times\ \ 32 \\ \hline \end{array}$$

(2)
$$\begin{array}{r} 195 \\ \times\ \ 43 \\ \hline \end{array}$$

개념 따라쓰기

(세 자리 수)×(두 자리 수)의 계산

374×28

374×20 → 7480, 374×8 → 2992

7480 + 2992

두 자리 수를 몇십과 몇으로 나누어 계산한 후 두 곱을 더합니다.

일의 자리 0의 표시의 생략

$$\begin{array}{r} 214 \\ \times\ \ 36 \\ \hline 1284 \\ 642\,0 \\ \hline 7704 \end{array}$$

← 생략해도 돼.

세로 계산에서 십의 자리를 곱할 때 일의 자리 0의 표시를 생략할 수 있습니다.

스스로 풀어내는 도전 10 문제

막힐 때 힌트북

1

이해

734×58을 계산하려고 합니다. □ 안에 알맞은 수를 써넣으세요.

734×50 → □, 734×8 → □

734×58=□+□

=□

2

계산

계산해 보세요.

(1)
$$\begin{array}{r} 294 \\ \times\ \ 36 \\ \hline \end{array}$$

(2)
$$\begin{array}{r} 647 \\ \times\ \ 52 \\ \hline \end{array}$$

3 26쪽

적용

㉠이 실제로 나타내는 값은 얼마일까요?

$$\begin{array}{r} 392 \\ \times\ \ 63 \\ \hline 1176 \\ 2352 \\ \hline 24696 \end{array}$$

2352 ← ㉠

(　　　　　　)

4 26쪽

문제 해결

잘못 계산한 곳을 찾아 ○표 한 후 바르게 고쳐 보세요.

$$\begin{array}{r} 287 \\ \times\ \ 95 \\ \hline 1435 \\ 2583 \\ \hline 4018 \end{array} \rightarrow \begin{array}{r} 287 \\ \times\ \ 95 \\ \hline \end{array}$$

5 26쪽

문제 해결

편의점에서 980원짜리 과자를 27봉지 샀습니다. 과자의 값은 모두 얼마일까요?

(　　　　　　)

6 26쪽

적용

〈보기〉와 같이 612×71을 어림하려고 합니다. □ 안에 알맞은 수를 써넣으세요.

〈보기〉

293×38

293은 300보다 작고, 38은 40보다 작으므로 계산 결과는 12000보다 작을 것입니다.

612×71

612는 □보다 크고, 71은 □보다 크므로 계산 결과는 □보다 클 것입니다.

» 정답 · 풀이 18쪽

7 27쪽 이해

곱이 작은 것부터 차례로 괄호 안에 1, 2, 3을 써넣으세요.

$$\begin{array}{r} 186 \\ \times \quad 74 \\ \hline \end{array} \qquad \begin{array}{r} 259 \\ \times \quad 32 \\ \hline \end{array} \qquad \begin{array}{r} 412 \\ \times \quad 25 \\ \hline \end{array}$$

(　　　) (　　　) (　　　)

8 27쪽 추론

□ 안에 알맞은 수를 써넣으세요.

$$\begin{array}{r} \square\ 3\ \square \\ \times \quad \square\ 2 \\ \hline 1\ 0\ 6\ 4 \\ 2\ 1\ 2\ 8\ \ \ \\ \hline 2\ 2\ 3\ 4\ 4 \end{array}$$

+9 27쪽 수학적 독해력

어떤 수에 43을 곱해야 할 것을 잘못하여 더했더니 670이 되었습니다. 바르게 계산한 값은 얼마일까요?

(　　　　　)

독해 포인트 잘못 계산한 '어떤 수'를 먼저 구해 보세요.

+10 27쪽 수학적 표현력

수 카드 5장을 한 번씩만 사용하여 가장 작은 세 자리 수와 가장 큰 두 자리 수를 만들었습니다. 만든 두 수의 곱은 얼마인지 풀이 과정을 쓰고, 답을 구하세요.

7 1 3 9 6

[풀이] ____________________

[답] ____________________

오늘 공부 어땠나요?

10개 중 맞힌 문제 □ 개 > 틀린 문제는 힌트를 보고 다시 도전해 보세요. > 맞힌 문제는 힌트를 보고 자신의 생각과 비교해 보세요.

14일 몇십으로 나누기

① 나머지가 없는 (세 자리 수)÷(몇십)

예 120÷30의 계산

```
          4 ← 몫
    30)1 2 0
       1 2 0
       -----
           0 ← 나머지가 0일 때 나누어떨어진다고 합니다.
```

$120 \div 30 = 4$ (12÷3=4)

➜ (몫) 4 (나머지) 0

• 계산 결과가 맞는지 확인할 때에는 나누는 수와 몫을 곱하여 나누어지는 수가 나오는지 확인합니다.

$120 \div 30 = 4$ ➜ (확인) $30 \times 4 = 120$

◐ 나누어지는 수와 나누는 수가 각각 10배이면 몫이 같습니다.

$12 \div 3 = 4$
↓10배 ↓10배
$120 \div 30 = 4$

② 나머지가 있는 (세 자리 수)÷(몇십)

예 162÷40의 계산

$40 \times 3 = 120$
$40 \times 4 = 160$
$40 \times 5 = 200$

```
          4 ← 몫
    40)1 6 2
       1 6 0
       -----
           2 ← 나머지
```

→ 40과의 곱이 162보다 크지 않으면서 가장 가까운 곱을 찾습니다.

➜ (몫) 4 (나머지) 2

• 계산 결과가 맞는지 확인할 때에는 나누는 수와 몫을 곱하고 나머지를 더하여 나누어지는 수가 나오는지 확인합니다.

$162 \div 40 = 4 \cdots 2$ ➜ (확인) $40 \times 4 = 160$, $160 + 2 = 162$

◐ 나머지는 항상 나누는 수보다 작습니다.

$158 \div 40 = 3 \cdots 38$
$159 \div 40 = 3 \cdots 39$
$160 \div 40 = 4 \cdots 0$
$161 \div 40 = 4 \cdots 1$

나누는 수 > 나머지

◐ **162÷40 어림하기**
(몇백몇십)÷(몇십)으로 어림하여 계산할 수 있습니다.
162는 160쯤이므로 162÷40을 어림하여 구하면 몫은 약 160÷40=4입니다.

확인 1 수 모형을 보고 □ 안에 알맞은 수를 써넣으세요.

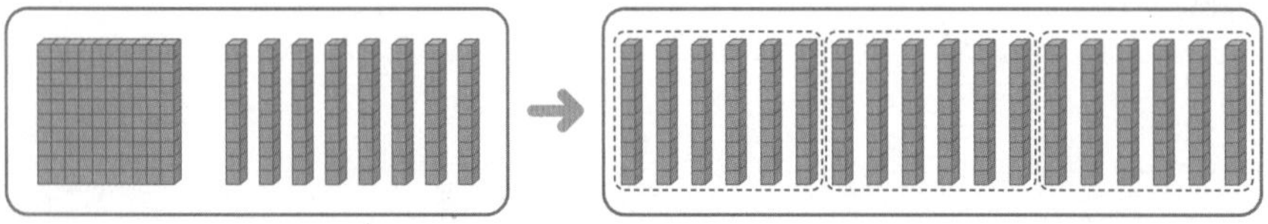

$180 \div 60 = \square$

```
           □
    60)1 8 0
        □
       -----
           0
```

기본기 다지는 교과서 문제

» 정답 · 풀이 19쪽

1 빈칸에 알맞은 수를 써넣고 나눗셈의 몫을 구하세요.

(1) ×70

1	2	3	4	5
70	140			

$280 \div 70 = \square$

(2) ×90

4	5	6	7	8
360	450			

$630 \div 90 = \square$

2 주어진 곱셈식을 이용하여 나눗셈을 하세요.

(1)

$30 \times 5 = 150$
$30 \times 6 = 180$
$30 \times 7 = 210$

$30\overline{)184}$ (몫 □, 빼는 수 □, 나머지 □)

[몫] ________ [나머지] ________

(2)

$80 \times 3 = 240$
$80 \times 4 = 320$
$80 \times 5 = 400$

$80\overline{)357}$ (몫 □, 빼는 수 □, 나머지 □)

[몫] ________ [나머지] ________

개념 따라쓰기

나머지가 없을 때 계산 결과 확인하기

$$\begin{array}{r} 4 \\ 30\overline{)120} \\ 120 \\ \hline 0 \end{array}$$

↓

$30 \times 4 = 120$

나누는 수와 몫을 곱하여 나누어지는 수가 나오는지 확인합니다.

나머지가 있을 때 계산 결과 확인하기

$$\begin{array}{r} 4 \\ 40\overline{)175} \\ 160 \\ \hline 15 \end{array}$$

↓

$40 \times 4 = \boxed{160}$

$\boxed{160} + 15 = 175$

나누는 수와 몫을 곱하고 나머지를 더하여 나누어지는 수가 나오는지 확인합니다.

1

계산

나눗셈의 몫과 나머지를 구해 보세요.

(1) $70\overline{)210}$

(몫) ______

(나머지) ______

(2) $40\overline{)250}$

(몫) ______

(나머지) ______

2

이해

몫이 같은 것끼리 선으로 이어 보세요.

250÷50 •	• 320÷40
240÷30 •	• 490÷70
560÷80 •	• 450÷90

3 28쪽

계산

132÷20을 계산하려고 합니다. 알맞은 곱셈식을 찾아 기호를 쓰세요.

$20\overline{)132}$

㉠ 20×5=100
㉡ 20×6=120
㉢ 20×7=140
㉣ 20×8=160

( )

4 28쪽

이해

계산을 하고 계산 결과를 확인해 보세요.

$30\overline{)218}$

확인

30×□=□

□+□=218

5 28쪽

추론

몫이 큰 것부터 차례로 기호를 쓰세요.

㉠ $50\overline{)390}$ ㉡ $50\overline{)250}$ ㉢ $50\overline{)310}$

□—□—□

6 28쪽

적용

두 나눗셈의 나머지의 차를 구하세요.

510÷70 285÷90

( )

» 정답 · 풀이 19쪽

7 29쪽 추론

□ 안에 알맞은 수를 써넣어 몫이 같은 나눗셈을 만들어 보세요.

$24 \div 3 = 8$

$240 \div \square = 8$

8 29쪽 문제 해결

서연이네 가족은 집에서 출발하여 할머니 댁에 가는 데 215분이 걸렸습니다. 215분은 몇 시간 몇 분일까요?

□시간 □분

+9 29쪽 수학적 독해력

영민이는 쪽수가 230쪽인 동화책을 읽으려고 합니다. 하루에 30쪽씩 읽으면 며칠 안에 모두 읽을 수 있을까요?

( )

독해 포인트 '모두' 읽으려면 남는 쪽수가 없어야 합니다.

+10 29쪽 수학적 표현력

길이가 457 cm인 색 테이프를 한 도막이 70 cm가 되도록 잘랐습니다. 70 cm짜리 색 테이프는 몇 도막이 생기고 남은 색 테이프는 몇 cm인지 풀이 과정을 쓰고, 답을 구하세요.

풀이

답

오늘 공부 어땠나요? 10개 중 맞힌 문제 □개 > 틀린 문제는 힌트를 보고 다시 도전해 보세요. > 맞힌 문제는 힌트를 보고 자신의 생각과 비교해 보세요.

몇십몇으로 나누기 (1)

몫이 한 자리 수인 나눗셈

❶ 몫이 한 자리 수인 (두 자리 수)÷(두 자리 수)

예 60÷15의 계산

$15\times3=45$
$15\times4=60$
$15\times5=75$

15와의 곱이 60이 되는 경우를 찾습니다.

```
      4
15)6 0
   6 0
   ---
     0
```

$60\div15=4$

➜ (몫) 4 (나머지) 0
(확인) $15\times4=60$

❷ 몫이 한 자리 수인 (세 자리 수)÷(두 자리 수)

예 127÷24의 계산

$24\times4=96$
$24\times5=120$
$24\times6=144$

24와의 곱이 127보다 크지 않으면서 가장 가까운 곱을 찾습니다.

```
       5
24)1 2 7
   1 2 0
   -----
       7
```

$127\div24=5\cdots7$

➜ (몫) 5 (나머지) 7
(확인) $24\times5=120$, $120+7=127$

개념+ 나눗셈에서 나머지와 나누는 수의 관계

나머지는 항상 나누는 수보다 작아야 합니다.
따라서 나머지가 나누는 수와 같거나 크면 몫을 1 크게 하여 다시 계산합니다.

```
       6   ── 몫을 1 크게 합니다. ──>      7
23)1 6 2                         23)1 6 2
   1 3 8                            1 6 1
   -----                            -----
     2 4                                1
```

나머지가 나누는 수보다 큽니다.

확인 1 곱셈식을 이용하여 계산해 보세요.

(1) 78÷13

$13\times5=65$
$13\times6=78$
$13\times7=91$

```
        □
13) 7  8
      □
   -----
        □
```

(2) 347÷46

$46\times6=276$
$46\times7=322$
$46\times8=368$

```
          □
46) 3  4  7
        □
   --------
          □
```

1 어림한 나눗셈의 몫으로 가장 적절한 것에 ○표 하세요.

(1) $84 \div 21$

4 8 40 80

(2) $463 \div 51$

6 9 60 90

2 □ 안에 알맞은 수를 써넣으세요.

(1) $17 \overline{)85}$ (몫 □, 빼는 수 □, 나머지 □)

(2) $36 \overline{)252}$ (몫 □, 빼는 수 □, 나머지 □)

(3) $14 \overline{)89}$ (몫 □, 빼는 수 □, 나머지 □)

(4) $43 \overline{)367}$ (몫 □, 빼는 수 □, 나머지 □)

개념 따라쓰기

나머지와 나누는 수의 관계 ①

$82 \div 12 = 6 \cdots 10$

$83 \div 12 = 6 \cdots 11$

$84 \div 12 = 7 \cdots 0$

나누는 수 > 나머지

나눗셈에서 나머지는 항상 나누는 수보다 작아야 합니다.

나머지와 나누는 수의 관계 ②

$15 \overline{)63}$: 몫 3, 45, 나머지 18 → 나누는 수 < 나머지

몫을 1 크게 →

$15 \overline{)63}$: 몫 4, 60, 나머지 3

나머지가 나누는 수보다 크거나 같으면 몫을 1 크게 하여 다시 계산합니다.

3단원

1
이해

어림한 나눗셈의 몫으로 가장 적절한 것에 ○표 하세요.

(1) $98 \div 32$ 　 2 　 3 　 20 　 30

(2) $252 \div 41$ 　 6 　 8 　 60 　 80

2
계산

□ 안에 알맞은 수를 써넣으세요.

(1) $19 \overline{)95}$ (몫 □, 뺄 수 □, 나머지 □)

(2) $36 \overline{)294}$ (몫 □, 뺄 수 □, 나머지 □)

3
30쪽 　 계산

나눗셈의 몫과 나머지를 구해 보세요.

(1) $18 \overline{)54}$

몫 ______
나머지 ______

(2) $58 \overline{)470}$

몫 ______
나머지 ______

4
30쪽 　 적용

계산을 하여 빈칸에는 몫을 쓰고 ◯ 안에는 나머지를 써넣으세요.

÷ →

184	28		… ◯
415	73		… ◯

5
30쪽 　 이해

어떤 수를 47로 나누었더니 몫이 8이고 나머지가 21이었습니다. 어떤 수는 얼마일까요?

(　　　　　)

6
30쪽 　 적용

$543 \div 62$를 어림하여 계산한 것입니다. 잘못 계산한 부분을 바르게 고쳐 보세요.

$543 \div 62$
↓
$540 \div 60 = 9$

→ $62 \overline{)543}$, 몫 9, 558

바르게 고치기 　 62×9는 558이 되어 □보다 크므로 9는 □(으)로 고쳐야 합니다.

» 정답 · 풀이 20쪽

7 31쪽 적용

나머지가 큰 것부터 차례로 1, 2, 3을 쓰세요.

$15\overline{)81}$ $18\overline{)83}$ $27\overline{)73}$

( ) ( ) ( )

8 31쪽 문제 해결

슬기, 서준, 윤하 세 사람이 다음과 같이 나눗셈을 하였습니다. 바르게 계산한 사람은 누구일까요?

$$\begin{array}{r} 6 \\ 38\overline{)267} \\ \underline{228} \\ 39 \end{array} \qquad \begin{array}{r} 70 \\ 53\overline{)413} \\ \underline{371} \\ 42 \end{array} \qquad \begin{array}{r} 7 \\ 47\overline{)352} \\ \underline{329} \\ 23 \end{array}$$

슬기 서준 윤하

( )

+9 31쪽 수학적 독해력

어떤 수를 16으로 나누었더니 몫이 4이고 나머지가 13이었습니다. 어떤 수를 19로 나누었을 때의 몫과 나머지는 얼마일까요?

[몫] ______ [나머지] ______

독해 포인트 '어떤 수'를 먼저 구한 다음 몫과 나머지를 구해 보세요.

+10 31쪽 수학적 표현력

사탕 175개를 접시 한 개에 21개씩 담았습니다. 사탕을 담은 접시는 몇 개이고, 남은 사탕은 몇 개인지 풀이 과정을 쓰고, 답을 구하세요.

[풀이] ______

[답] ______

오늘 공부 어땠나요? 10개 중 맞힌 문제 ☐ 개 › **틀린 문제**는 힌트를 보고 다시 도전해 보세요. › **맞힌 문제**는 힌트를 보고 자신의 생각과 비교해 보세요.

16일

공부한 날 ( )월 ( )일

몇십몇으로 나누기 (2)

몫이 두 자리 수인 나눗셈

❶ 나머지가 없고 몫이 두 자리 수인 (세 자리 수)÷(두 자리 수)

예 276÷12의 계산

```
       2                          2 3
12 ) 2 7 6                  12 ) 2 7 6
     2 4 0 ←12×20    →           2 4 0
     -----                       -----
       3 6 ←276−240                3 6
                                   3 6
                                   ---
                                     0
```

↳ 몫의 십의 자리 수부터 구합니다.

↳ 남은 수를 다시 12로 나누어 몫의 일의 자리 수를 구합니다.

$276 \div 12 = 23$ → [몫] 23 [나머지] 0

[확인] $12 \times 23 = 276$

(세 자리 수)÷(두 자리 수)에서 나누어지는 수의 왼쪽 두 자리 수가 나누는 수보다 크거나 같으면 몫은 두 자리 수가 됩니다.

```
12 ) 2 7 6
```

$12 < 27$ → 몫은 두 자리 수

❷ 나머지가 있고 몫이 두 자리 수인 (세 자리 수)÷(두 자리 수)

예 687÷21의 계산

```
       3                          3 2
21 ) 6 8 7                  21 ) 6 8 7
     6 3 0 ←21×30    →           6 3 0
     -----                       -----
       5 7 ←687−630                5 7
                                   4 2
                                   ---
                                   1 5
```

↳ 몫의 십의 자리 수부터 구합니다.

↳ 남은 수를 다시 21로 나누어 몫의 일의 자리 수와 나머지를 구합니다.

$687 \div 21 = 32 \cdots 15$ → [몫] 32 [나머지] 15

[확인] $21 \times 32 = 672$, $672 + 15 = 687$

확인 1 □ 안에 알맞은 식의 기호를 써넣으세요.

```
       2 3
16 ) 3 6 8
     3 2     ← □
     -----
       4 8   ← □
       4 8   ← □
     -----
         0
```

㉠ 16×3
㉡ 16×20
㉢ $368 - 320$

확인 2 □ 안에 알맞은 수를 써넣으세요.

```
       3 7
13 ) 4 8 7
     3 9     ← 13×□
     -----
       9 7   ← 487−□
       9 1   ← 13×□
     -----
         6   ← 97−□
```

기본기 다지는 교과서 문제

» 정답 · 풀이 21쪽

1 빈칸에 알맞은 수를 써넣고 $416 \div 12$의 몫을 어림해 보세요.

×12				
	10	20	30	40
	120			

→ $416 \div 12$의 몫은 □보다 크고 □보다 작습니다.

2 □ 안에 알맞은 수를 써넣으세요.

(1)

$$\begin{array}{r} \square\,\square \\ 14\,\overline{)\,6\;0\;2} \\ \square\;\;\;\; \\ \hline 4\;2 \\ \square \\ \hline \square \end{array}$$

(몫) ________

(나머지) ________

(2)

$$\begin{array}{r} \square\,\square \\ 27\,\overline{)\,7\;5\;8} \\ \square\;\;\;\; \\ \hline 2\;1\;8 \\ \square \\ \hline \square \end{array}$$

(몫) ________

(나머지) ________

3 몫이 한 자리 수인 나눗셈에 ○표, 몫이 두 자리 수인 나눗셈에 △표 하세요.

$216 \div 27$	$576 \div 18$
$421 \div 34$	$345 \div 41$

개념 따라쓰기

몫이 두 자리 수가 되는 나눗셈

$697 \div 21 = 33 \cdots 4$

$69 > 21$ → 몫은 두 자리

나누어지는 수의 왼쪽 두 자리 수가 나누는 수보다 크거나 같으면 몫은 두 자리 수입니다.

3단원

1

계산

□ 안에 알맞은 수를 써넣으세요.

(1) 15)3 9 0 — 몫: □□, 빼는 수: □, 남은 수: 9 0, 빼는 수: □, 나머지: □

(2) 24)7 6 9 — 몫: □□, 빼는 수: □, 남은 수: 4 9, 빼는 수: □, 나머지: □

2

계산

나눗셈의 몫과 나머지를 구해 보세요.

(1) 41)9 0 7

몫 ______

나머지 ______

(2) 39)7 3 5

몫 ______

나머지 ______

3

32쪽 이해

□ 안에 알맞은 식의 기호를 써넣으세요.

17)5 6 8 → 몫 3 3

5 1 ← □

5 8 ← □

5 1 ← □

7 ← □

㉠ 568−510
㉡ 58−51
㉢ 17×3
㉣ 17×30

4

32쪽 적용

몫이 두 자리 수인 나눗셈의 기호를 모두 쓰세요.

㉠ 427÷31 ㉡ 327÷38
㉢ 547÷60 ㉣ 231÷19

(　　　　　　)

5

32쪽 문제 해결

□ 안에 알맞은 수를 써넣으세요.

□÷24=15⋯7

6

32쪽 의사 소통

서연이는 835÷23을 다음과 같이 잘못 계산하였습니다. 몫을 바르게 구하는 방법을 완성해 보세요.

23)8 3 5 → 몫 3 5

6 9 0

1 4 5

1 1 5

3 0

30은 □으로 더 나눌 수 있으므로 835÷23의 몫은 35보다 (커야 , 작아야) 합니다.

» 정답 · 풀이 21쪽

7 33쪽 추론

다음 나눗셈은 나누어떨어집니다. □ 안에 알맞은 수를 써넣으세요.

$$\begin{array}{r} \square\ 3 \\ 32\overline{)\ 7\ \square\ 6} \end{array}$$

8 33쪽 문제 해결

다음 식에서 □가 될 수 있는 자연수 중 가장 큰 수를 구하세요.

□÷16=25…★

(　　　　　)

+9 33쪽 수학적 독해력

표를 보고 168보다 큰 수 중에서 14로 나누었을 때 나머지가 7이 되는 가장 작은 수를 구해 보세요.

나눗셈식	몫	나머지
168÷14	12	0
169÷14	12	1
170÷14	12	2
⋮	⋮	⋮
□÷14	12	7

(　　　　　)

독해 포인트 몫이 같을 때 나누어지는 수가 1씩 커지면 나머지도 1씩 커집니다.

+10 33쪽 수학적 표현력

귤 538개를 상자에 담으려고 합니다. 한 상자에 43개씩 담을 때 몇 상자에 담을 수 있고, 남은 귤은 몇 개인지 풀이 과정을 쓰고, 답을 구하세요.

[풀이] ____________________

____

____

[답] ____________________

오늘 공부 어땠나요?

10개 중 맞힌 문제 □ 개 › **틀린 문제**는 힌트를 보고 다시 도전해 보세요. › **맞힌 문제**는 힌트를 보고 자신의 생각과 비교해 보세요.

01 계산 결과에 맞게 선으로 이어 보세요.

700×60 •	• 36000
540×80 •	• 42000
400×90 •	• 43200

02 잘못 계산한 곳을 찾아 바르게 계산해 보세요.

$$\begin{array}{r} 5\ 2\ 4 \\ \times\quad 6\ 3 \\ \hline 1\ 5\ 7\ 2 \\ 3\ 1\ 4\ 4 \\ \hline 4\ 9\ 1\ 6 \end{array} \rightarrow \begin{array}{r} 5\ 2\ 4 \\ \times\quad 6\ 3 \\ \hline \end{array}$$

03 슬기네 학교 학생들이 하루에 마시는 우유가 356개입니다. 학생들이 4월 한 달 동안 마신 우유는 모두 몇 개인가요?

(　　　　　　)

04 곱이 큰 것부터 차례로 기호를 쓰세요.

㉠ 463×60　　㉡ 724×32

㉢ 529×57　　㉣ 398×83

☐－☐－☐－☐

05 수 카드를 한 번씩만 사용하여 가장 작은 세 자리 수와 가장 큰 두 자리 수를 만들었습니다. 만든 두 수의 곱을 구해 보세요.

2　7　4　8　5

(　　　　　　)

06 예준이가 263쪽인 동화책을 매일 50쪽씩 읽으려고 합니다. 50쪽씩 며칠 동안 읽고 마지막 날에는 몇 쪽을 읽어야 할까요?

(　　　　　　,　　　　　　)

» 정답 · 풀이 22쪽

07 몫이 한 자리 수인 나눗셈을 모두 고르세요. ( )

① $263 \div 19$ ② $326 \div 38$
③ $472 \div 29$ ④ $584 \div 62$
⑤ $745 \div 54$

08 몫이 큰 것부터 차례로 기호를 쓰세요.

㉠ $493 \div 27$ ㉡ $754 \div 52$ ㉢ $692 \div 45$

□—□—□

09 길이가 368 cm인 색 테이프를 한 도막이 45 cm가 되도록 잘라 리본을 만들려고 합니다. 리본은 몇 개까지 만들 수 있고 남는 색 테이프는 몇 cm인지 구해 보세요.

(,)

서술형

10 684에 어떤 수를 곱해야 하는데 잘못하여 나누었더니 몫이 12로 나누어떨어졌습니다. 바르게 계산한 값은 얼마인지 풀이 과정을 쓰고, 답을 구하세요.

풀이

답

17일 점의 이동

❶ 점의 이동

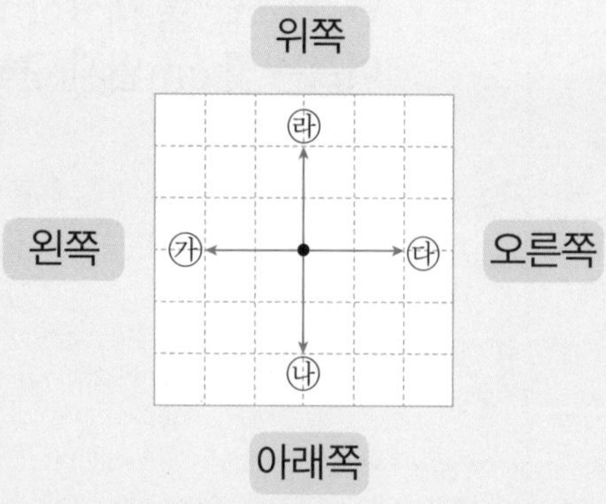

◐ 점은 선을 따라서만 이동할 수 있습니다.

- 점을 왼쪽으로 2칸 이동한 위치에 ㉮가 있습니다.
- 점을 아래쪽으로 2칸 이동한 위치에 ㉯가 있습니다.
- 점을 오른쪽으로 2칸 이동한 위치에 ㉰가 있습니다.
- 점을 위쪽으로 2칸 이동한 위치에 ㉱가 있습니다.

❷ 점의 이동 설명하기

점의 이동을 설명할 때에는 **어느 방향**으로 **몇 칸** 이동했는지 설명합니다.

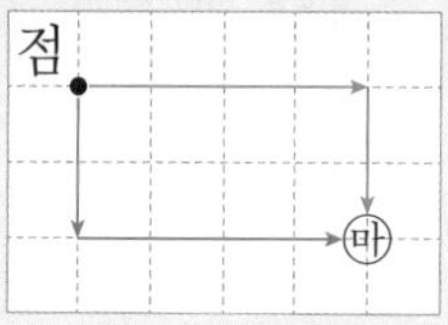

점을 ㉲로 이동하려면 [오른쪽으로 4칸, 아래쪽으로 2칸 / 아래쪽으로 2칸, 오른쪽으로 4칸] 이동해야 합니다.

확인 1 점을 주어진 방향으로 3칸 이동한 위치에 점을 그려 보세요.

(1) 오른쪽

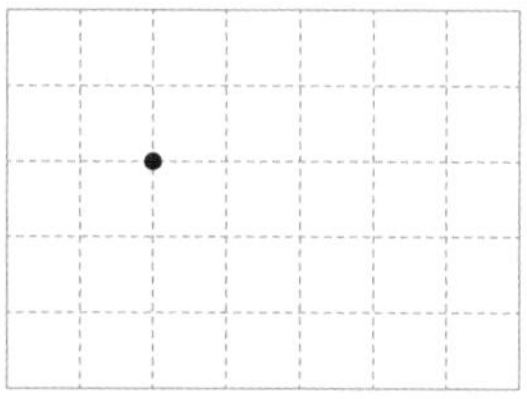

(2) 아래쪽

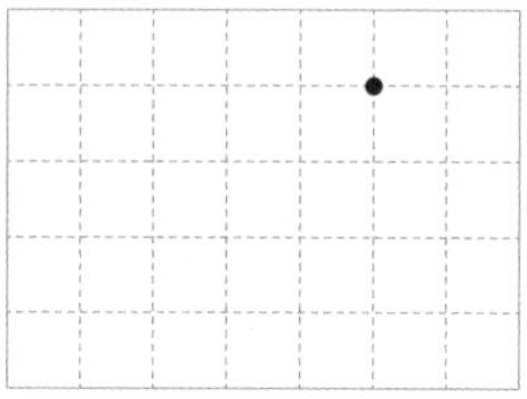

확인 2 점 ㄱ을 선을 따라 점 ㄴ의 위치로 이동했습니다. 어느 방향으로 몇 cm 이동했는지 □ 안에 알맞은 말이나 수를 써넣으세요.

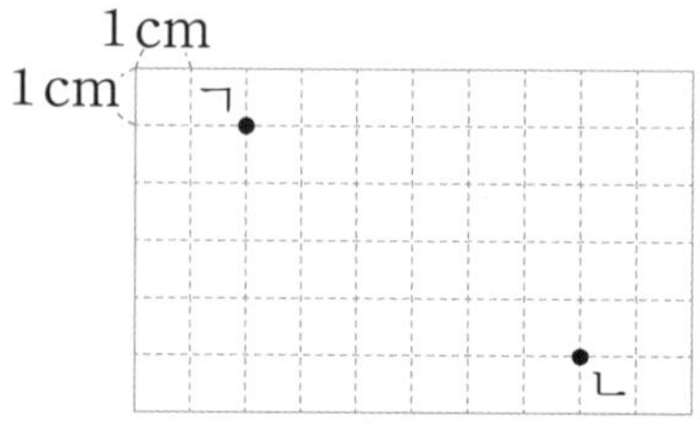

점 ㄱ을 오른쪽으로 □ cm, □으로 4 cm 이동했습니다.

» 정답 · 풀이 22쪽

기본기 다지는 교과서 문제

1 점 ㄱ을 선을 따라 다음과 같이 이동한 점을 각각 찾아 쓰세요.

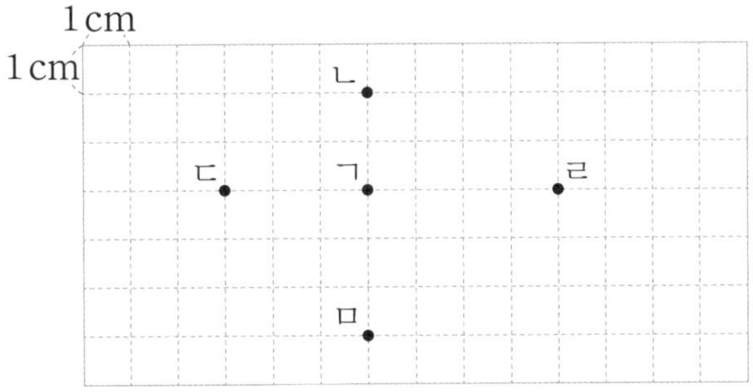

점 ㄱ을 오른쪽으로 4 cm 이동한 점 ➜ (　　　　　　)
점 ㄱ을 아래쪽으로 3 cm 이동한 점 ➜ (　　　　　　)

2 점 ㄴ을 선을 따라 아래쪽으로 3 cm, 왼쪽으로 7 cm 이동하여 나타내어 보세요.

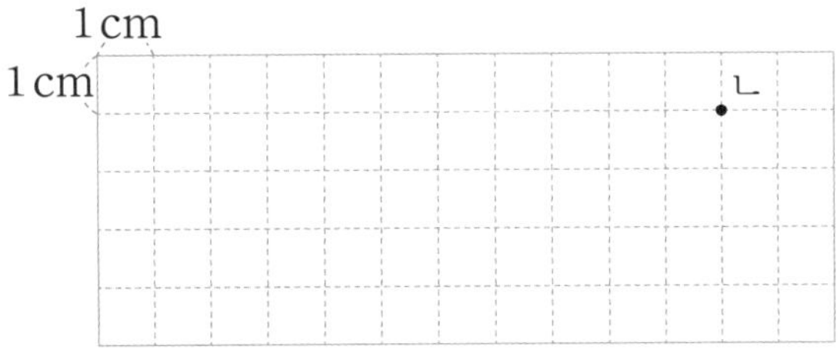

3 점 ㄷ은 선을 따라 어느 방향으로 몇 cm 이동했는지 □ 안에 알맞은 말이나 수를 써넣으세요.

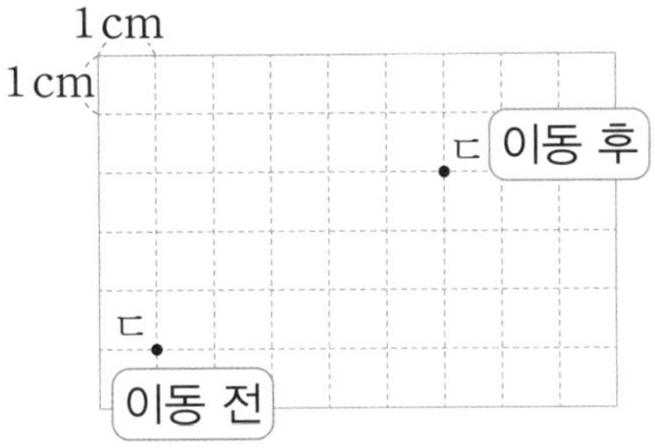

(1) 점 ㄷ을 오른쪽으로 □ cm, □으로 □ cm 이동했습니다.

(2) 점 ㄷ을 위쪽으로 □ cm, □으로 □ cm 이동했습니다.

개념 따라쓰기

점의 이동

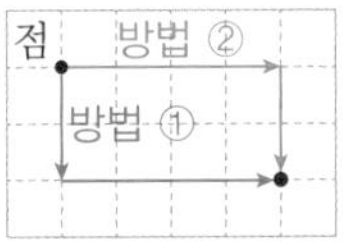

점을 이동하는 방법에는 여러 가지가 있습니다.

점의 이동 설명하기

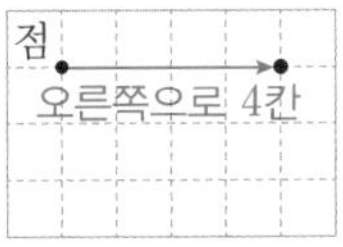

점의 이동을 설명할 때에는 어느 방향으로 몇 칸 이동했는지 설명합니다.

4단원

1

이해

점을 ㉮로 이동하려고 합니다. □ 안에 알맞은 말이나 수를 써넣으세요.

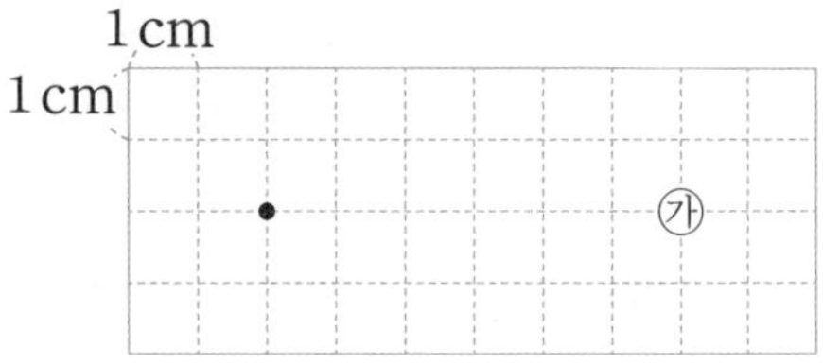

→ □쪽으로 □ cm 이동해야 합니다.

2

이해

점을 위쪽으로 2칸, 왼쪽으로 4칸 이동한 위치에 점을 그려 보세요.

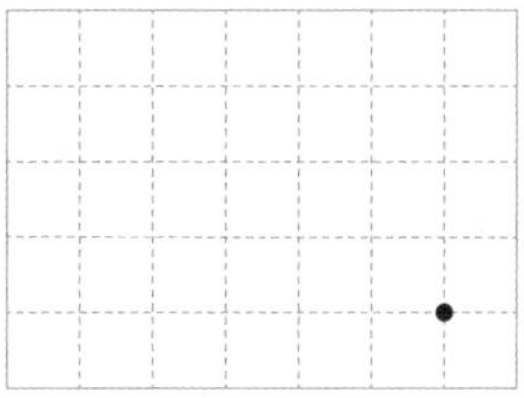

3

34쪽

적용

점 ㄱ을 점 ㄴ이 있는 위치로 이동하려고 합니다. □ 안에 알맞은 말이나 수를 써넣으세요.

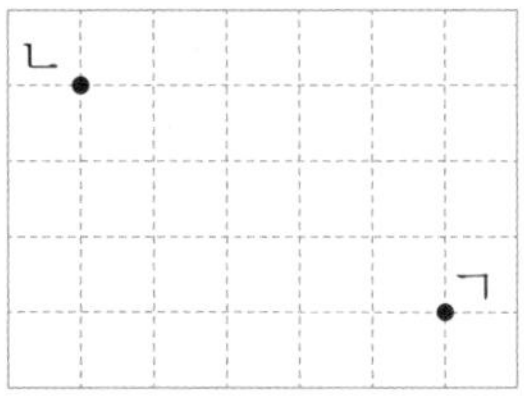

출발 → □으로 □칸 이동 → □으로 □칸 이동 → 도착

4

34쪽

이해

교문에서 과학실까지 이동하는 방법을 알아보려고 합니다. □ 안에 알맞은 수를 써넣으세요.

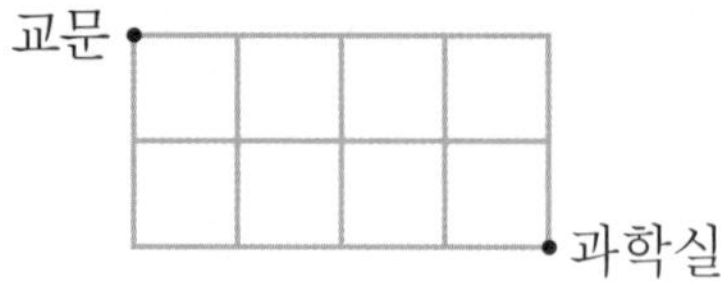

교문에서 아래쪽으로 □칸, □으로 □칸 이동합니다.

5

34쪽

문제 해결

검은색 바둑돌을 흰색 바둑돌이 있는 위치까지 이동하는 방법으로 알맞은 것에 ○표 하세요.

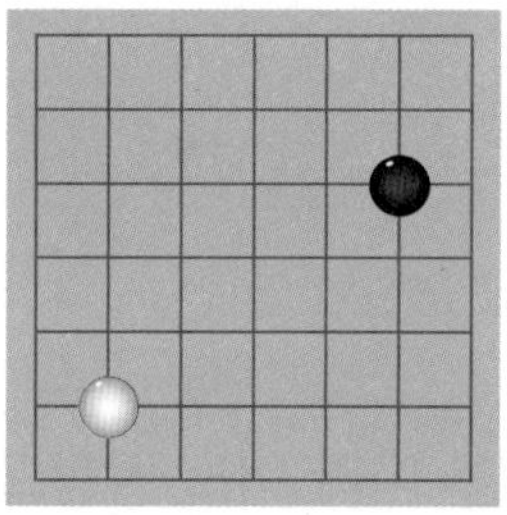

왼쪽으로 3칸, 아래쪽으로 4칸 이동합니다. □

아래쪽으로 3칸, 왼쪽으로 4칸 이동합니다. □

6

34쪽

추론

점을 오른쪽으로 5 cm 이동했을 때의 위치입니다. 이동하기 전의 위치에 점을 그려 보세요.

» 정답 · 풀이 22쪽

7 35쪽 창의 융합

개구리가 아래쪽으로 점 ㄱ까지 이동한 후 왼쪽으로 점 ㄴ까지 이동했습니다. 개구리가 이동한 거리는 모두 몇 cm일까요?

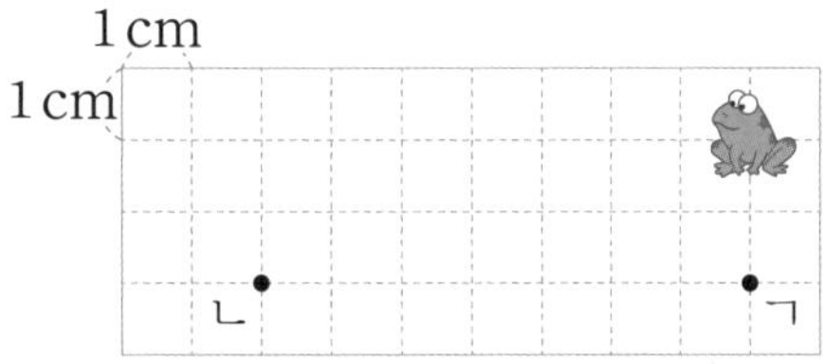

(　　　　　　　　)

8 35쪽 추론

점을 위쪽으로 2 cm, 왼쪽으로 5 cm 이동했을 때의 위치입니다. 이동하기 전의 위치에 점을 그려 보세요.

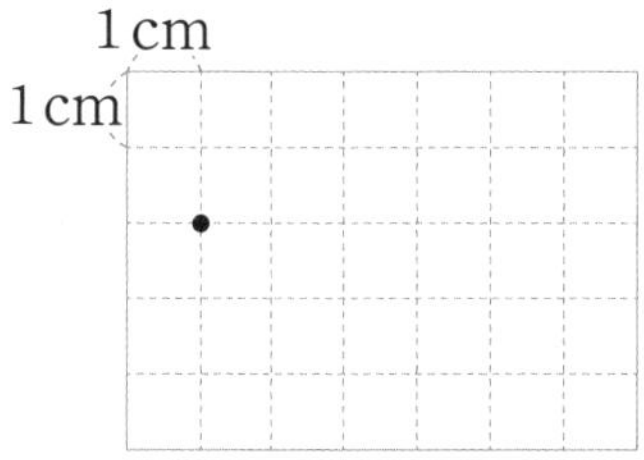

+9 35쪽 수학적 독해력

♥를 ㉮로 이동하는 방법을 잘못 말한 사람은 누구일까요?

독해 포인트 점을 이동한 방향과 칸의 수를 정확하게 말해야 합니다.

+10 35쪽 수학적 표현력

점 ㄱ을 어떻게 이동하면 점 ㄴ이 있는 위치로 이동할 수 있는지 설명해 보세요.

[설명] ______________________

____

____

____

오늘 공부 어땠나요? 10개 중 맞힌 문제 [　] 개 › **틀린 문제**는 힌트를 보고 다시 도전해 보세요. › **맞힌 문제**는 힌트를 보고 자신의 생각과 비교해 보세요.

18일 평면도형 밀기

① 평면도형을 여러 방향으로 밀기

예 사각형을 오른쪽, 왼쪽, 위쪽, 아래쪽으로 각각 5cm 밀기

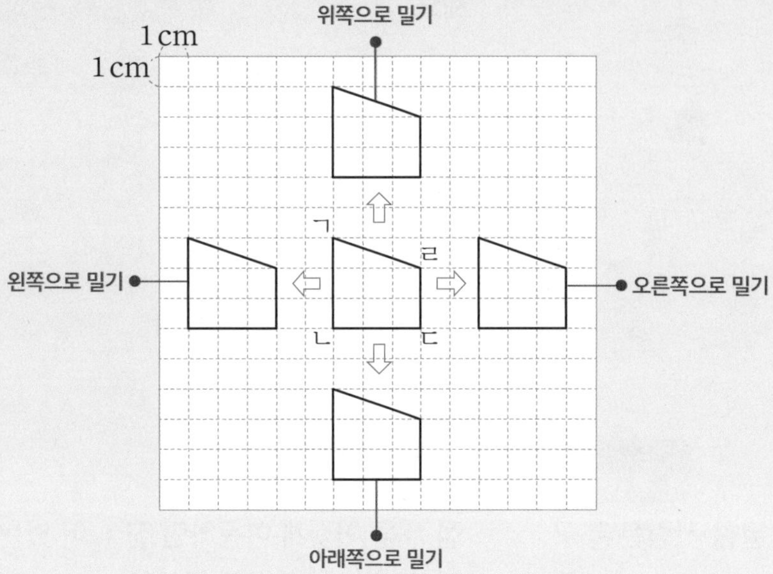

도형을 밀면 모양과 크기는 변하지 않고 위치만 바뀝니다.

- 도형을 밀 때에는 한 변을 기준으로 하여 밉니다.
- 사각형 ㄱㄴㄷㄹ을 오른쪽으로 5cm 밀 때에는 변 ㄱㄴ을 기준으로 모눈의 칸의 수를 세어서 오른쪽으로 5cm 밀면 됩니다.
- 도형의 한 변을 기준으로 할 때 기준이 되는 변은 도형의 어느 변이든 상관없습니다.

확인 1 모양 조각을 오른쪽으로 밀었을 때의 모양에 ○표 하세요.

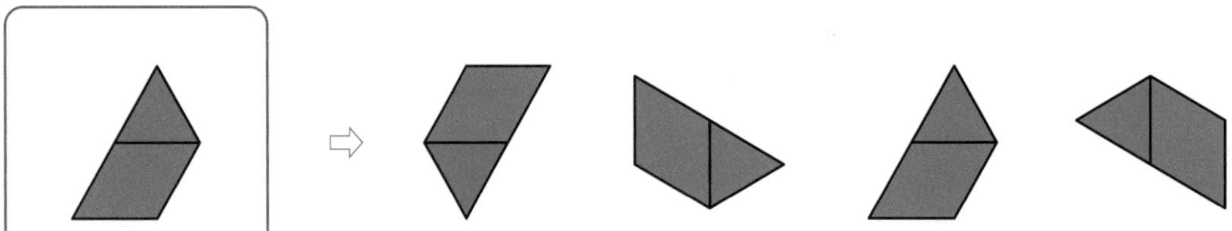

( ) ( ) ( ) ( )

확인 2 알맞은 말에 ○표 하세요.

모양 조각을 아래쪽으로 밀면 모양과 크기는 (변하고 , 변하지 않고)
위치는 (바뀝니다 , 바뀌지 않습니다).

기본기 다지는 교과서 문제

1 도형을 주어진 방향으로 밀었을 때의 도형을 그려 보세요.

(1)

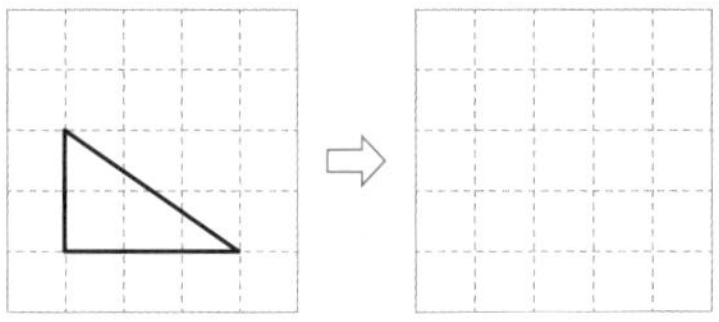

(2)

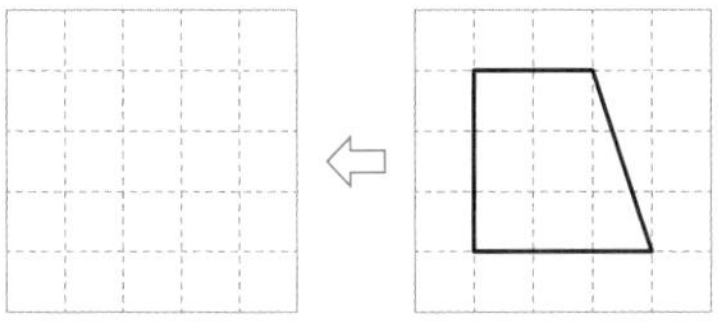

2 도형을 주어진 방향으로 밀었을 때의 도형을 그려 보세요.

(1)

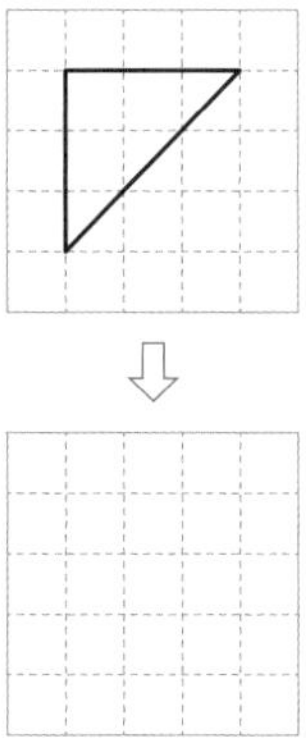

(2)

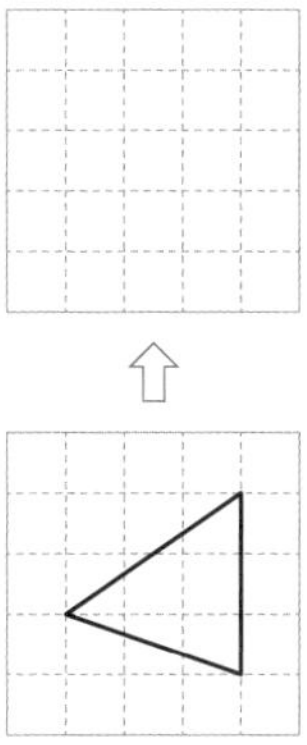

3 도형을 오른쪽으로 5 cm 밀었을 때의 도형을 그려 보세요.

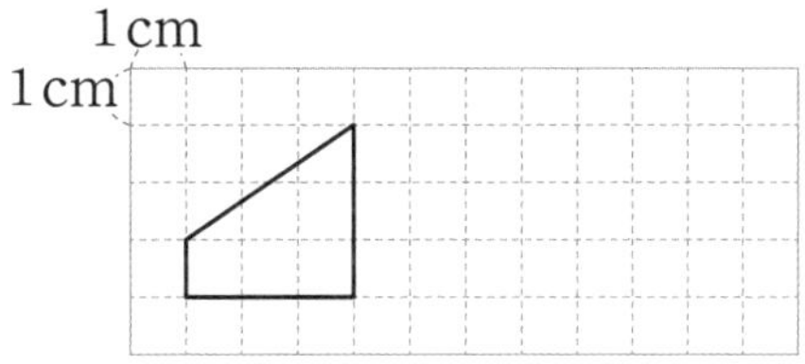

개념 따라쓰기

평면도형 밀기

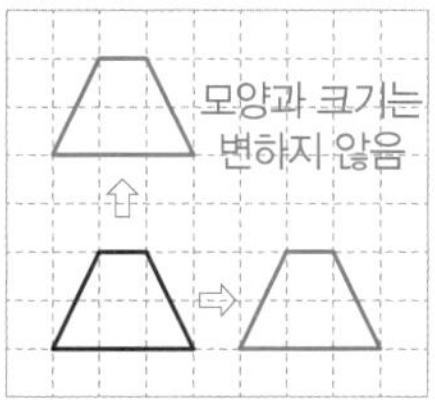

도형을 밀면 모양과 크기는 변하지 않고 위치만 바뀝니다.

도형을 미는 방법

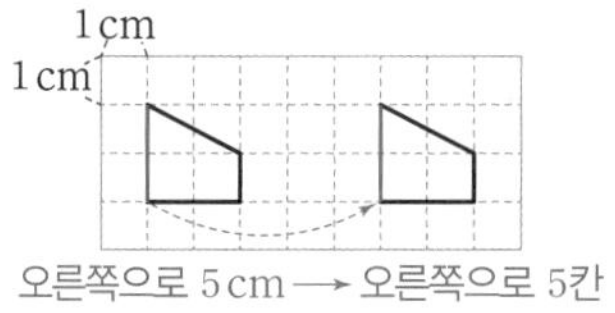

한 변을 기준으로 정해진 길이만큼 모눈의 칸의 수를 세어서 밉니다.

1

이해

모양 조각을 오른쪽으로 밀었습니다. 옳은 것을 찾아 ○표 하세요.

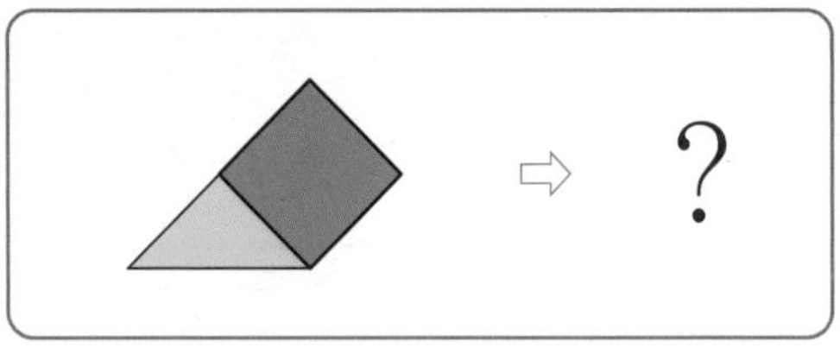

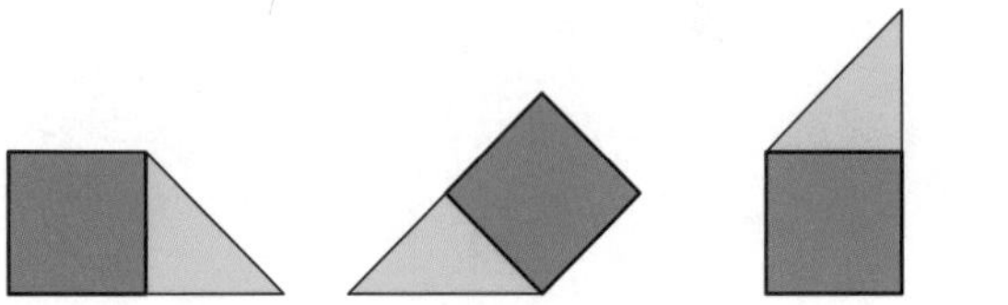

(　　　) (　　　) (　　　)

2

이해

도형을 왼쪽으로 밀었을 때의 도형을 찾아 ○표 하세요.

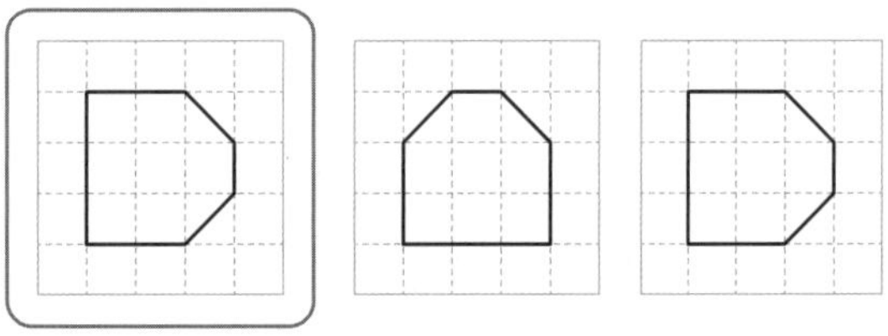

(　　　) (　　　)

3

36쪽

적용

도형을 주어진 방향으로 밀었을 때의 모양으로 옳은 것에 ○표 하세요.

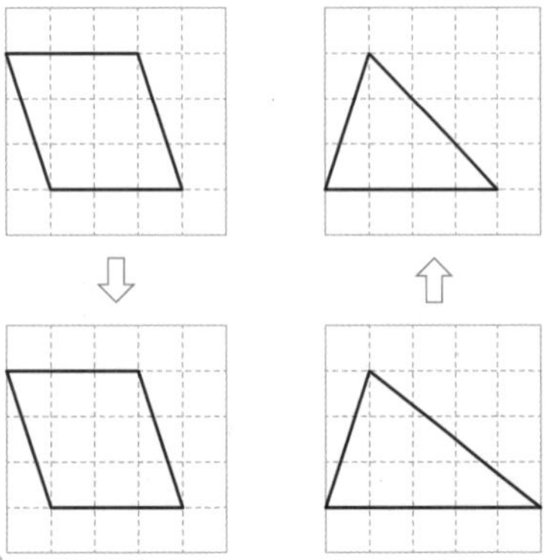

(　　　) (　　　)

4

36쪽

이해

도형을 오른쪽, 왼쪽, 위쪽, 아래쪽으로 밀었을 때의 도형을 각각 그려 보세요.

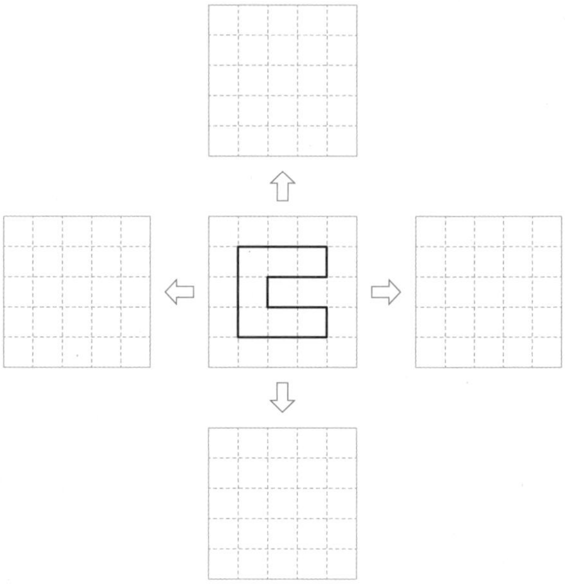

5

36쪽

문제 해결

도형을 왼쪽으로 6 cm 밀었을 때의 도형을 그려 보세요.

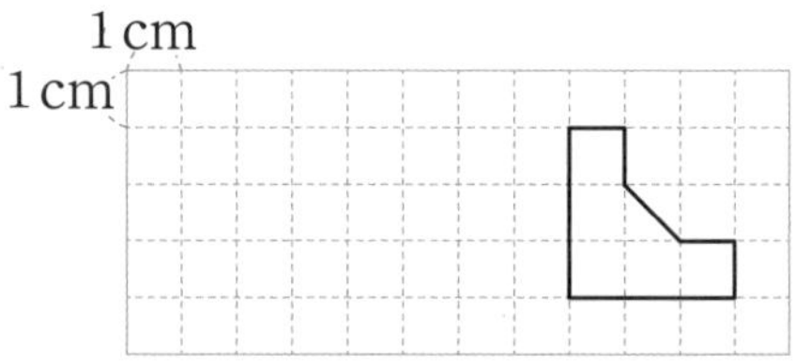

6

36쪽

이해

도형을 오른쪽으로 7 cm 밀고 아래쪽으로 3 cm 밀었을 때의 도형을 그려 보세요.

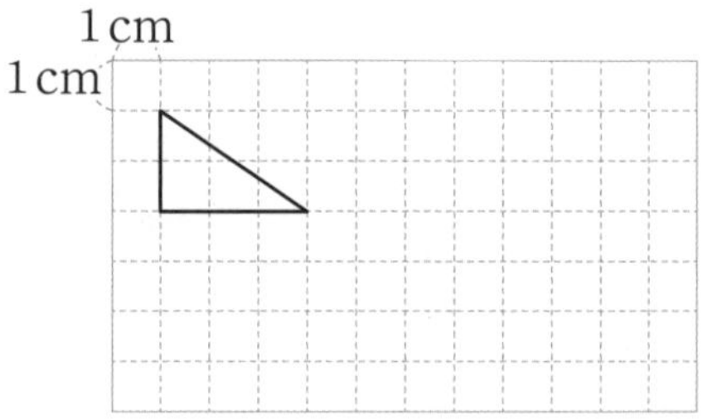

» 정답 · 풀이 24쪽

7 37쪽 추론

도형을 오른쪽으로 밀고 아래쪽으로 밀었을 때의 도형을 그려 보세요.

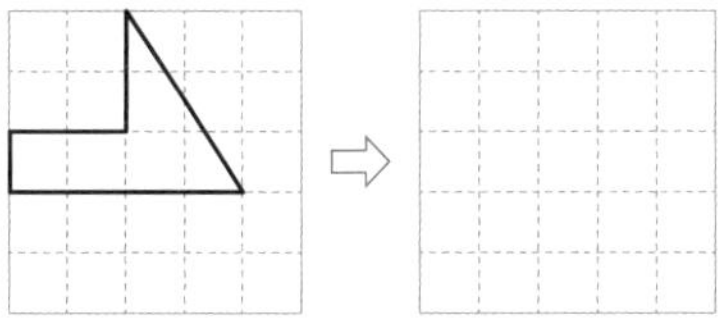

8 37쪽 이해

도형의 이동 방법을 설명해 보세요.

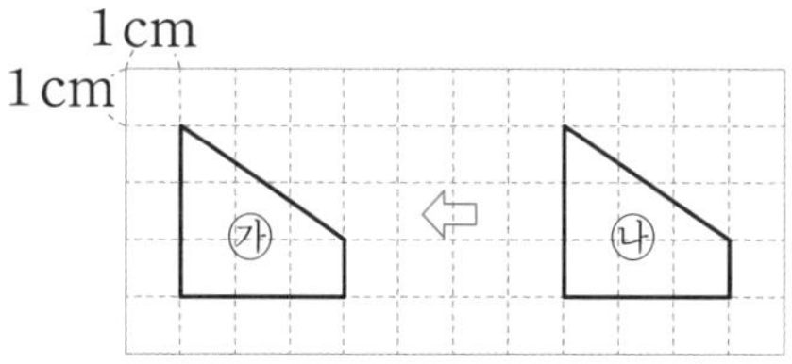

㉮ 도형은 ㉯ 도형을 ☐쪽으로 ☐ cm만큼 밀어서 이동한 도형입니다.

+9 37쪽 수학적 독해력

어떤 도형을 아래쪽으로 3번 민 도형입니다. 처음 도형을 그려 보세요.

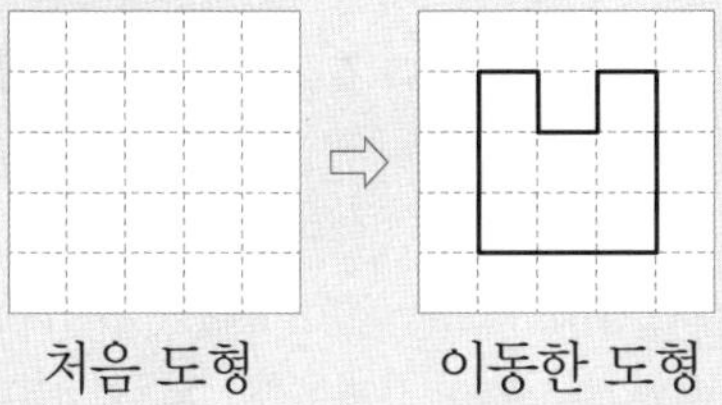

독해 포인트 도형을 여러 번 밀었을 때 도형의 모양과 크기가 달라지는지 생각해 보세요.

+10 37쪽 수학적 표현력

정사각형 모양을 완성하려면 조각 가, 나, 다를 어느 방향으로 몇 cm 밀어야 하는지 쓰세요.

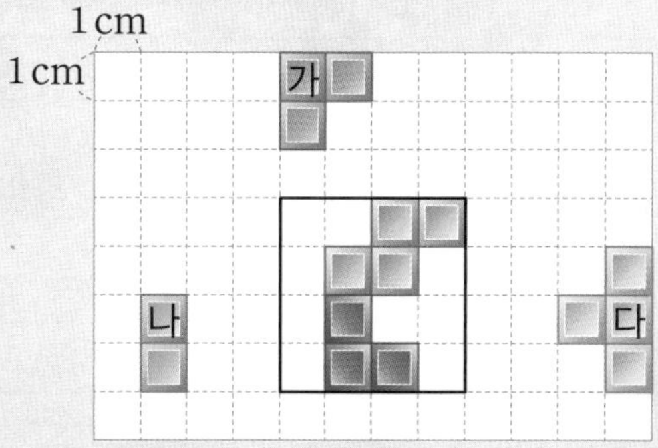

가 조각 ( )
나 조각 ( )
다 조각 ( )

오늘 공부 어땠나요? 10개 중 맞힌 문제 ☐ 개 > **틀린 문제**는 힌트를 보고 다시 도전해 보세요. > **맞힌 문제**는 힌트를 보고 자신의 생각과 비교해 보세요.

19일 평면도형 뒤집기

1 평면도형을 여러 방향으로 뒤집기

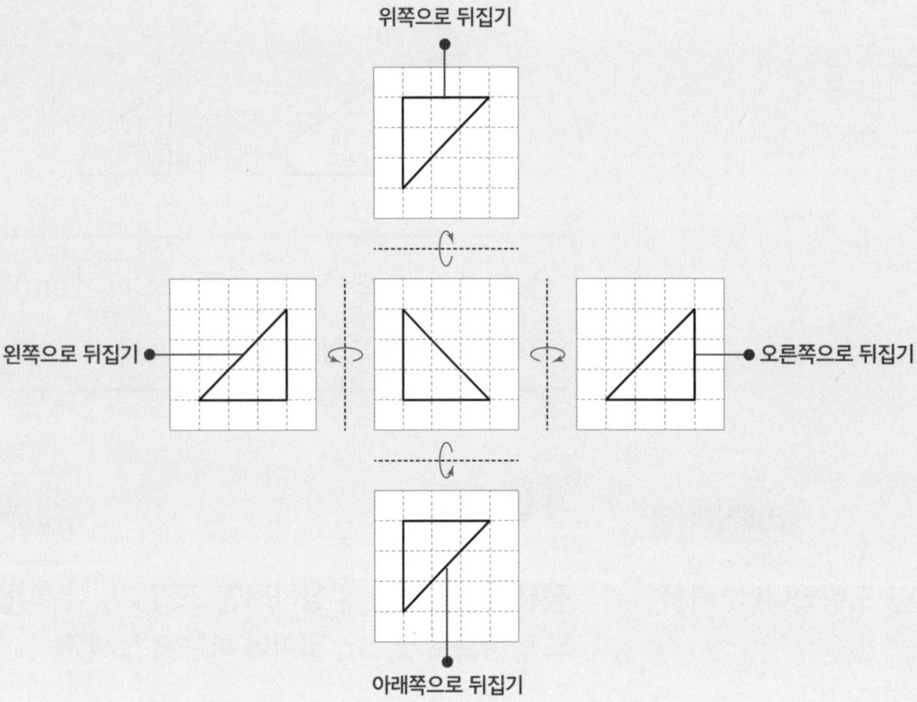

• 도형을 오른쪽이나 왼쪽으로 뒤집으면 도형의 오른쪽과 왼쪽이 서로 바뀝니다.
• 도형을 위쪽이나 아래쪽으로 뒤집으면 도형의 위쪽과 아래쪽이 서로 바뀝니다.

◐ 오른쪽으로 뒤집은 모양과 왼쪽으로 뒤집은 모양은 같습니다.

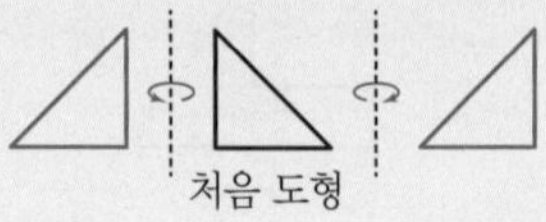

◐ 위쪽으로 뒤집은 모양과 아래쪽으로 뒤집은 모양은 같습니다.

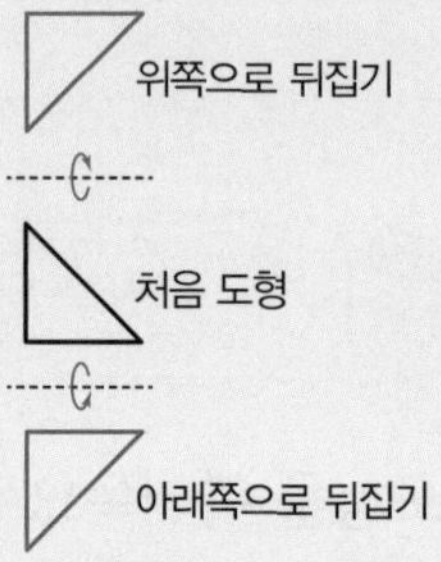

◐ 도형을 같은 방향으로 짝수 번 뒤집으면 처음 도형과 같습니다.

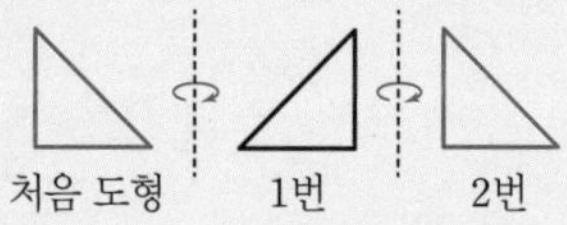

확인 1 모양 조각을 오른쪽으로 뒤집었을 때의 모양에 ○표 하세요.

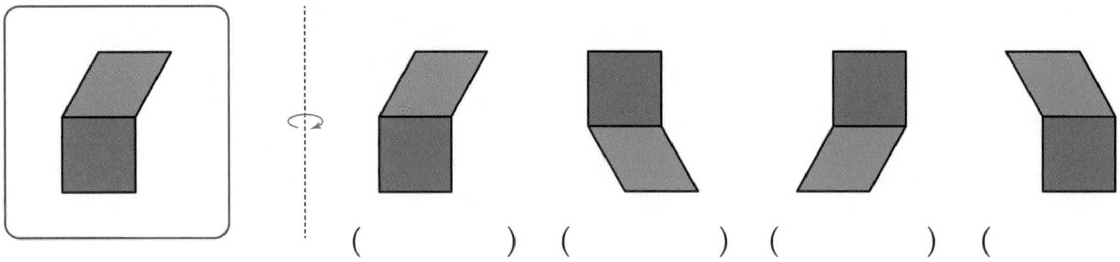

( ) ( ) ( ) ( )

확인 2 알맞은 말에 ○표 하세요.

• 모양 조각을 왼쪽으로 뒤집으면 왼쪽과 (위쪽 , 오른쪽)이 서로 바뀝니다.
• 모양 조각을 위쪽으로 뒤집으면 위쪽과 (아래쪽 , 오른쪽)이 서로 바뀝니다.

기본기 다지는 교과서 문제

» 정답 · 풀이 25쪽

1 가운데 도형을 왼쪽으로 뒤집었을 때의 도형과 오른쪽으로 뒤집었을 때의 도형을 각각 그려 보세요.

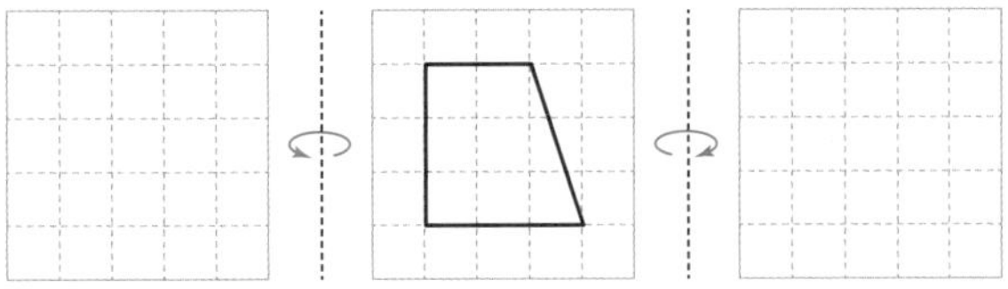

2 도형을 주어진 방향으로 뒤집었을 때의 도형을 그려 보세요.

(1)

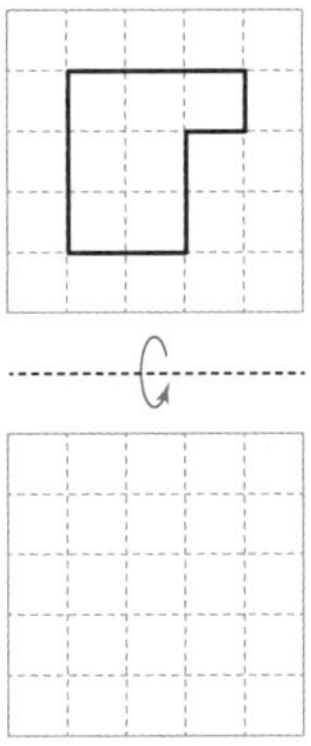

(2)

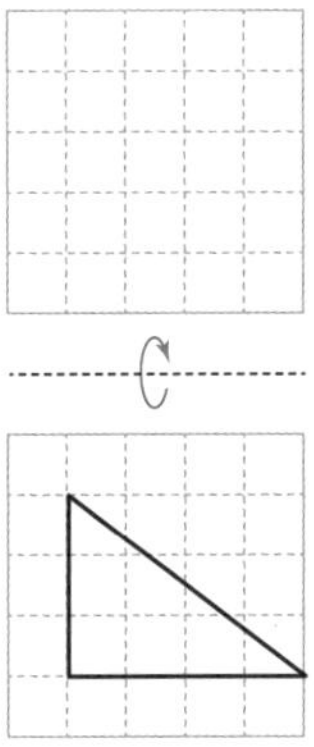

3 도형을 오른쪽으로 뒤집고 위쪽으로 뒤집었을 때의 도형을 각각 그려 보세요.

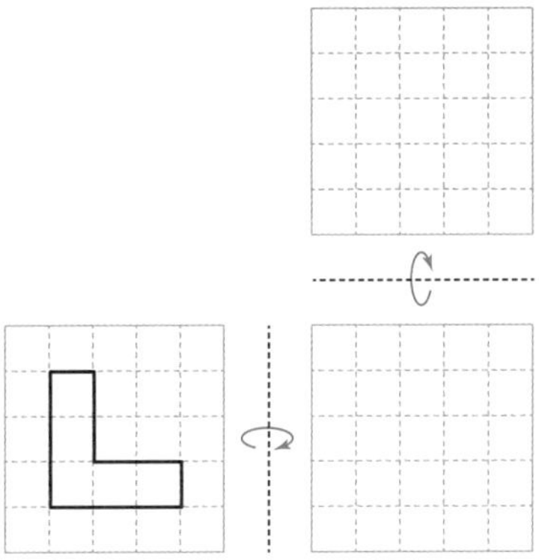

개념 따라쓰기

도형을 오른쪽이나 왼쪽으로 뒤집기

도형을 오른쪽이나 왼쪽으로 뒤집으면 도형의 오른쪽과 왼쪽이 서로 바뀝니다.

도형을 위쪽이나 아래쪽으로 뒤집기

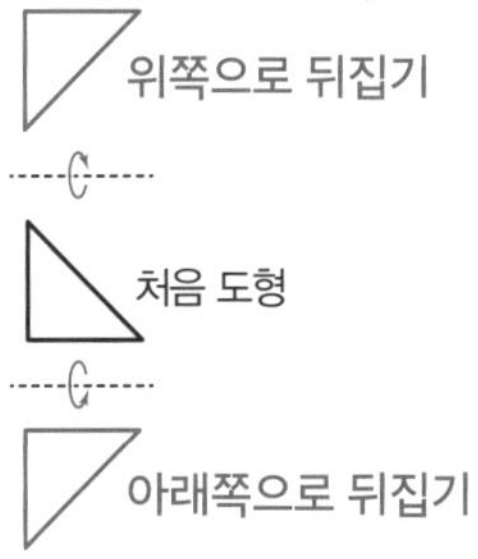

도형을 위쪽이나 아래쪽으로 뒤집으면 도형의 위쪽과 아래쪽이 서로 바뀝니다.

4단원

1 이해

모양 조각을 오른쪽으로 뒤집었습니다. 옳은 것을 찾아 ○표 하세요.

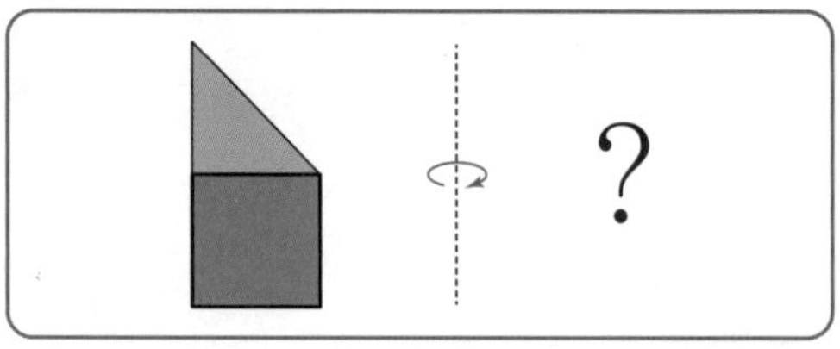

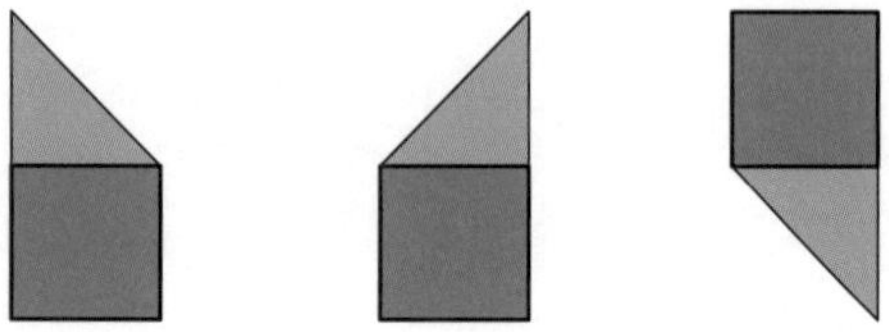

(　　　) (　　　) (　　　)

2 이해

도형을 아래쪽으로 뒤집었을 때의 도형을 찾아 ○표 하세요.

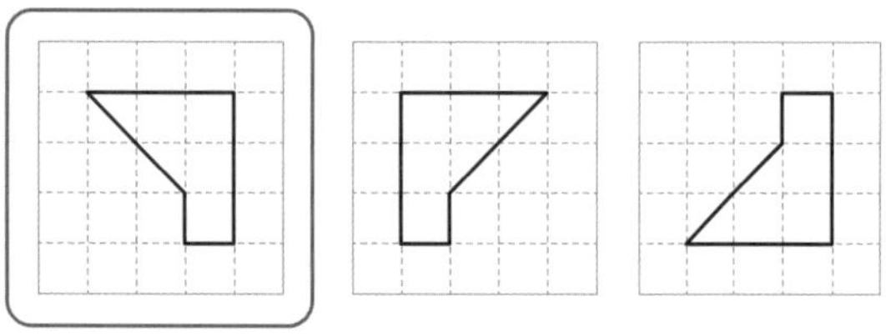

(　　　) (　　　)

3 38쪽 적용

가운데 도형을 왼쪽으로 뒤집었을 때의 도형과 오른쪽으로 뒤집었을 때의 도형을 각각 그려 보세요.

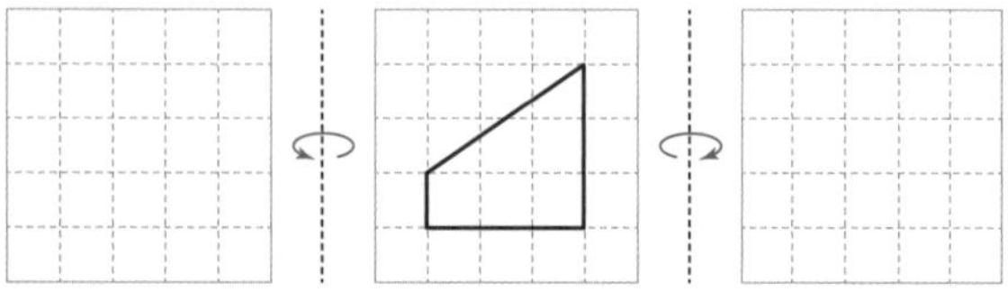

4 38쪽 이해

도형을 오른쪽으로 뒤집은 다음 아래쪽으로 뒤집었을 때의 도형을 각각 그려 보세요.

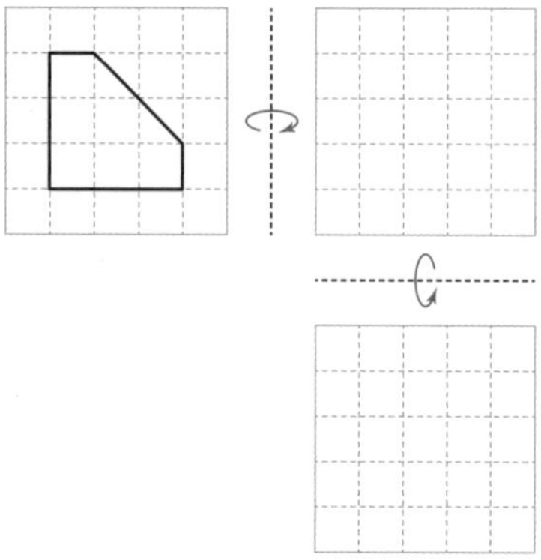

5 38쪽 문제 해결

도형을 위쪽으로 뒤집었을 때의 도형이 처음 도형과 같은 것을 찾아 기호를 쓰세요.

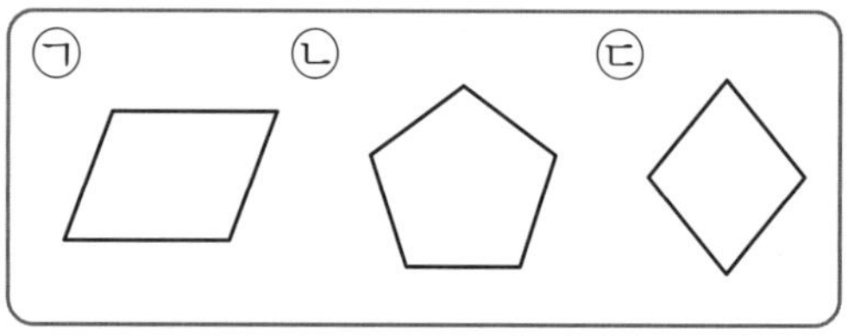

(　　　　　)

6 38쪽 이해

도형을 왼쪽으로 2번 뒤집었을 때의 도형을 그려 보세요.

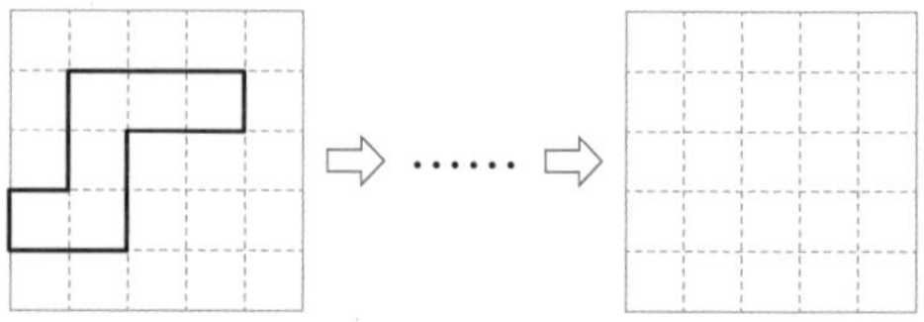

» 정답 · 풀이 25쪽

조금 더 어려운 문제에 도전해 볼까요?

7 39쪽 추론

뒤집기에 대해 옳게 말한 사람은 누구일까요?

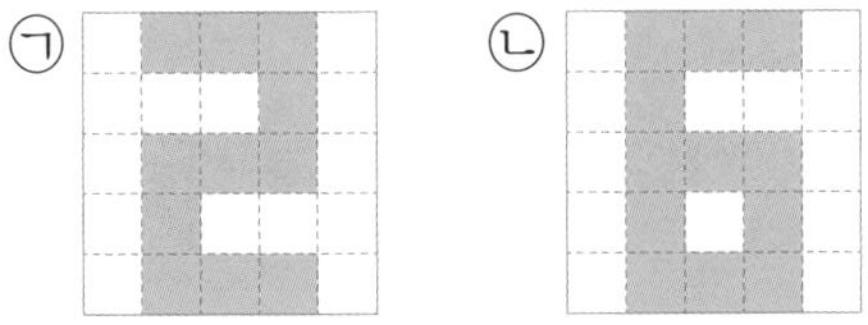

영민: ㉠을 오른쪽으로 뒤집으면 5 모양이 돼.

슬기: ㉡을 아래쪽으로 뒤집으면 9 모양이 돼.

(　　　　　　　　)

8 39쪽 이해

도형을 위쪽으로 뒤집은 다음 오른쪽으로 뒤집었을 때의 도형을 그려 보세요.

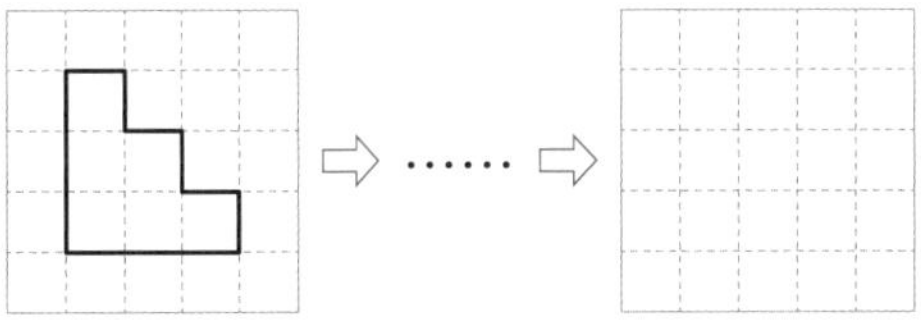

+9 39쪽 수학적 독해력

뒤집기에 대한 설명으로 틀린 것을 찾아 기호를 쓰세요.

㉠ 도형을 아래쪽으로 뒤집으면 도형의 위쪽과 아래쪽이 서로 바뀝니다.
㉡ 도형을 오른쪽으로 뒤집었을 때의 도형과 왼쪽으로 뒤집었을 때의 도형은 같습니다.
㉢ 도형을 오른쪽으로 3번 뒤집은 도형은 처음 도형과 같습니다.

(　　　　　　　　)

독해 포인트 도형을 같은 방향으로 홀수 번 뒤집었을 때 도형의 모양은 어떻게 될까요?

+10 39쪽 수학적 표현력

가운데 도형을 왼쪽으로 뒤집었을 때의 도형과 오른쪽으로 뒤집었을 때의 도형을 각각 그리고, 그린 두 도형을 비교하여 설명해 보세요.

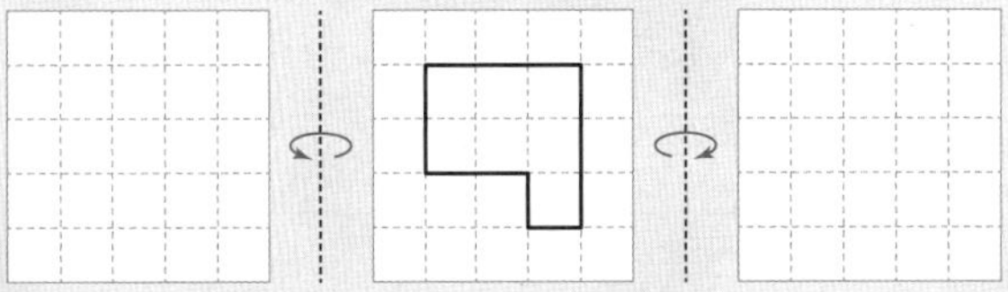

[설명] ______________________________

____

____

오늘 공부 어땠나요? 10개 중 맞힌 문제 [　] 개 > **틀린 문제**는 힌트를 보고 다시 도전해 보세요. > **맞힌 문제**는 힌트를 보고 자신의 생각과 비교해 보세요.

20일

평면도형 돌리기

❶ 평면도형을 시계 방향으로 90°, 180°, 270°, 360°만큼 돌리기

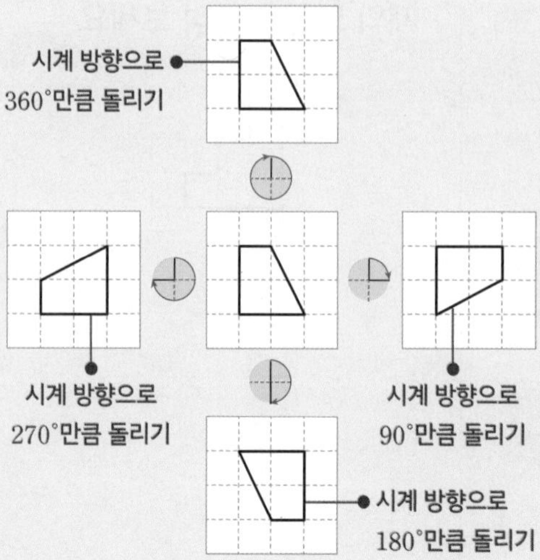

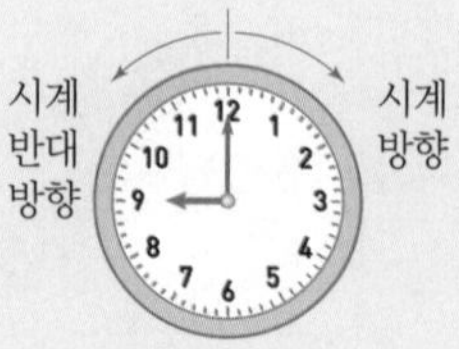

◐ 360°만큼 돌리면 처음 도형과 같아집니다.

도형을 시계 방향으로 돌리면 도형의 위쪽이 **오른쪽 → 아래쪽 → 왼쪽 → 위쪽**으로 바뀝니다.

◐ 화살표 끝이 가리키는 위치가 같으면 돌린 모양도 같습니다.

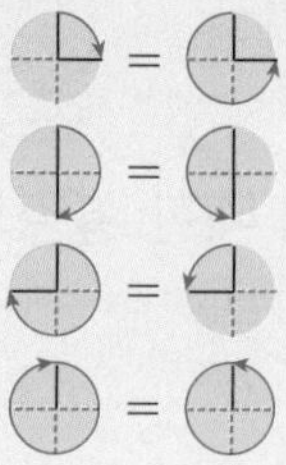

❷ 평면도형을 시계 반대 방향으로 90°, 180°, 270°, 360°만큼 돌리기

도형을 시계 반대 방향으로 돌리면 도형의 위쪽이 **왼쪽 → 아래쪽 → 오른쪽 → 위쪽**으로 바뀝니다.

확인 1 모양 조각을 시계 방향으로 90°만큼 돌렸을 때의 모양에 ○표 하세요.

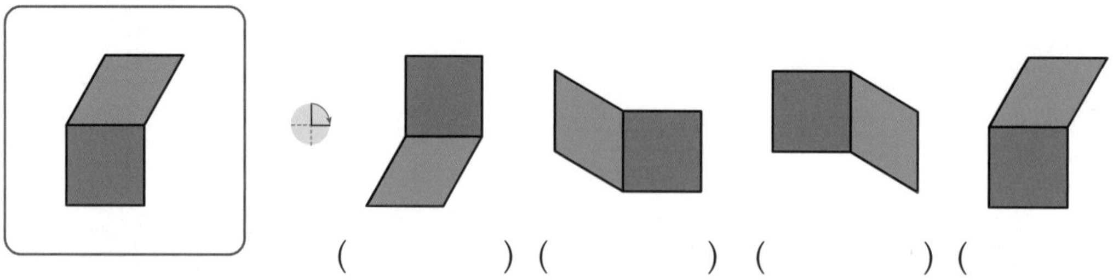

( ) ( ) ( ) ( )

확인 2 알맞은 말에 ○표 하세요.

• 모양 조각을 시계 방향으로 180°만큼 돌리면 모양의 위쪽 부분이 (왼쪽 , 아래쪽)으로 바뀝니다.
• 모양 조각을 시계 반대 방향으로 90°만큼 돌리면 모양의 위쪽 부분이 (왼쪽 , 아래쪽)으로 바뀝니다.

기본기 다지는 교과서 문제

» 정답 · 풀이 26쪽

1 도형을 시계 방향으로 90°, 180°, 270°, 360°만큼 돌렸을 때의 도형을 각각 그려 보세요.

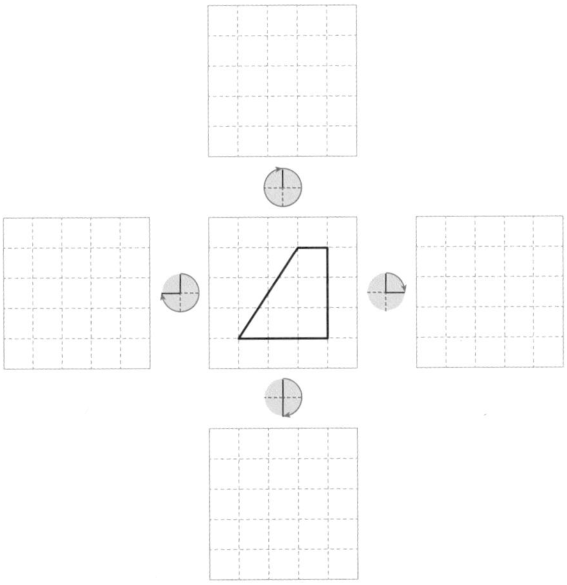

개념 따라쓰기

시계 방향으로 돌리기

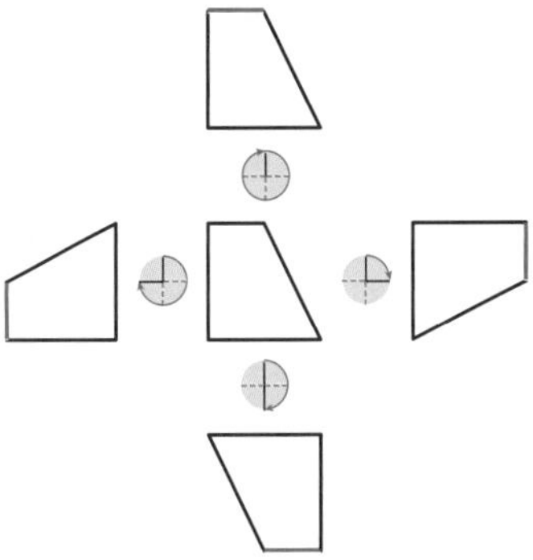

도형의 위쪽이 오른쪽 → 아래쪽 → 왼쪽 → 위쪽으로 바뀝니다.

2 도형을 시계 반대 방향으로 90°, 180°, 270°, 360°만큼 돌렸을 때의 도형을 각각 그려 보세요.

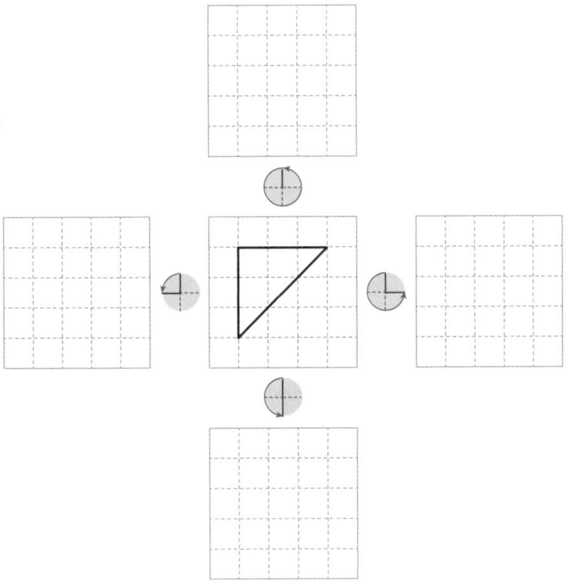

시계 반대 방향으로 돌리기

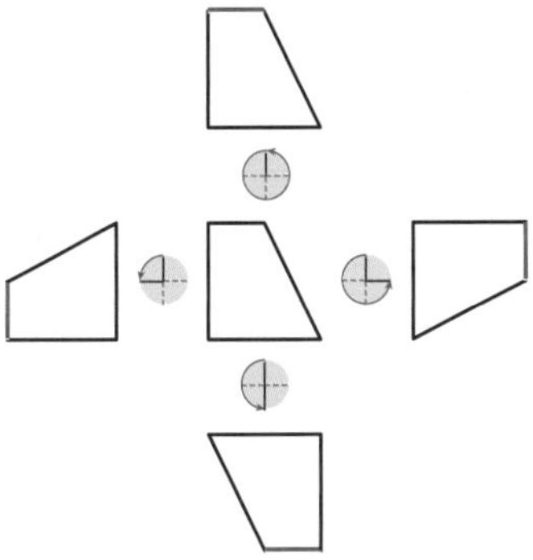

도형의 위쪽이 왼쪽 → 아래쪽 → 오른쪽 → 위쪽으로 바뀝니다.

스스로 풀어내는 도전 10 문제

1

이해

모양 조각을 시계 방향으로 $90°$만큼 돌렸을 때의 모양에 ◯표 하세요.

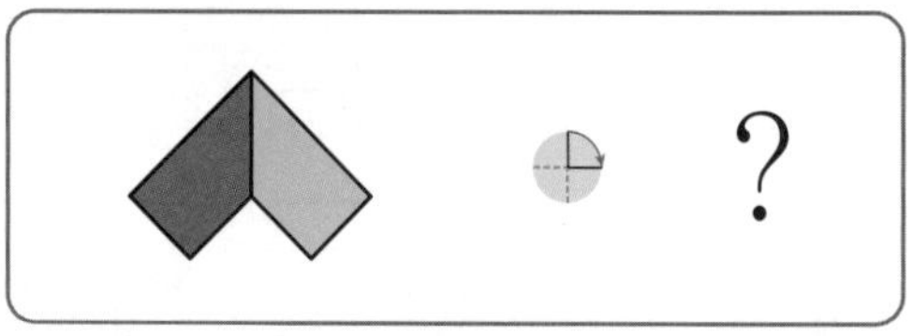

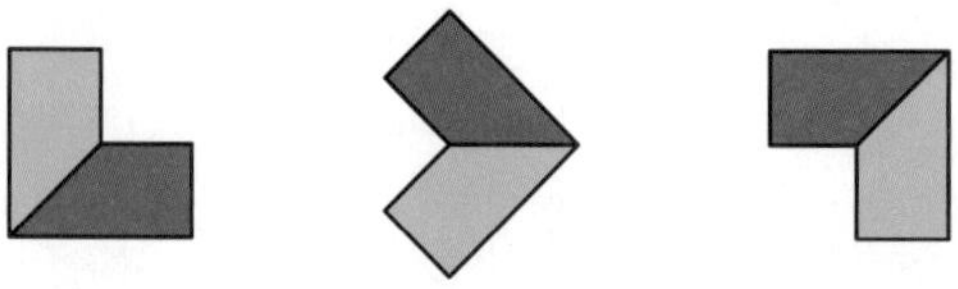

(　　　) (　　　) (　　　)

2

이해

도형을 시계 반대 방향으로 $180°$만큼 돌렸을 때의 모양에 ◯표 하세요.

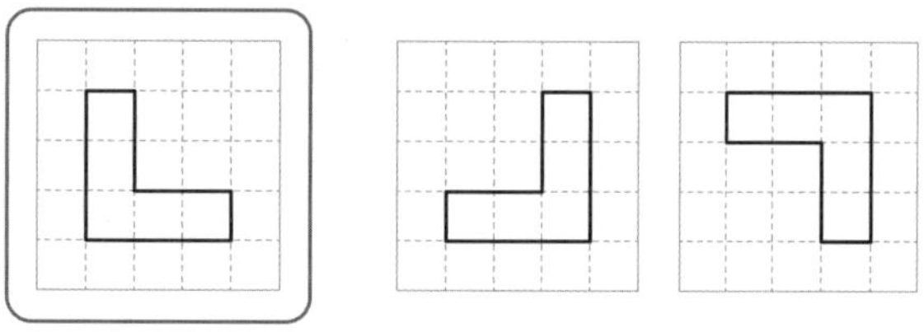

(　　　)(　　　)

3 40쪽

적용

어떤 도형을 시계 방향으로 $90°$만큼 돌렸습니다. 처음 도형을 그려 보세요.

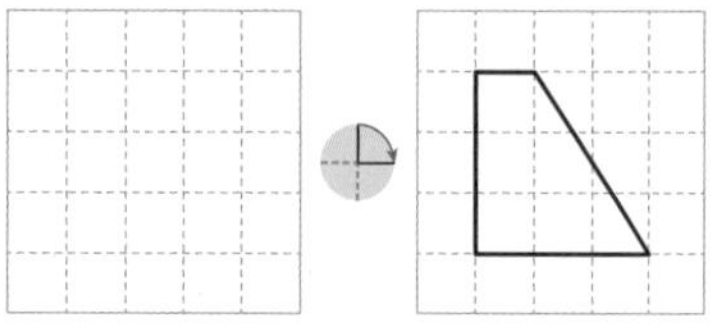

4 40쪽

이해

㉮ 도형을 어떻게 돌리면 ㉯ 도형이 되는지 알맞은 것에 ◯표 하세요.

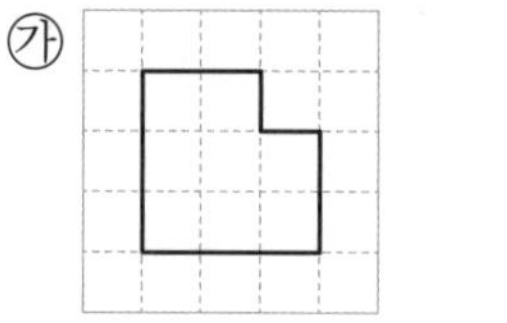

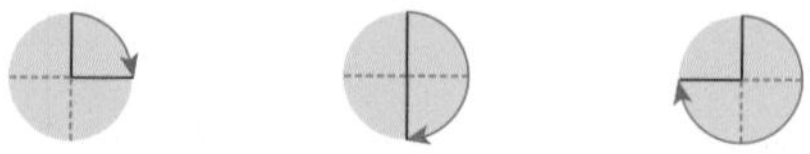

(　　　) (　　　) (　　　)

5 40쪽

문제 해결

도형을 시계 반대 방향으로 $90°$, $180°$, $270°$만큼 돌린 순서대로 1, 2, 3을 쓰세요.

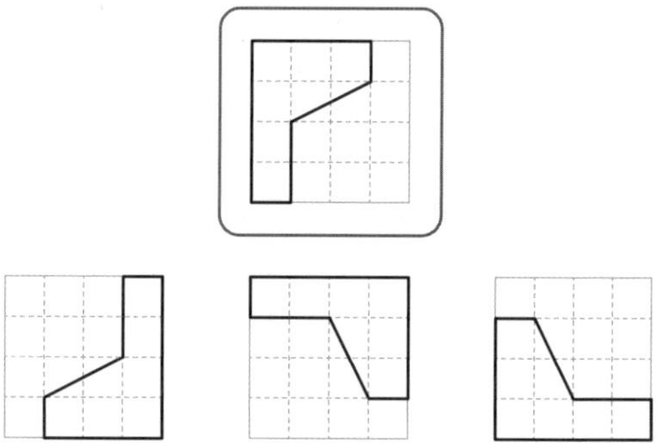

(　　　) (　　　) (　　　)

6 40쪽

이해

왼쪽 도형을 돌렸더니 오른쪽 도형이 되었습니다. 어떻게 돌렸는지 알맞은 것을 모두 골라 보세요.

.... (　　　)

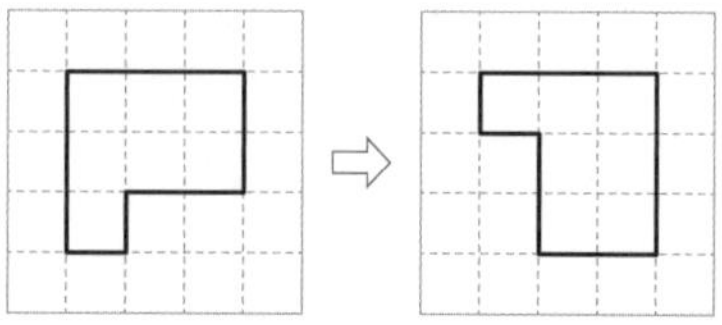

① ② ③ ④ ⑤

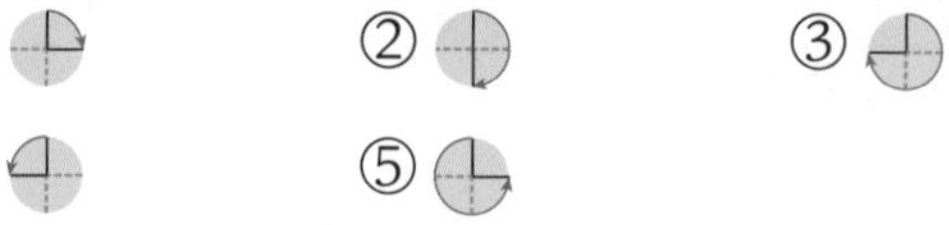

» 정답 · 풀이 27쪽

7 41쪽 추론

㉮ 도형을 시계 반대 방향으로 90°만큼 몇 번 돌리면 ㉯ 도형이 되는지 알맞은 것에 ○표 하세요.

㉮ 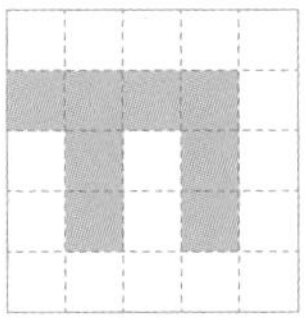 ㉯ 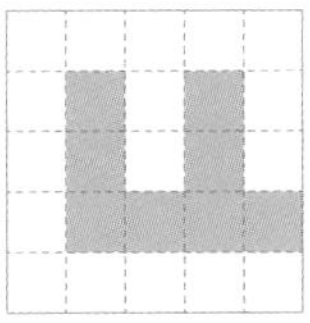

(1번 , 2번 , 3번 , 4번)

8 41쪽 추론

시계 방향으로 180°만큼 돌렸을 때 처음 모양과 같은 글자는 모두 몇 개일까요?

A H E W N

(　　　　　　)

4단원

+9 41쪽 수학적 독해력

□에 알맞은 도형을 찾아 기호를 써넣으세요.

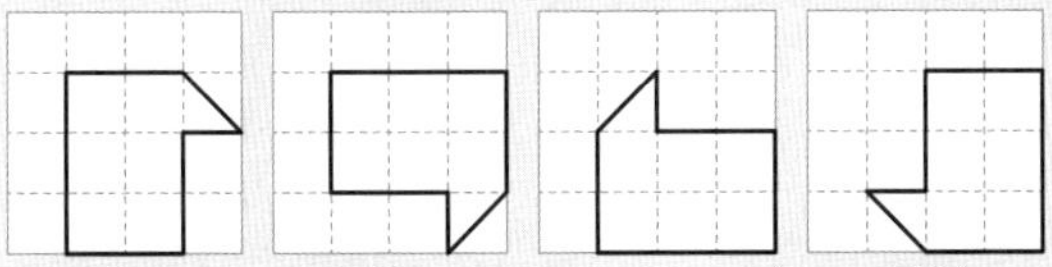

㉮　　㉯　　㉰　　㉱

□ 도형을 (시계 방향으로 90°만큼) 와 같이 돌리면 ㉱ 도형이 됩니다.

(　　　　　　)

독해 포인트 □ 도형 → ㉱ 도형 → ㉱ 도형 → □ 도형

+10 41쪽 수학적 표현력

세 자리 수가 적힌 카드를 시계 방향으로 180°만큼 돌렸을 때 만들어지는 수와 처음 수의 차는 얼마인지 풀이 과정을 쓰고, 답을 구하세요.

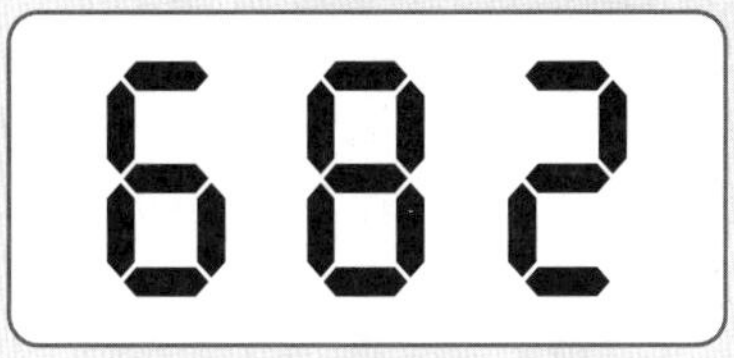

[풀이] ____________________

____

____

[답] ____________________

오늘 공부 어땠나요? 10개 중 맞힌 문제 □ 개 > 틀린 문제는 힌트를 보고 다시 도전해 보세요. > 맞힌 문제는 힌트를 보고 자신의 생각과 비교해 보세요.

21일 여러 가지 무늬 꾸미기

예 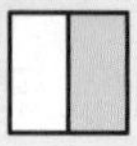 모양으로 밀기, 뒤집기, 돌리기를 이용하여 규칙적인 무늬 만들기

① 밀기를 이용하여 규칙적인 무늬 만들기

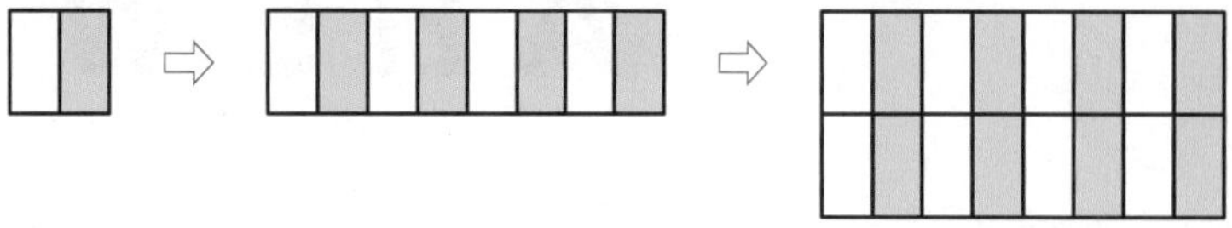

→ 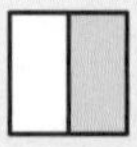 모양을 오른쪽으로 미는 것을 반복해서 모양을 만들고 그 모양을 아래쪽으로 밀어서 무늬를 만들었습니다.

밀기를 이용한 무늬
어느 방향으로 밀어도 모양이 변하지 않기 때문에 같은 모양이 반복되는 무늬가 만들어집니다.

② 뒤집기를 이용하여 규칙적인 무늬 만들기

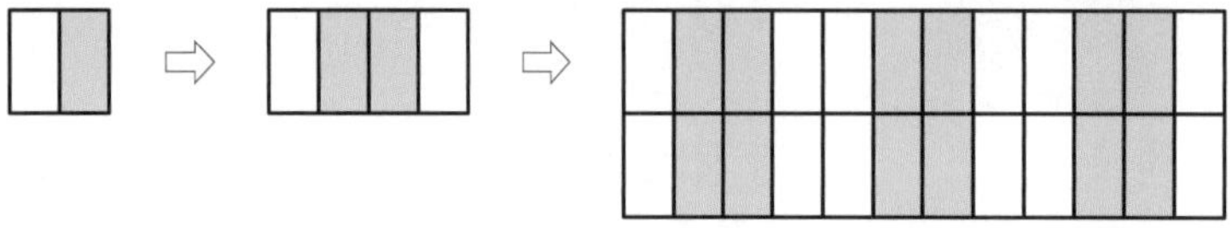

→ 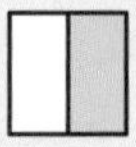 모양을 오른쪽으로 뒤집어서 모양을 만들고, 그 모양을 오른쪽과 아래쪽으로 밀어서 무늬를 만들었습니다.

뒤집기를 이용한 무늬
뒤집는 방향에 따라 모양의 오른쪽과 왼쪽, 위쪽과 아래쪽이 바뀌면서 무늬가 만들어집니다.

③ 돌리기를 이용하여 규칙적인 무늬 만들기

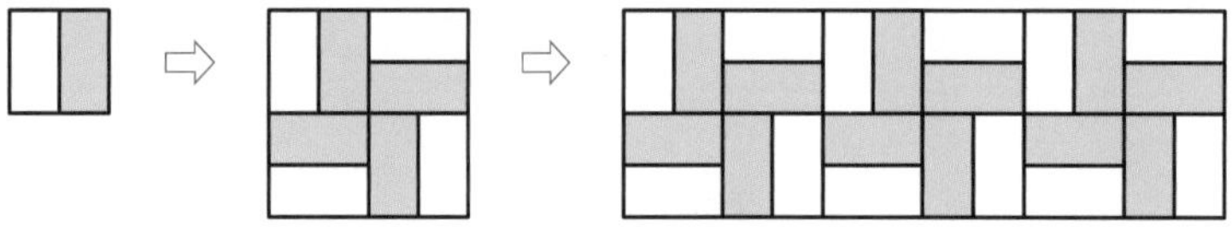

→ 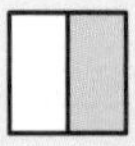 모양을 시계 방향으로 90°만큼 돌리는 것을 반복해서 모양을 만들고, 그 모양을 오른쪽으로 미는 것을 반복해서 무늬를 만들었습니다.

돌리기를 이용한 무늬
돌리는 방향과 돌리는 정도에 따라 여러 가지 무늬가 만들어집니다.

확인 1  모양으로 무늬를 만들었습니다. 물음에 답하세요.

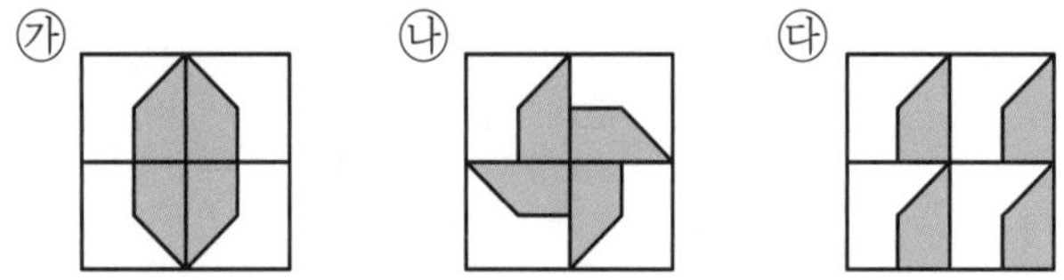

(1) 밀기를 이용한 무늬를 찾아 기호를 쓰세요. (　　　)

(2) 뒤집기를 이용한 무늬를 찾아 기호를 쓰세요. (　　　)

(3) 돌리기를 이용한 무늬를 찾아 기호를 쓰세요. (　　　)

기본기 다지는 교과서 문제

» 정답 · 풀이 28쪽

1  모양으로 밀기를 이용하여 규칙적인 무늬를 만들어 보세요.

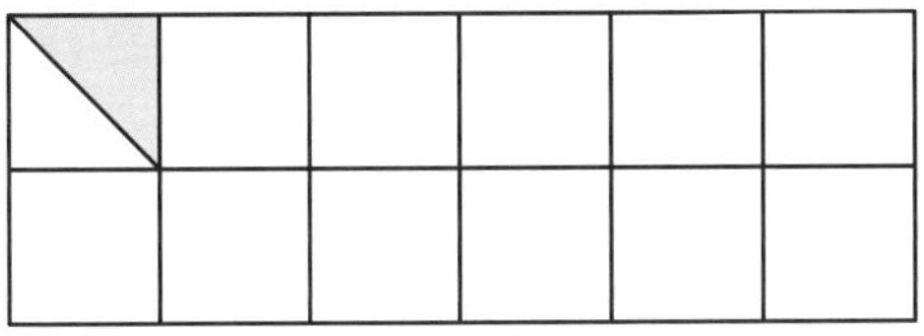

2  모양으로 뒤집기를 이용하여 규칙적인 무늬를 만들어 보세요.

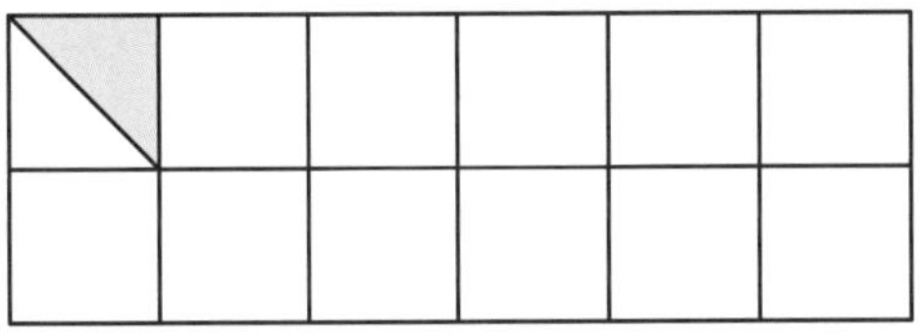

3  모양으로 돌리기를 이용하여 규칙적인 무늬를 만들어 보세요.

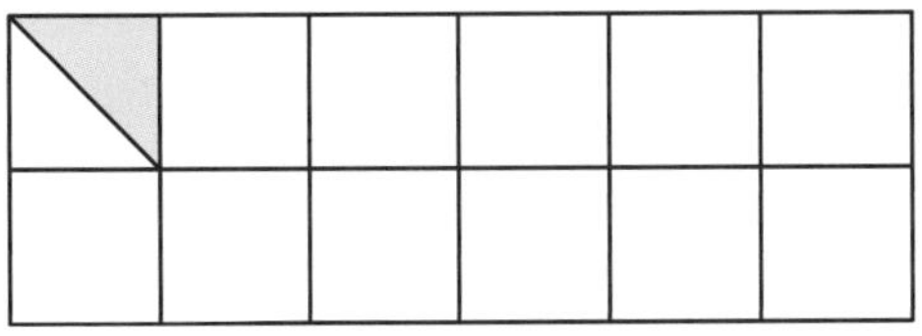

개념 따라쓰기

밀기를 이용한 무늬

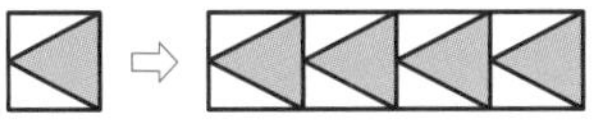

같은 모양이 반복되는 무늬가 만들어집니다.

뒤집기를 이용한 무늬

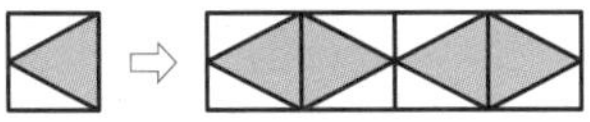

모양의 오른쪽과 왼쪽, 위쪽과 아래쪽이 바뀌면서 무늬가 만들어집니다.

돌리기를 이용한 무늬

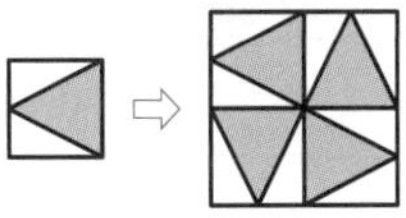

돌리는 방향과 돌리는 정도에 따라 여러 가지 무늬가 만들어집니다.

1 이해

 모양으로 밀기를 이용하여 만든 무늬를 찾아 기호를 쓰세요.

㉠ 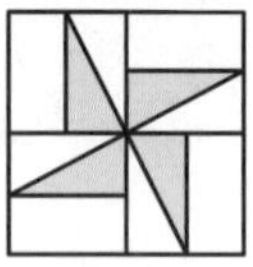 ㉡ 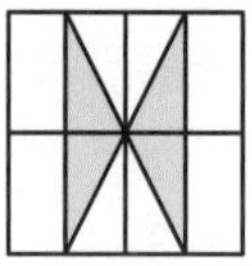 ㉢ 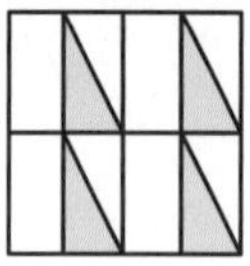

( )

2 이해

 모양으로 뒤집기를 이용하여 만든 무늬를 찾아 기호를 쓰세요.

㉠ 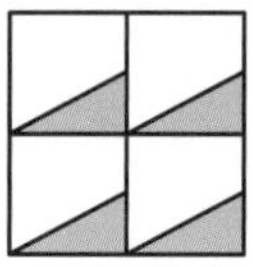 ㉡ 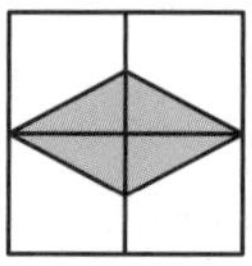 ㉢ 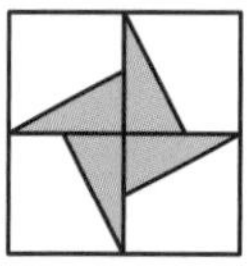

( )

3 42쪽 적용

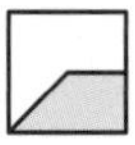 모양으로 돌리기를 이용하여 무늬를 만들 때 나올 수 <u>없는</u> 모양은 어느 것일까요? ……( )

①  ②  ③ 

④  ⑤ 

4 42쪽 이해

 모양으로 규칙적인 무늬를 만든 것입니다. 어떤 방법으로 만든 것인지 알맞은 것에 모두 ○표 하세요.

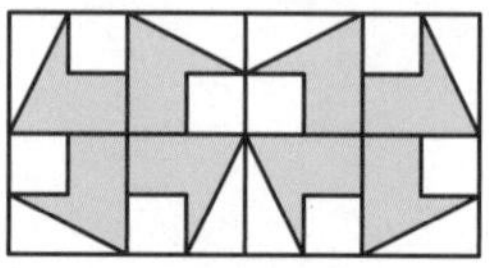

밀기 뒤집기 돌리기

( )( )( )

5 42쪽 문제 해결

일정한 규칙에 따라 만들어진 무늬입니다. 빈칸을 채워 무늬를 완성해 보세요.

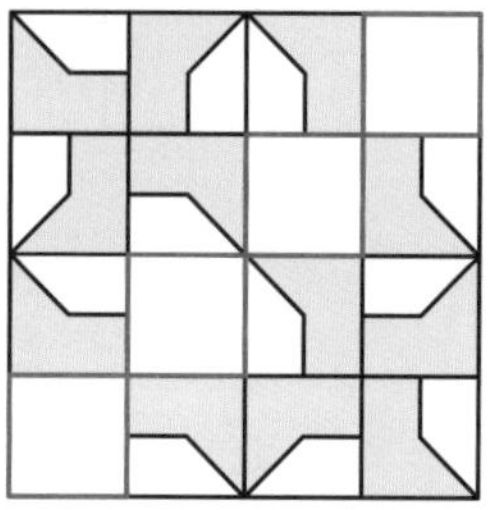

6 42쪽 이해

뒤집기를 이용하여 만들 수 <u>없는</u> 무늬를 찾아 기호를 쓰세요.

㉠ 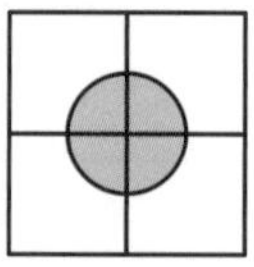 ㉡ 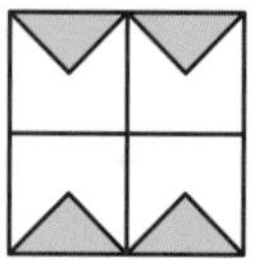 ㉢ 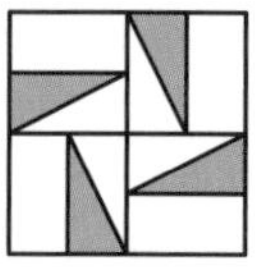

( )

7 43쪽 추론

 모양으로 돌리기를 이용하여 규칙적인 무늬를 만들었습니다. ★에 알맞은 모양을 찾아 기호를 쓰세요.

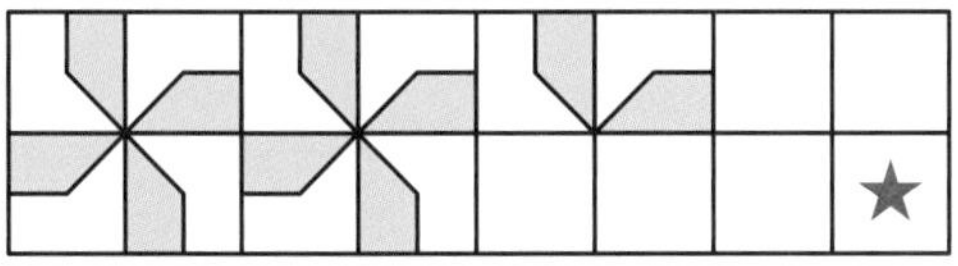

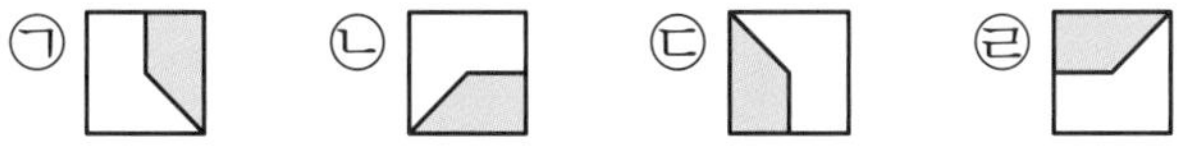

( )

8 43쪽 문제 해결

 모양을 시계 방향으로 90°만큼 돌리는 것을 반복해서 모양을 만들고 그 모양을 오른쪽과 아래쪽으로 밀어서 만든 규칙적인 무늬에서 찾을 수 있는  모양은 모두 몇 개일까요?

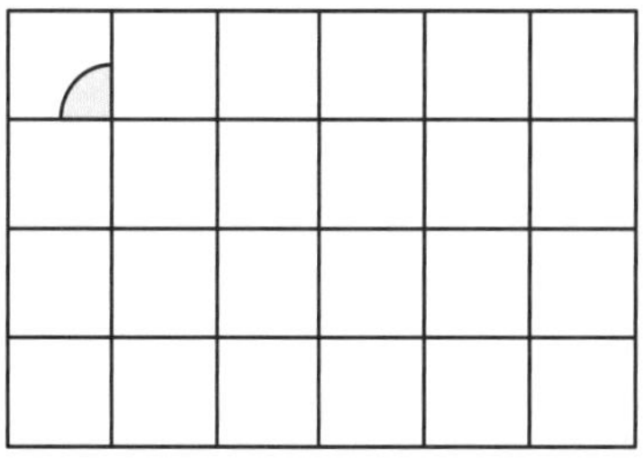

( )

+9 43쪽 수학적 독해력

무늬를 보고 무늬를 만든 규칙을 설명한 것입니다. 알맞은 것에 ○표 하세요.

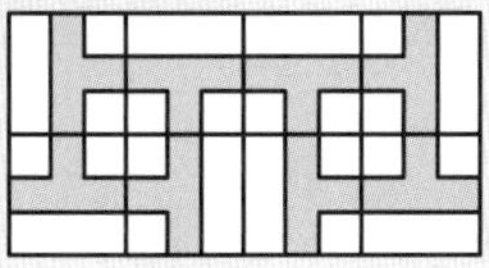

 모양을 시계 방향으로 (90°, 180°)만큼 돌리기를 반복해서 모양을 만들고, 그 모양을 오른쪽으로 (밀어서, 뒤집어서) 무늬를 만들었습니다.

독해 포인트 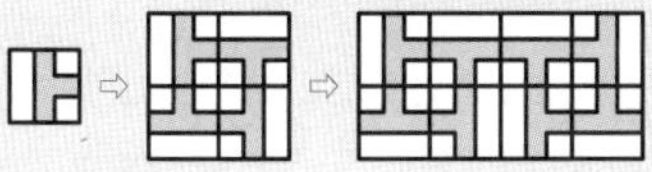

+10 43쪽 수학적 표현력

〈보기〉의 낱말을 사용하여 아래의 무늬를 만든 규칙을 설명해 보세요.

〈보기〉
시계 방향 밀기
돌리기 오른쪽

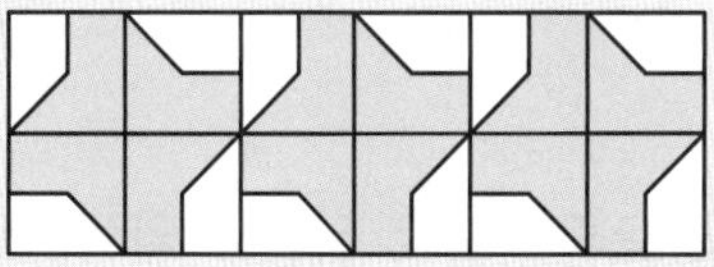

[설명]  모양을 ______________________

____

____

오늘 공부 어땠나요? 10개 중 맞힌 문제 ☐ 개 〉 **틀린 문제**는 힌트를 보고 다시 도전해 보세요. 〉 **맞힌 문제**는 힌트를 보고 자신의 생각과 비교해 보세요.

01 모양 조각을 오른쪽으로 밀었습니다. 알맞은 것을 찾아 ○표 하세요.

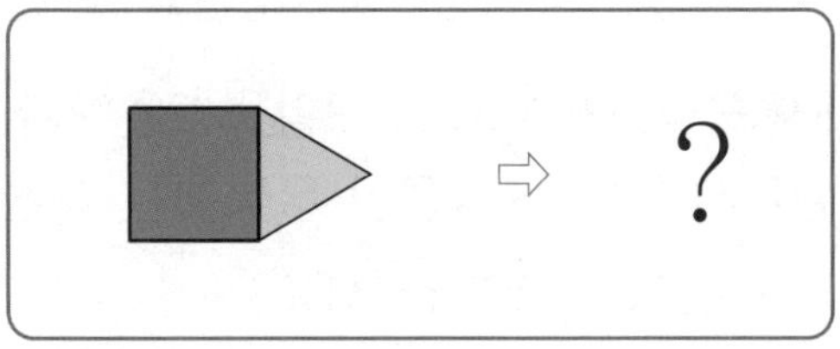

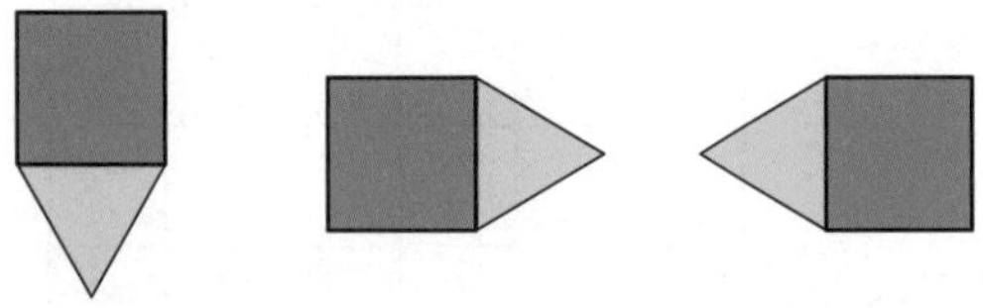

(　　　　) (　　　　) (　　　　)

02 도형을 왼쪽으로 7 cm 밀었을 때의 도형을 그려 보세요.

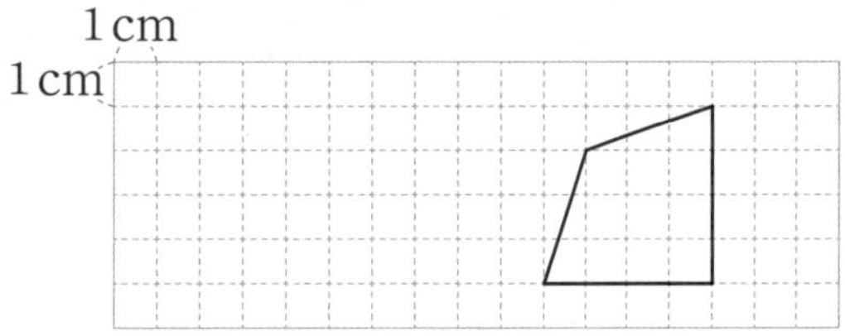

03 도형을 오른쪽으로 뒤집고 위쪽으로 뒤집었을 때의 도형을 각각 그려 보세요.

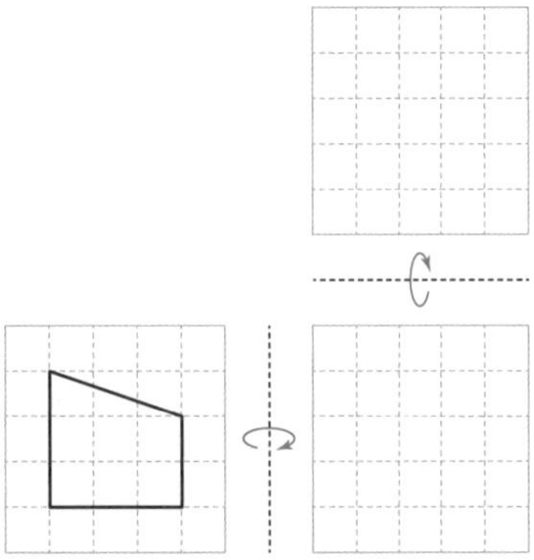

04 오른쪽으로 뒤집었을 때 처음 모양과 같은 글자는 모두 몇 개인가요?

B H T W S

(　　　　　　)

05 도형을 시계 방향으로 180° 돌렸을 때의 도형을 그려 보세요.

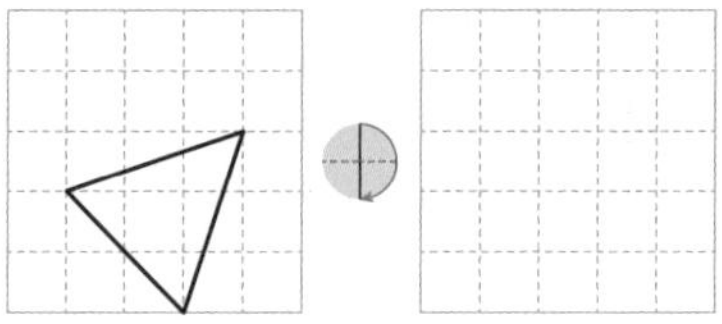

06 나 도형은 가 도형을 어떻게 움직인 것인지 빈칸에 알맞은 수를 써넣어보세요.

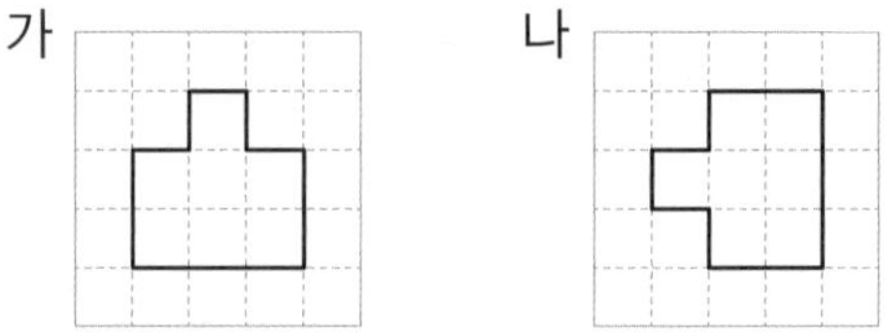

가 도형을 시계 방향으로 □°만큼 돌리면 나 도형이 됩니다.

07 점 ㄱ을 점 ㄴ이 있는 위치로 이동하려고 합니다. □ 안에 알맞은 말이나 수를 써넣으세요.

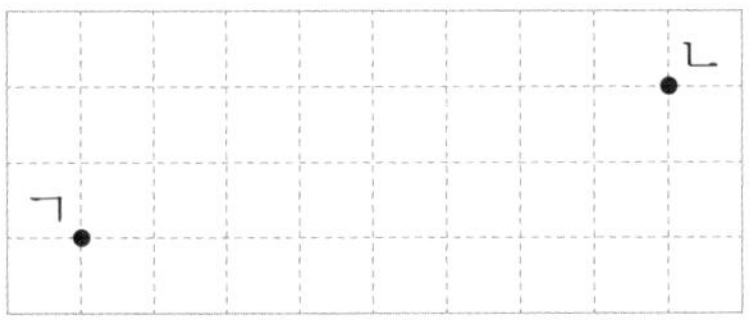

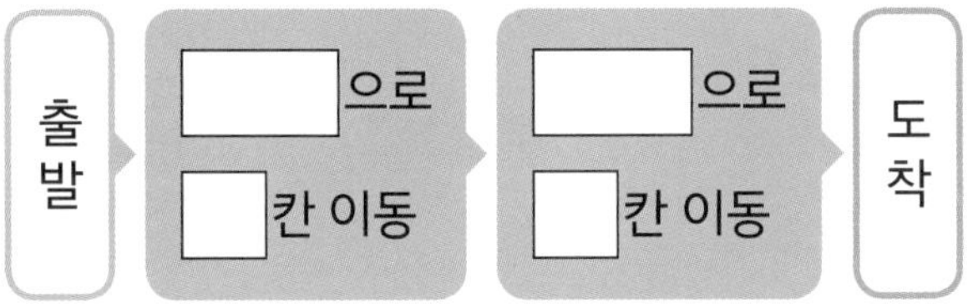

08 조각을 움직여서 직사각형을 완성하려고 합니다. ㉠에 들어갈 수 있는 조각은 어느 것인지 기호를 쓰세요.

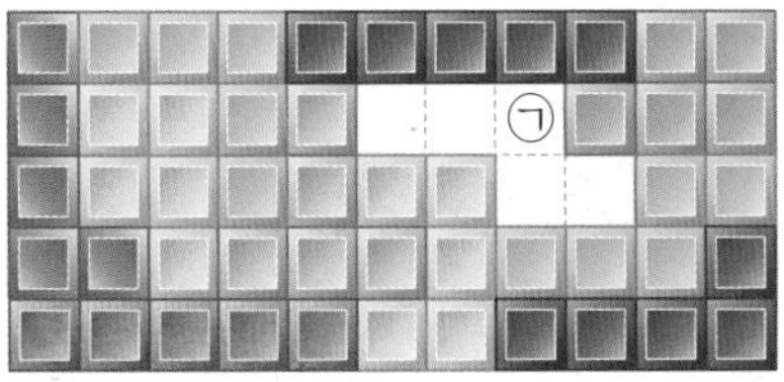

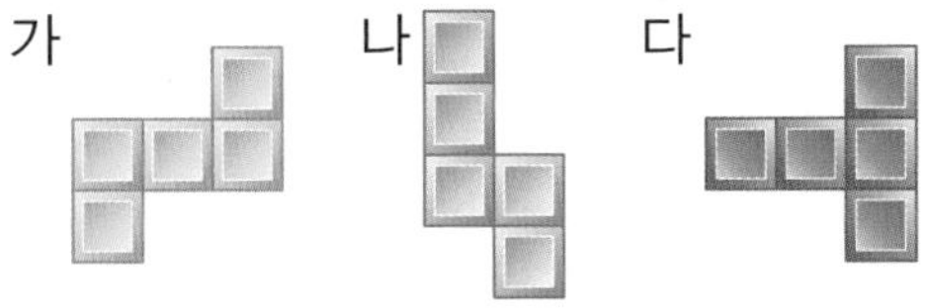

( )

09  모양으로 뒤집기를 이용하여 만든 무늬를 모두 찾아 기호를 쓰세요.

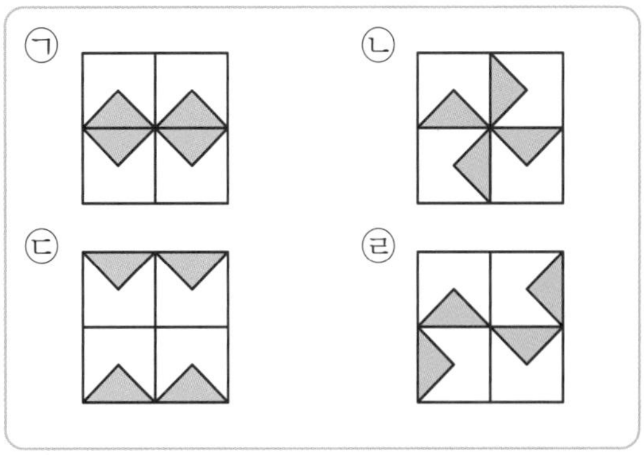

( )

서술형

10 두 자리 수가 적힌 카드를 오른쪽으로 뒤집었을 때 만들어지는 수는 처음 수와 얼마만큼 차이가 나는지 풀이 과정을 쓰고, 답을 구하세요.

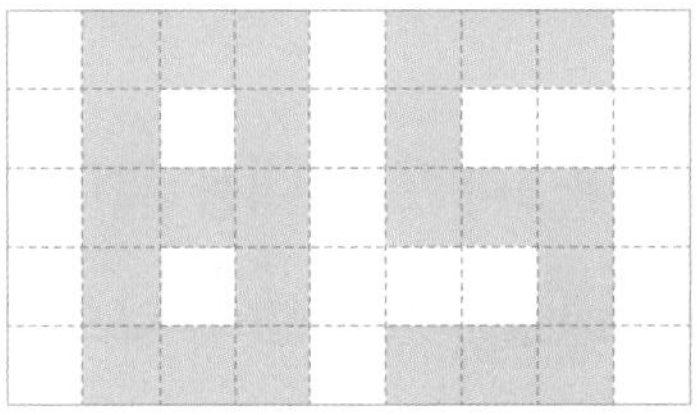

[풀이] ____________________

____

____

[답] ____________________

공부한 날 월 일

22일 막대그래프 알아보기

① 막대그래프 알아보기

조사한 자료의 수량을 막대 모양으로 나타낸 그래프를 **막대그래프**라고 합니다.

예 좋아하는 계절별 학생 수

계절	봄	여름	가을	겨울	합계
학생 수(명)	7	5	8	6	26

좋아하는 계절별 학생 수

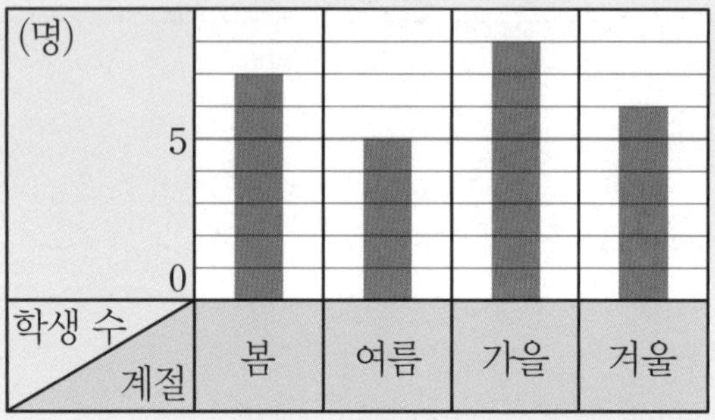

① 가로는 계절, 세로는 학생 수를 나타냅니다.

② 막대의 길이는 좋아하는 계절별 학생 수를 나타냅니다.

③ 세로 눈금 한 칸은 1명을 나타냅니다.

◐ 그래프의 가로와 세로를 바꾸어 막대를 가로로 나타낼 수도 있습니다.

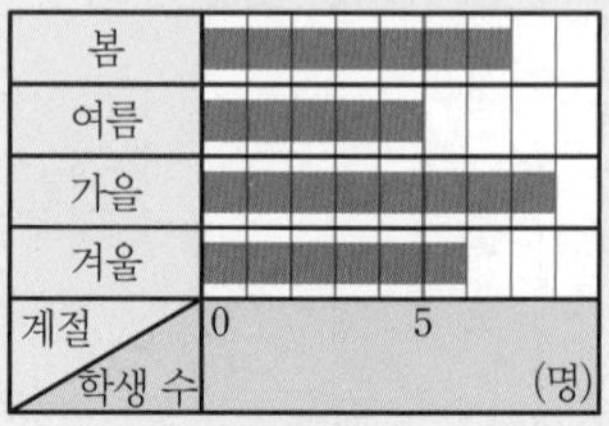

개념+ 표와 막대그래프 비교하기

표	항목별 수량과 합계를 알아보기 쉽습니다.
막대그래프	항목별 수량의 많고 적음을 한눈에 비교하기 쉽습니다.

② 막대그래프의 내용 알아보기

막대그래프는 항목별 수량의 많고 적음을 막대의 길이로 쉽게 비교할 수 있습니다.

좋아하는 운동별 학생 수

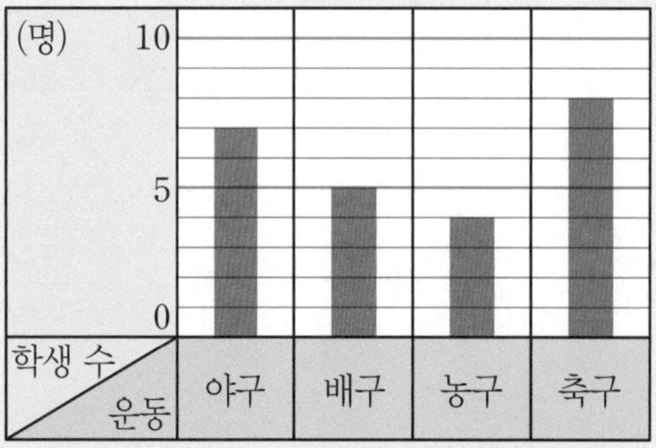

- 가장 많은 학생들이 좋아하는 운동은 축구입니다.
- 가장 적은 학생들이 좋아하는 운동은 농구입니다.

◐ **막대의 길이와 수량의 관계**

① 막대의 길이가 길수록 수량이 많습니다.

② 막대의 길이가 짧을수록 수량이 적습니다.

◐ **막대그래프를 보고 예상하기**

가장 많은 학생들이 좋아하는 운동은 축구이므로 체육대회를 한다면 축구 시합을 하는 것이 좋겠습니다.

기본기 다지는 교과서 문제

1 진우네 반 학생들의 혈액형을 조사하여 나타낸 막대그래프입니다. 물음에 답하세요.

혈액형별 학생 수

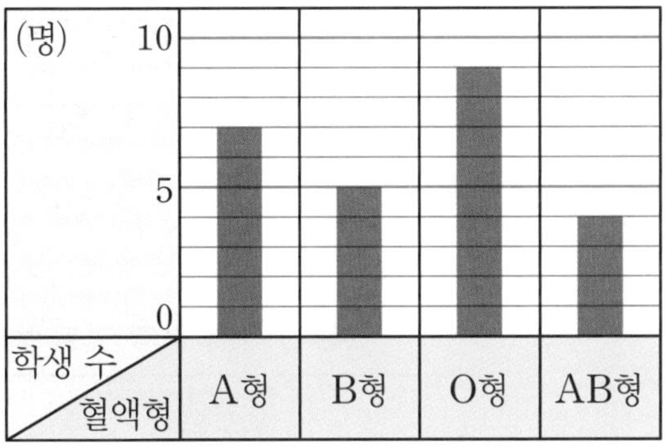

(1) 막대그래프에서 가로와 세로는 각각 무엇을 나타낼까요?

가로 (　　　　　　　　　　)

세로 (　　　　　　　　　　)

(2) 막대의 길이는 무엇을 나타낼까요? (　　　　　　　　　　)

(3) 세로 눈금 한 칸은 몇 명을 나타낼까요? (　　　　　　　　　　)

2 예원이네 반 학생들이 좋아하는 과일을 조사하여 나타낸 막대그래프입니다. 물음에 답하세요.

좋아하는 과일별 학생 수

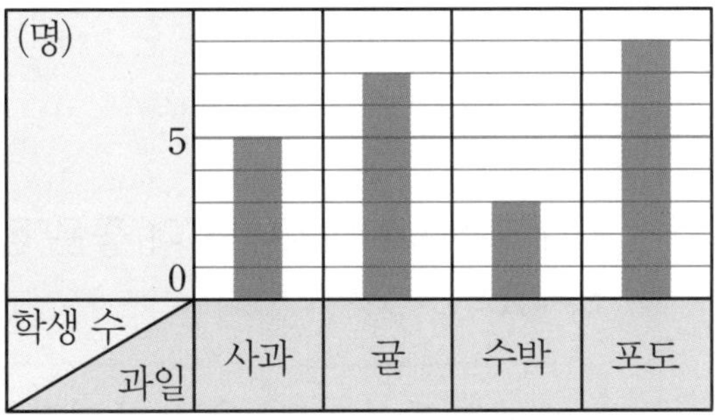

(1) 가장 많은 학생들이 좋아하는 과일은 무엇일까요?

(　　　　　　　　　　)

(2) 가장 적은 학생들이 좋아하는 과일은 무엇일까요?

(　　　　　　　　　　)

개념 따라쓰기

막대그래프 알아보기

좋아하는 취미별 학생 수

계절	운동	컴퓨터	악기
학생 수(명)	7	4	5

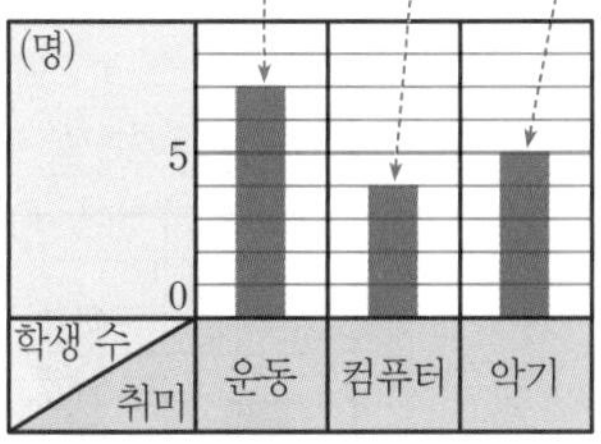

막대그래프는 조사한 자료의 수량을 막대 모양으로 나타낸 그래프입니다.

막대의 길이와 수량의 관계

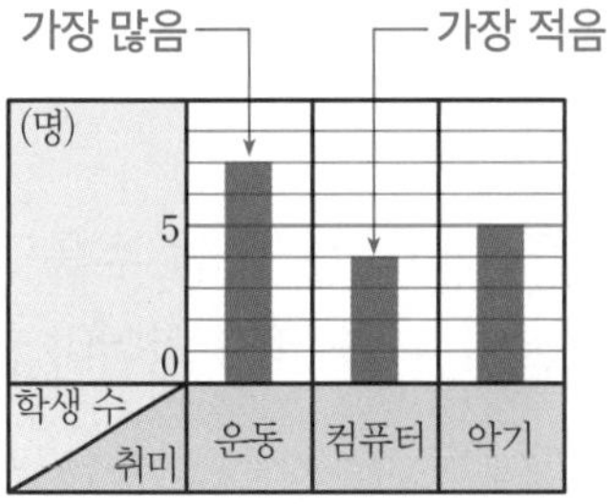

막대그래프는 항목별 수량의 많고 적음을 막대의 길이로 비교합니다.

5 단원

스스로 풀어내는 도전 10 문제

막힐 땐 힌트북

[1~3] 민호네 반 학생들이 좋아하는 책을 조사하여 나타낸 표와 막대그래프입니다. 물음에 답하세요.

좋아하는 책별 학생 수

책	역사책	동화책	위인전	과학책	합계
학생 수 (명)	7	9	6	5	27

좋아하는 책별 학생 수

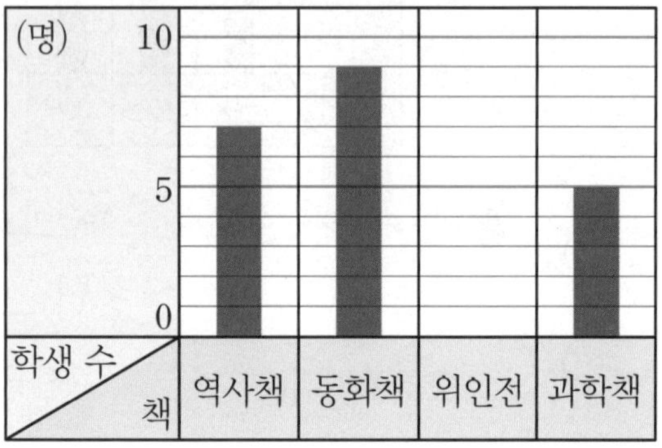

1

이해

막대그래프에서 가로와 세로는 각각 무엇을 나타낼까요?

가로 (　　　　　　　　)
세로 (　　　　　　　　)

2

44쪽

이해

위인전을 좋아하는 학생 수를 그래프에 나타내려면 막대의 길이는 몇 칸이 되어야 할까요?

(　　　　　　　　)

3

44쪽

적용

가장 많은 학생이 좋아하는 책의 학생 수는 가장 적은 학생이 좋아하는 책의 학생 수보다 몇 명 더 많은가요?

(　　　　　　　　)

[4~6] 종욱이네 농장에서 기르는 동물 수를 조사하여 나타낸 표와 막대그래프입니다. 물음에 답하세요.

농장에서 기르는 동물 수

동물	소	돼지	닭	오리	합계
동물 수 (마리)	3	7	10	6	26

농장에서 기르는 동물 수

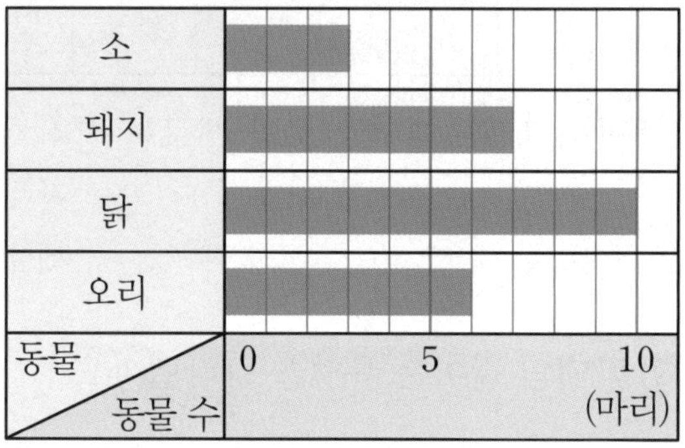

4

이해

가장 많이 기르는 동물은 무엇이고, 몇 마리일까요?

(　　　　　　,　　　　　　)

5

44쪽

이해

기르는 동물 중에서 돼지는 소보다 몇 마리 더 많을까요?

(　　　　　　　　)

6

44쪽

이해

막대그래프로 나타내면 더 좋은 점을 찾아 기호를 쓰세요.

㉠ 가장 많이 기르는 동물과 가장 적게 기르는 동물을 쉽게 알 수 있습니다.
㉡ 기르는 동물이 모두 몇 마리인지 쉽게 알 수 있습니다.

(　　　　　　　　)

» 정답 · 풀이 30쪽

조금 더 **어려운 문제**에 도전해 볼까요?

[7~8] 윤하가 월별 읽은 책 수를 조사하여 나타낸 막대그래프입니다. 물음에 답하세요.

월별 읽은 책 수

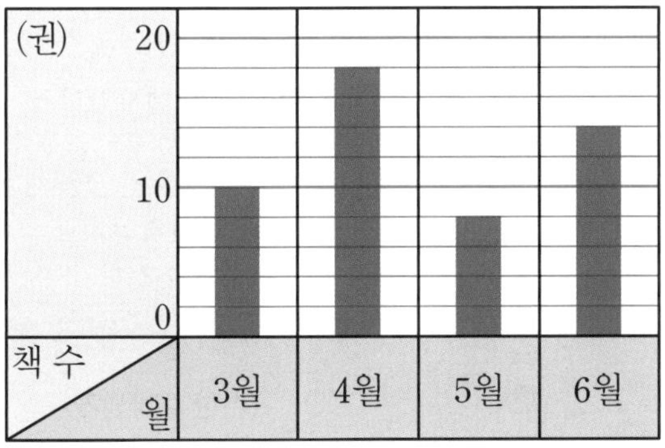

7 45쪽 적용

읽은 책 수가 가장 많은 달과 가장 적은 달의 차는 몇 권일까요?

(　　　　　　　　)

8 45쪽 이해

읽은 책 수가 두 번째로 많은 달은 언제이고, 몇 권일까요?

(　　　　　,　　　　　)

5 단원

+9 45쪽 수학적 독해력

영민이네 학교 4학년 학생들이 현장 체험 학습을 가고 싶어 하는 장소를 조사하였습니다. 과학관에 가고 싶어 하는 학생은 식물원에 가고 싶어 하는 학생보다 몇 명 더 많을까요?

현장 체험 학습 장소별 학생 수

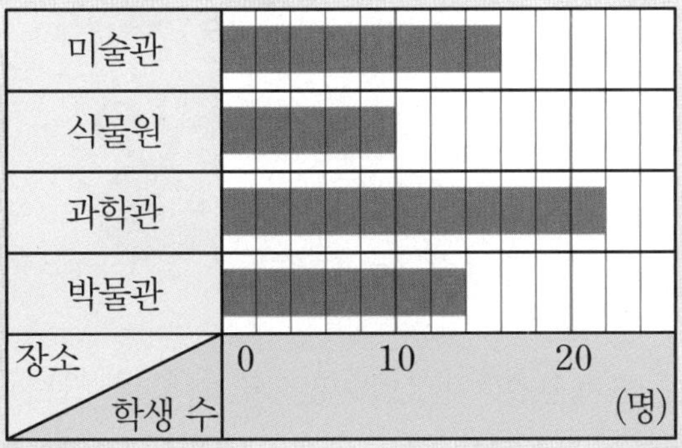

(　　　　　　　　)

독해 포인트 '몇 명 더' 많은지는 몇 칸 더 많은지를 보고 알 수 있습니다.

+10 45쪽 수학적 표현력

9번의 막대그래프를 보고 현장 체험 학습 장소를 정한다면 어디가 좋을지 이유와 함께 설명해 보세요.

[설명] ________________________________

____

____

____

오늘 공부 어땠나요? 10개 중 맞힌 문제 [　　] 개 > **틀린 문제**는 힌트를 보고 다시 도전해 보세요. > **맞힌 문제**는 힌트를 보고 자신의 생각과 비교해 보세요.

23일 막대그래프로 나타내기

① 막대그래프로 나타내는 방법

① 가로와 세로에 무엇을 나타낼지 정합니다.

② 눈금 한 칸의 크기를 정하고, 조사한 수 중 가장 큰 수를 나타낼 수 있도록 눈금의 수를 정합니다.

③ 조사한 수에 맞도록 막대를 그립니다.

④ 막대그래프에 알맞은 제목을 붙입니다.

예 좋아하는 채소별 학생 수

채소	고구마	감자	당근	오이	합계
학생 수(명)	6	10	8	4	28

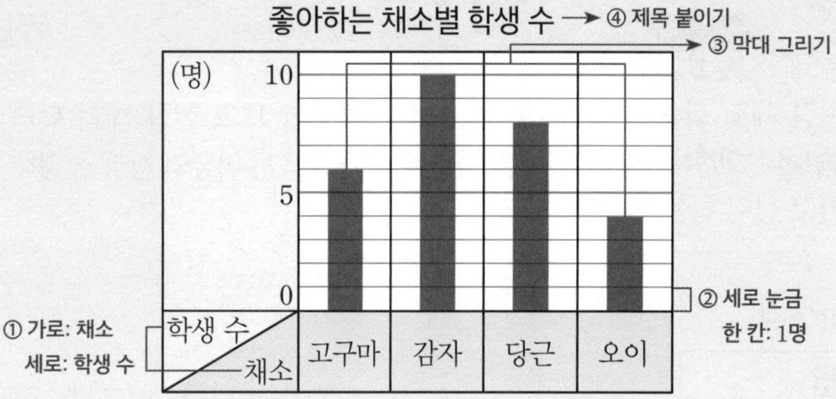

◐ 막대그래프로 나타내는 방법

가로와 세로에 무엇을 나타낼지 정하기
↓
눈금 한 칸의 크기와 눈금의 수 정하기
↓
조사한 수에 맞게 막대 그리기
↓
알맞은 제목 붙이기

◐ 막대그래프를 그릴 때에는 막대가 나타내는 수량의 합이 자료의 합과 같은지 확인해야 합니다.

개념+ 막대그래프를 다른 방법으로 나타내기

방법 1 세로 눈금 한 칸의 크기를 다르게 하여 나타내기

좋아하는 채소별 학생 수

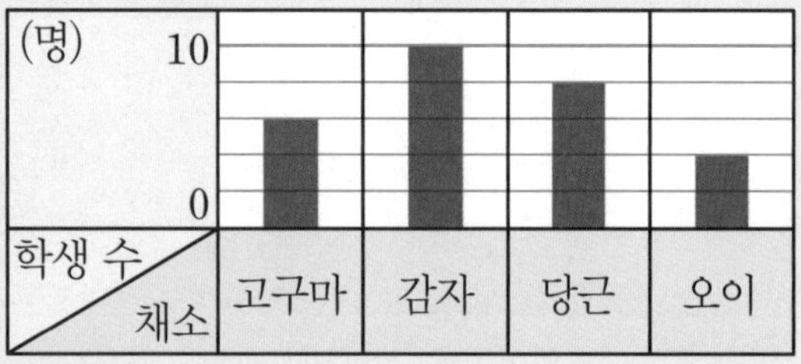

→ 세로 눈금 한 칸은 2명을 나타냅니다.

방법 2 그래프의 가로와 세로를 바꾸어 나타내기

좋아하는 채소별 학생 수

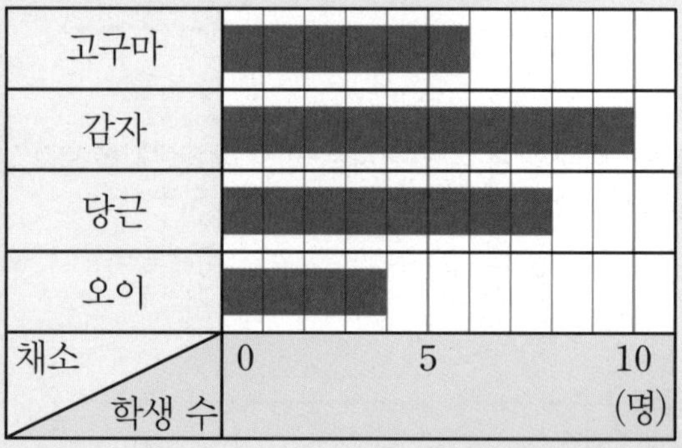

→ 세로에 채소, 가로에 학생 수를 나타냅니다.

기본기 다지는 교과서 문제

[1~3] 민호네 반 학생들이 좋아하는 꽃을 조사하여 학생 수가 세로로 된 막대그래프로 나타내려고 합니다. 물음에 답하세요.

좋아하는 꽃별 학생 수

꽃	장미	백합	국화	튤립	합계
학생 수(명)	8	4	9	6	27

1 가로와 세로에는 각각 무엇을 나타내어야 할까요?

가로 (　　　　　　)
세로 (　　　　　　)

2 세로 눈금 한 칸이 1명을 나타낸다면 튤립을 좋아하는 학생 수는 몇 칸으로 나타내어야 할까요?

(　　　　　　)

3 표를 보고 막대그래프로 나타내어 보세요.

좋아하는 꽃별 학생 수

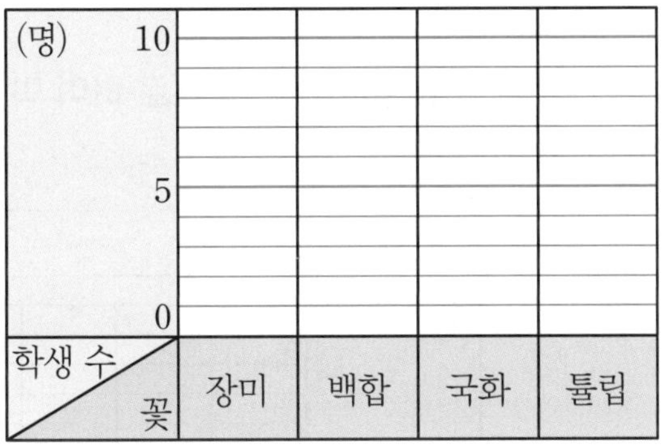

개념 따라쓰기

막대그래프로 나타낸 방법

가로와 세로에 무엇을 나타낼지 정하기
↓
눈금 한 칸의 크기와 눈금의 수 정하기
↓
조사한 수에 맞게 막대 그리기
↓
알맞은 제목 붙이기

눈금의 수 정하기

좋아하는 꽃별 학생 수

꽃	장미	백합	국화	튤립	합계
학생 수(명)	8	4	⑨	6	27

가장 큰 수

눈금의 수를 정할 때에는 조사한 수 중 가장 큰 수를 나타낼 수 있도록 정합니다.

5 단원

[1~3] 슬기네 반 학생들이 좋아하는 과목을 조사한 표를 보고 막대그래프로 나타내려고 합니다. 물음에 답하세요.

좋아하는 과목별 학생 수

과목	국어	수학	영어	과학	합계
학생 수(명)	7	9	6	5	27

1

이해

가로에 과목을 나타낸다면 세로에는 무엇을 나타내야 할까요?

(　　　　　　　　)

2

46쪽

이해

표를 보고 막대그래프로 나타내어 보세요.

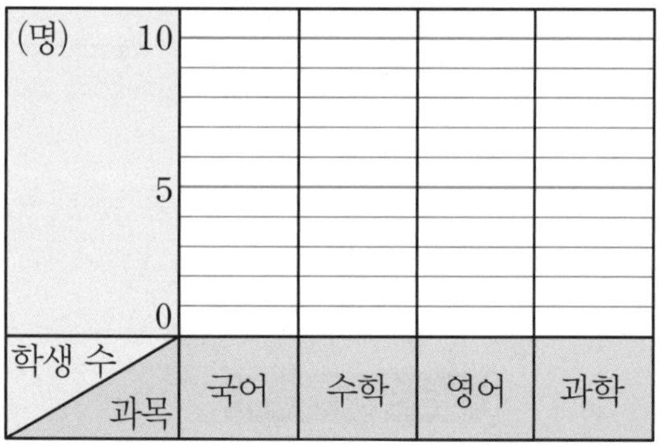

3

46쪽

적용

가로에는 학생 수, 세로에는 과목이 나타나도록 가로로 된 막대그래프로 나타내어 보세요.

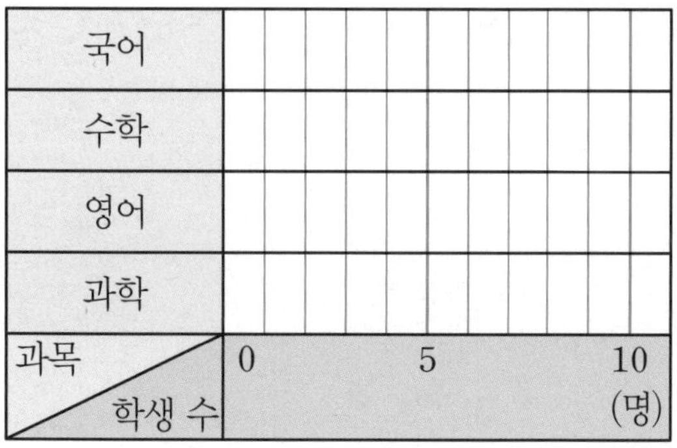

[4~6] 지혜네 반 학생들이 좋아하는 색깔을 조사하여 나타낸 표입니다. 물음에 답하세요.

좋아하는 색깔별 학생 수

색깔	빨강	파랑	노랑	초록	보라	합계
학생 수(명)	6	8	4		2	30

4

46쪽

이해

초록색을 좋아하는 학생은 몇 명일까요?

(　　　　　　　　)

5

이해

표를 보고 막대그래프로 나타내어 보세요.

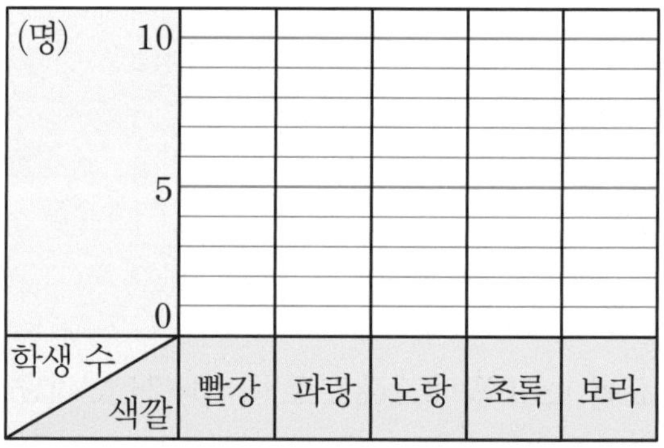

6

46쪽

적용

세로 눈금 한 칸을 2명으로 하여 막대그래프로 나타내어 보세요.

조금 더 어려운 문제에 도전해 볼까요?

[7~8] 민호네 학교 4학년 학생들이 여행 가고 싶은 나라를 조사하여 나타낸 표입니다. 영국에 가고 싶은 학생 수가 미국에 가고 싶은 학생 수의 2배일 때 물음에 답하세요.

가고 싶은 나라별 학생 수

나라	미국	영국	중국	인도	호주	합계
학생 수(명)	8			12	14	60

7 47쪽

추론

중국에 가고 싶은 학생은 몇 명일까요?

(　　　　　　)

8 47쪽

이해

표를 보고 막대그래프로 나타내어 보세요.

가고 싶은 나라별 학생 수

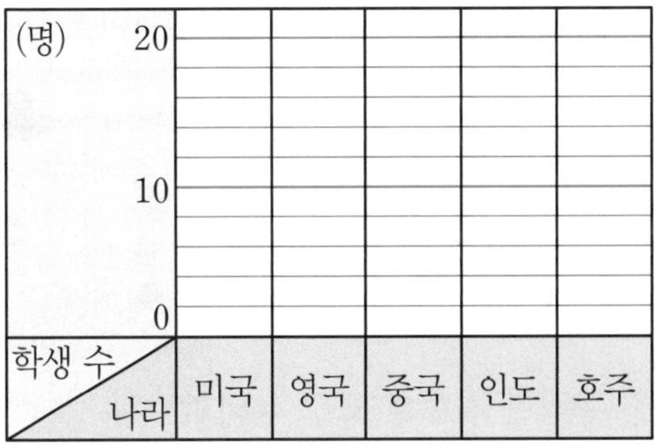

+9 47쪽

수학적 독해력

서연이네 반 학생들이 받고 싶은 생일 선물을 조사하여 나타낸 막대그래프입니다. 조사한 학생이 28명일 때 막대그래프를 완성하세요.

받고 싶은 생일 선물별 학생 수

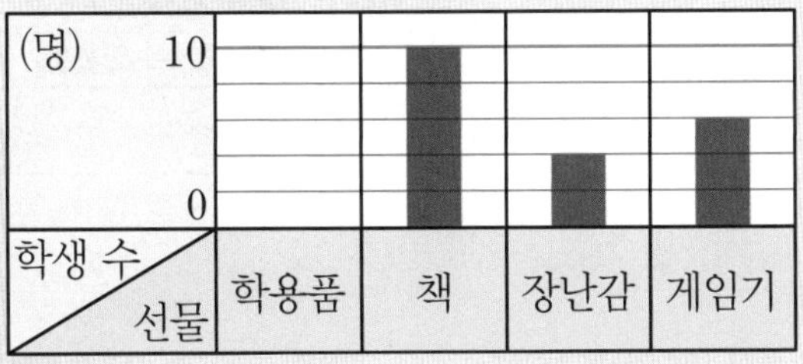

독해 포인트 각각의 막대가 나타내는 수를 모두 더하면 28입니다.

+10 47쪽

수학적 표현력

어느 가전 제품 대리점의 7월 판매량을 조사하여 나타낸 막대그래프입니다. 에어컨 판매량이 세탁기 판매량의 2배일 때 세탁기의 판매량은 몇 칸으로 나타내어야 할지 풀이 과정을 쓰고, 답을 구하세요.

7월 제품별 판매량

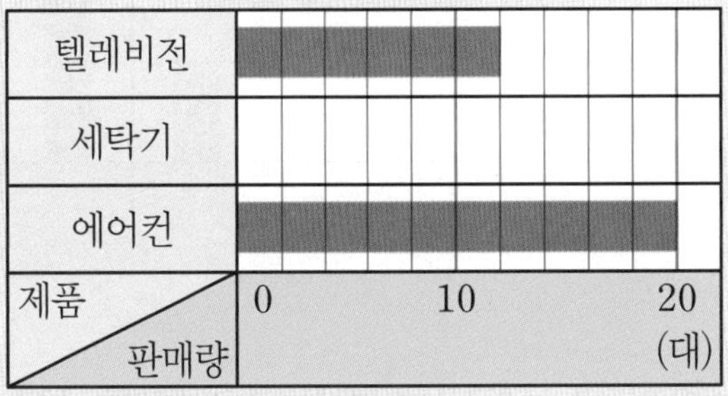

[풀이] ______

______

______

[답] ______

오늘 공부 어땠나요? 10개 중 맞힌 문제 [　　] 개 > 틀린 문제는 힌트를 보고 다시 도전해 보세요. > 맞힌 문제는 힌트를 보고 자신의 생각과 비교해 보세요.

24일 자료를 수집하여 막대그래프로 나타내기

① 자료를 표로 정리하고 막대그래프로 나타내기

① 조사할 내용을 정하여 자료를 수집합니다.

좋아하는 과일

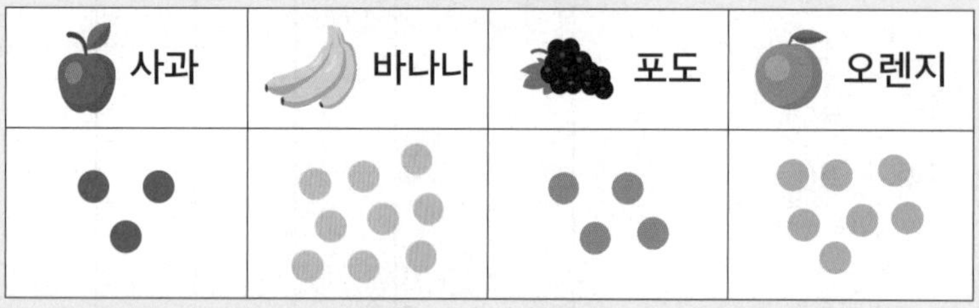

② 수집한 자료를 표로 정리합니다.

좋아하는 과일별 학생 수

과일	사과	바나나	포도	오렌지	합계
학생 수(명)	3	9	4	7	23

③ 표를 보고 막대그래프로 나타냅니다.

좋아하는 과일별 학생 수

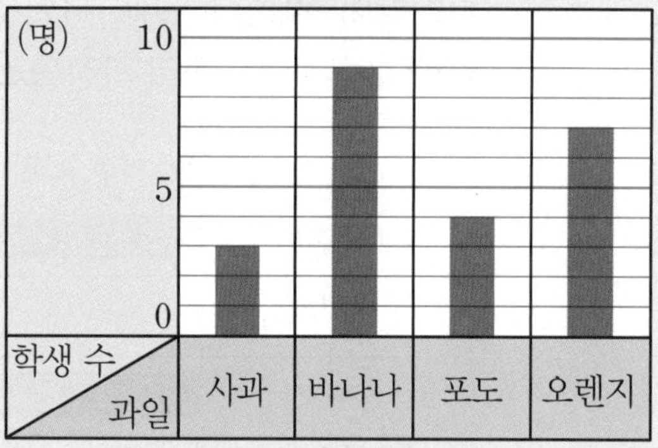

◐ 자료를 수집하여 막대그래프로 나타내기

자료 수집하기
↓
표로 정리하기
↓
막대그래프로 나타내기

◐ 자료의 값이 작은 것부터 차례로 나타나게 그릴 수도 있습니다.

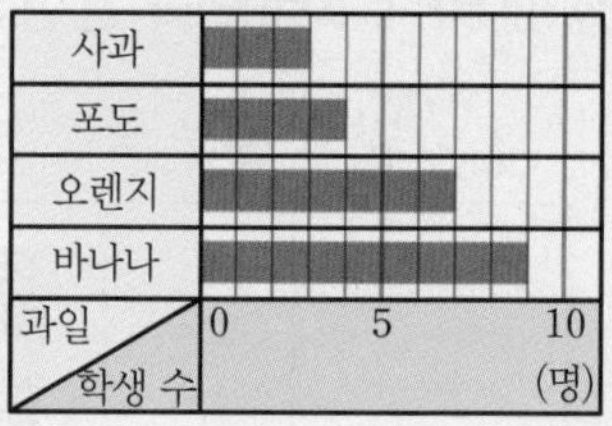

개념+ 이야기를 읽고 막대그래프 완성하기

수연이는 여름 방학 중에 동화책은 10권, 위인전은 6권, 과학책은 4권, 역사책은 6권을 읽었습니다.

종류별 읽은 책 수

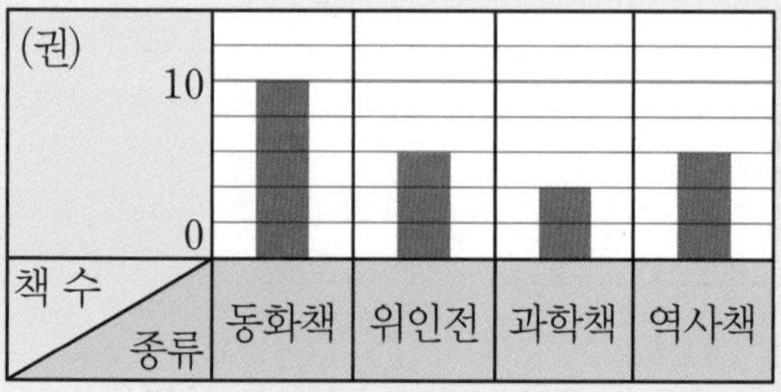

막대그래프에서 알 수 있는 내용을 정리하면 다음과 같습니다.

① 가장 많이 읽은 책은 동화책입니다.

② 가장 적게 읽은 책은 과학책입니다.

③ 위인전과 역사책은 6권으로 읽은 책의 수가 같습니다.

기본기 다지는 교과서 문제

[1~3] 민서네 반 학생들이 좋아하는 과목을 표로 정리한 후 막대그래프로 나타내려고 합니다. 물음에 답하세요.

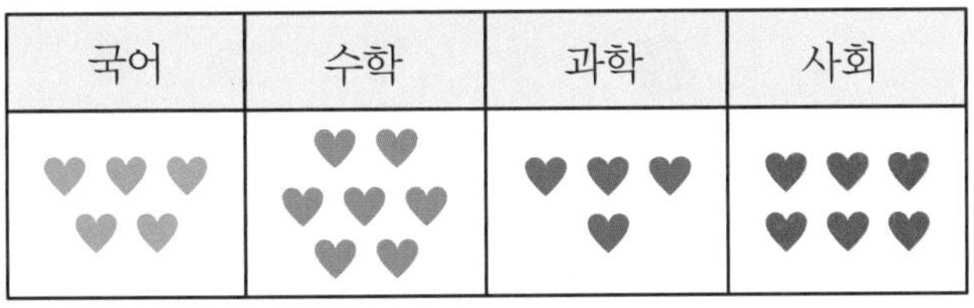

1 조사한 자료를 표로 나타내어 보세요.

좋아하는 과목별 학생 수

과목	국어	수학	과학	사회	합계
학생 수(명)					

2 막대그래프의 세로에 학생의 수를 나타낸다면 가로에는 무엇을 나타내어야 할까요?

( )

3 1번의 표를 보고 막대그래프로 나타낸 후 □ 안에 알맞은 말을 써넣어보세요.

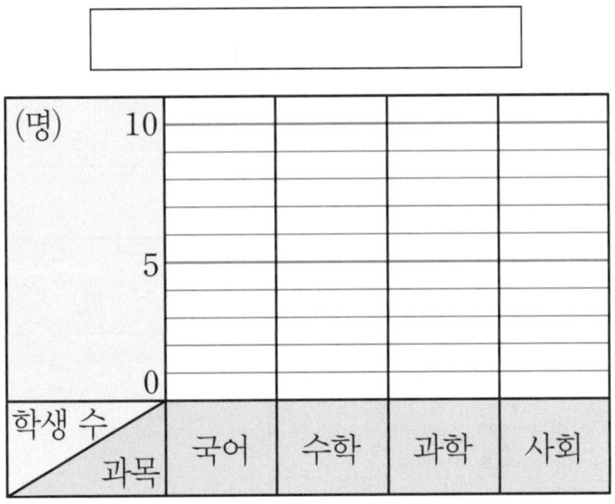

가장 많은 학생들이 좋아하는 과목은 □이고, 가장 적은 학생들이 좋아하는 과목은 □입니다.

개념 따라쓰기

자료를 수집하여 막대그래프로 나타내기

자료 수집하기
↓
표로 정리하기
↓
막대그래프로 나타내기

5 단원

[1~3] 슬기네 반 학생들이 운동회에서 참여하고 싶은 운동 경기를 조사하였습니다. 물음에 답하세요.

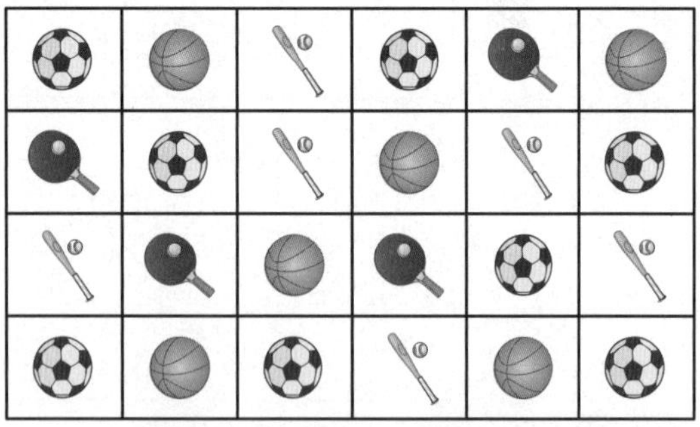

축구 야구 농구 탁구

1

이해

조사한 자료를 표로 나타내어 보세요.

참여하고 싶은 운동 경기별 학생 수

운동 경기	축구	야구	농구	탁구	합계
학생 수(명)					

2 48쪽

이해

세로로 된 막대그래프로 나타내어 보세요.

참여하고 싶은 운동 경기별 학생 수

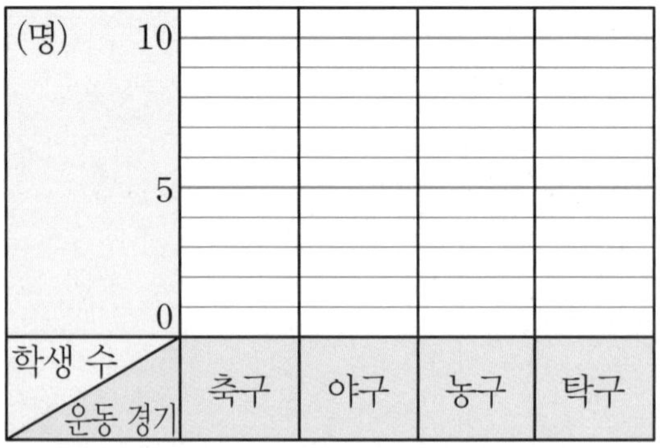

3 48쪽

적용

참여하고 싶은 학생 수가 가장 많은 경기와 가장 적은 경기의 차는 몇 명일까요?

( )

[4~6] 서준이네 반 학생들이 좋아하는 꽃을 조사하였습니다. 물음에 답하세요.

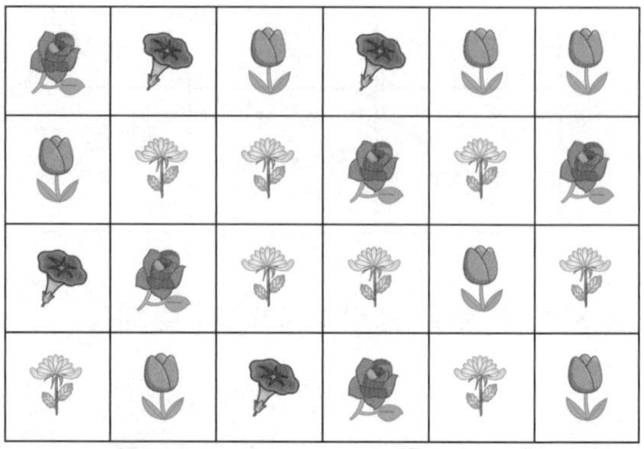

장미 나팔꽃 튤립 민들레

4

이해

조사한 자료를 표로 나타내어 보세요.

좋아하는 꽃별 학생 수

꽃	장미	나팔꽃	튤립	민들레	합계
학생 수(명)					24

5 48쪽

이해

가로로 된 막대그래프로 나타내어 보세요.

좋아하는 꽃별 학생 수

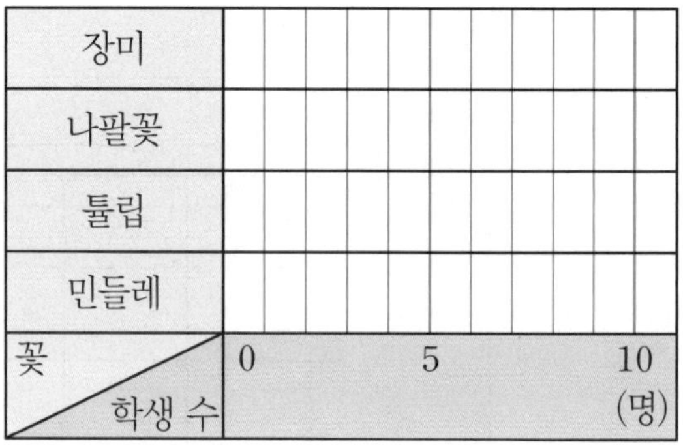

6 48쪽

적용

두 번째로 많은 학생들이 좋아하는 꽃은 무엇일까요?

( )

» 정답 · 풀이 32쪽

7 49쪽 추론

윤하네 학교 4학년 반별 학생 수를 조사하여 나타낸 막대그래프입니다. 4학년 학생 모두에게 공책을 3권씩 나누어 주려면 필요한 공책은 모두 몇 권일까요?

4학년 반별 학생 수

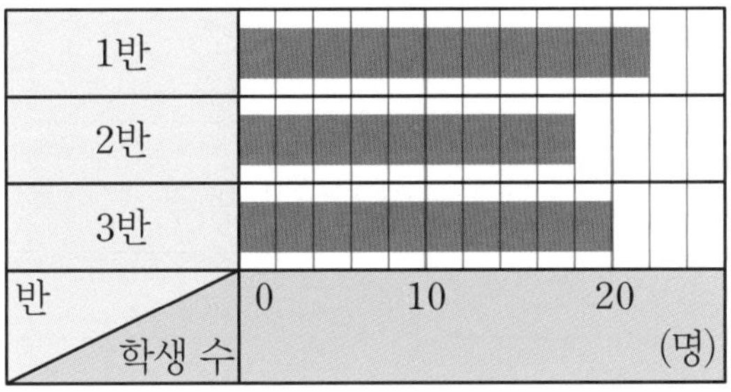

(　　　　　　　)

8 49쪽 문제 해결

이야기를 읽고 막대그래프를 완성해 보세요.

> 반장 선거에서 24명이 투표해서 민호는 6표, 윤하와 지혜는 각각 같은 표를 받았고, 영민이는 10표를 받아 반장이 되었습니다.

후보별 득표 수

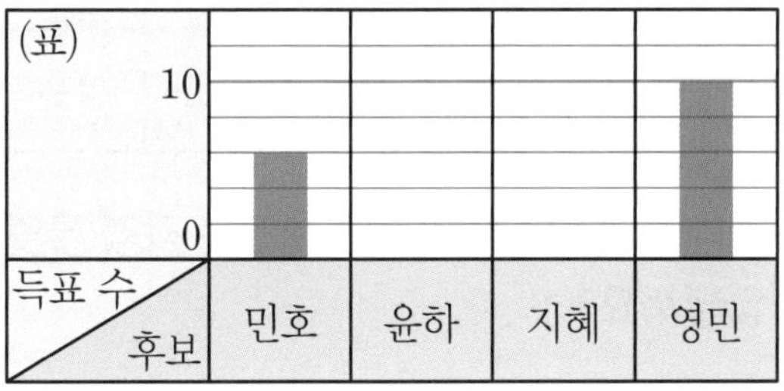

+9 49쪽 수학적 독해력

어느 도시의 남녀 선생님 수를 조사하여 나타낸 막대그래프입니다. 여자 선생님의 수가 남자 선생님의 수보다 처음으로 많아지는 해는 언제일까요?

남녀 선생님 수

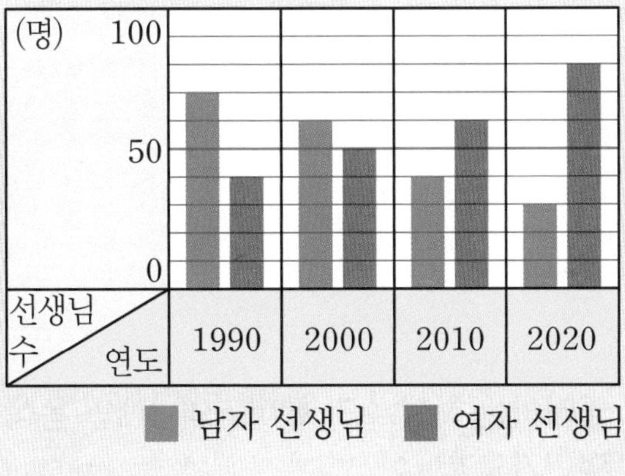

(　　　　　　　)

독해 포인트 막대의 길이 변화로 수량의 변화를 알 수 있습니다.

+10 49쪽 수학적 표현력

9번 막대그래프에서 남녀 선생님 수는 해가 지남에 따라 어떻게 변하는지 설명해 보세요.

[설명] ______________________________

____

____

오늘 공부 어땠나요? 10개 중 맞힌 문제 [　] 개 > **틀린 문제**는 힌트를 보고 다시 도전해 보세요. > **맞힌 문제**는 힌트를 보고 자신의 생각과 비교해 보세요.

단원평가

[1~3] 정우네 반 학생들이 좋아하는 계절을 조사하여 나타낸 막대그래프입니다. 물음에 답하세요.

좋아하는 계절별 학생 수

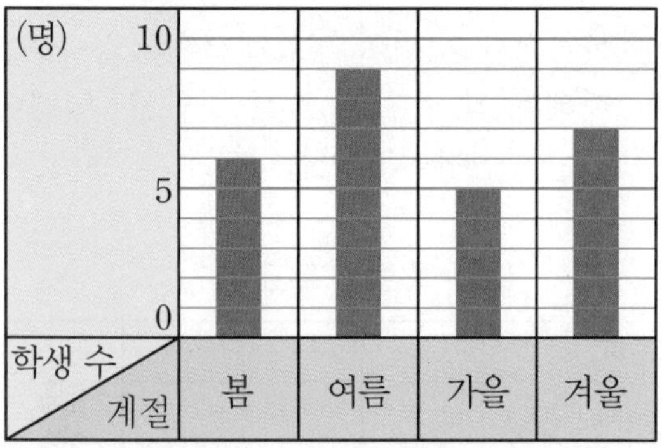

01 막대그래프에서 가로와 세로는 각각 무엇을 나타낼까요?

가로 (   )
세로 (   )

02 가장 많은 학생들이 좋아하는 계절은 무엇인가요?

(   )

03 가장 적은 학생들이 좋아하는 계절은 무엇이며, 몇 명인가요?

(,   )

[4~5] 민서네 반 학생들이 좋아하는 음식을 조사하여 나타낸 표와 막대그래프입니다. 물음에 답하세요.

좋아하는 음식별 학생 수

음식	햄버거	김밥	치킨	떡볶이	합계
학생 수 (명)	4	7	8	5	24

좋아하는 음식별 학생 수

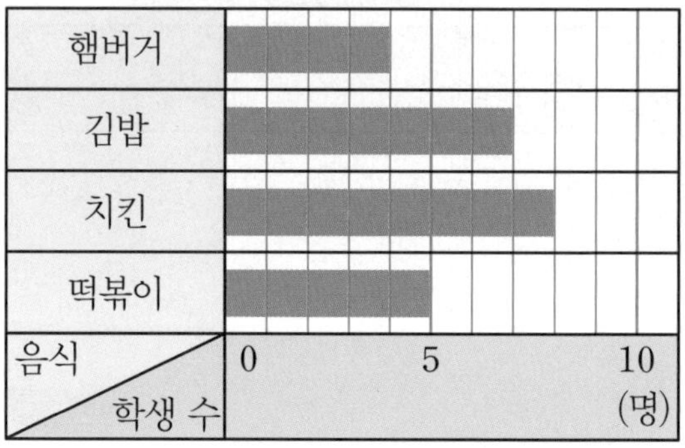

04 표와 막대그래프 중에서 학생들이 가장 좋아하는 음식을 한눈에 알아보기에 어느 것이 더 편리한가요?

(   )

05 좋아하는 학생 수가 햄버거의 2배인 음식은 무엇인가요?

(   )

[6~8] 혜원이네 반 학급 문고에 있는 종류별 책 수를 조사하여 나타낸 표와 막대그래프입니다. 물음에 답하세요.

학급 문고 종류별 책 수

종류	동화책	위인전	과학책	만화책	합계
책 수 (권)	18	16		8	48

학급 문고 종류별 책 수

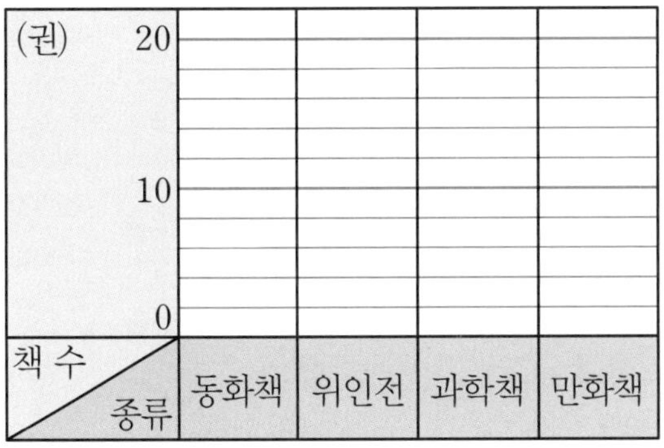

06 과학책은 몇 권인가요?

(　　　　　　)

07 표를 보고 막대그래프로 나타내어 보세요.

08 두 번째로 많은 책은 무엇인가요?

(　　　　　　)

[9~10] 은호네 반 학생 25명이 좋아하는 색깔을 조사하여 나타낸 막대그래프입니다. 물음에 답하세요.

좋아하는 색깔별 학생 수

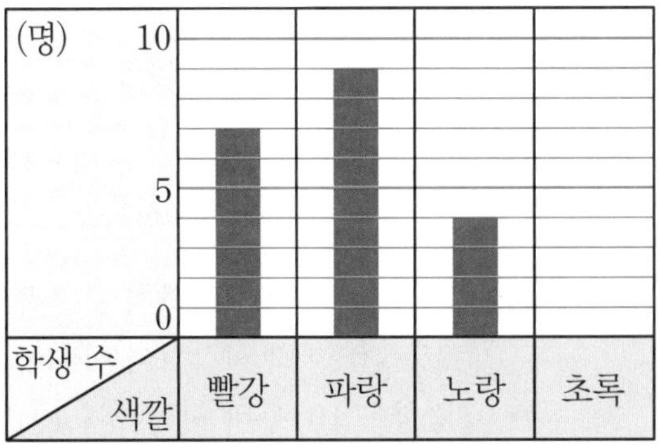

09 초록을 좋아하는 학생은 몇 명인가요?

(　　　　　　)

서술형

10 은호네 반 학생들이 체험 학습 갈 때 입을 반 티셔츠를 준비하려고 합니다. 무슨 색 옷으로 준비하는 것이 좋은지 쓰고, 이유를 설명해 보세요.

[이유] ______________________

____

____

[답] ______________________

공부한 날 월 일

25일 수의 배열에서 규칙 찾기

❶ 수 배열표에서 규칙 찾기

101	102	103	104	105
201	202	203	204	205
301	302	303	304	305
401	402	403	404	405
501	502	503	504	505

[규칙]
- 가로는 101부터 시작하여 오른쪽으로 1씩 커집니다.
- 세로는 101부터 시작하여 아래쪽으로 100씩 커집니다.
- ↘ 방향은 101부터 시작하여 101씩 커집니다.

◑ ❶의 수 배열표에서 여러 가지 규칙을 찾을 수 있습니다.
- 가로는 왼쪽으로 1씩 작아집니다.
- 세로는 위쪽으로 100씩 작아집니다.
- ↗ 방향은 99씩 작아집니다.

❷ 곱셈을 이용한 수 배열표에서 규칙 찾기

×	101	102	103
1	1	2	3
2	2	4	6
3	3	6	9

- 101 × 1 = 101인데 수 배열표에는 1이 있습니다.
- 101 × 2 = 202인데 수 배열표에는 2가 있습니다.
- 102 × 2 = 204인데 수 배열표에는 4가 있습니다.

[규칙]
- 두 수의 곱셈 결과에서 일의 자리 숫자를 쓰는 규칙입니다.
- 1부터 시작하는 가로는 1씩 커집니다.
- 2부터 시작하는 세로는 2씩 커집니다.

확인 1 수 배열표에서 규칙을 찾아 □ 안에 알맞은 수를 써넣으세요.

101	201	301	401	501
111	211	311	411	511
121	221	321	421	521
131	231	331	431	531
141	241	341	441	541

(1) 가로는 101부터 시작하여 오른쪽으로 □씩 커집니다.

(2) 세로는 101부터 시작하여 아래쪽으로 □씩 커집니다.

확인 2 수 배열표를 보고 □ 안에 알맞은 수나 말을 써넣으세요.

+	1001	1002	1003	1004
1	2	3	4	5
2	3	4	5	6
3	4	5	6	7
4	5	6	7	★

(1) 두 수의 덧셈 결과에서 □의 자리 숫자를 쓰는 규칙입니다.

(2) ★에 알맞은 수는 □입니다.

기본기 다지는 교과서 문제

1 수 배열의 규칙에 따라 빈칸에 알맞은 수를 써넣으세요.

605	615		635
505	515	525	535
405		425	435
	315	325	335
205	215	225	

2 수 배열표를 보고 물음에 답하세요.

1001	1101	1201	1301	1401
2001	2101	2201	2301	2401
3001	3101	3201	3301	3401
4001	4101	4201	4301	4401
5001	5101	5201	5301	5401

(1) ☐로 표시된 칸에서 규칙을 찾아보세요.

[규칙] 5001부터 시작하여 오른쪽으로 ☐씩 커집니다.

(2) 색칠된 칸에서 규칙을 찾아보세요.

[규칙] 1001부터 시작하여 ↘ 방향으로 ☐씩 커집니다.

3 규칙적인 수의 배열에서 ◆, ●에 알맞은 수를 구해 보세요.

6003	6013	6023	◆	6043	●

◆ ( )

● ( )

개념 따라쓰기

수의 배열에서 규칙 찾기

1씩 커짐

101	102	103	104
201	202	203	204
301	302	303	304
401	402	403	404

100씩 커짐 101씩 커짐

수의 배열에서 여러 가지 규칙을 찾을 수 있습니다.

규칙을 여러 가지 방법으로 나타내기

오른쪽으로 1씩 커집니다.

101	102	103	104

왼쪽으로 1씩 작아집니다.

규칙은 여러 가지 방법으로 나타낼 수 있습니다.

1
이해

수 배열의 규칙에 따라 빈칸에 알맞은 수를 써넣으세요.

385	375	365	355	
485	475	465	455	445
	575	565		545
685	675	665	655	

[2~3] 수 배열표를 보고 물음에 답하세요.

3008	3108	3208	3308	3408
4008	4108	4208	4308	4408
5008	5108	5208	5308	5408
6008	6108	6208	6308	6408
7008	7108	7208	7308	7408

2
이해

가로에서 나타난 규칙을 찾아보세요.

규칙 7008부터 시작하여 오른쪽으로 [ ] 씩 커집니다.

3
50쪽
적용

색칠된 칸에서 규칙을 찾아보세요.

규칙 ______

4
50쪽
추론

규칙적인 수의 배열에서 ◆에 알맞은 수를 구하세요.

2021	2121	2321	2621	3021	◆

( )

[5~6] 수 배열표를 보고 물음에 답하세요.

	1011	1012	1013	1014	1015
201	2	3	4	5	6
203	4	5	6	7	8
205	6	7	8	9	★
207	8	9	0	1	2

5
50쪽
의사 소통

수 배열표에서 발견할 수 있는 규칙을 바르게 말한 사람은 누구일까요?

서연: 덧셈의 결과에서 백의 자리 숫자만 쓴 거야.
민호: 덧셈의 결과에서 십의 자리 숫자만 쓴 거야.
지혜: 덧셈의 결과에서 일의 자리 숫자만 쓴 거야.

( )

6
50쪽
추론

수 배열의 규칙에 따라 ★에 알맞은 수를 구하세요.

( )

» 정답 · 풀이 34쪽

[7~8] 수 배열표를 보고 물음에 답하세요.

	11	12	13	14	15
5	55	60	65	70	75
10	110	120	130	140	150
15	◆	180	195	210	225
20	220	240	260	280	●

7 51쪽

추론

규칙적인 수의 배열에서 ◆, ●에 알맞은 수를 구해 보세요.

◆ (　　　　　　)

● (　　　　　　)

8 51쪽

적용

수의 배열에서 발견할 수 있는 규칙이 아닌 것을 찾아 기호를 쓰세요.

㉠ 55부터 시작하여 오른쪽으로 5씩 커집니다.
㉡ 220부터 시작하여 ↗ 방향으로 40씩 작아집니다.
㉢ 280부터 시작하여 위로 70씩 작아집니다.

(　　　　　　)

6단원

+9 51쪽

수학적 독해력

수 배열표의 일부가 찢어졌습니다. 수 배열의 규칙에 따라 ★에 알맞은 수를 구하세요.

110	112	114	116	118
130	132	134	136	138
150	152	154	156	
170	172	★		
190	192			

(　　　　　　)

독해 포인트 ↓ 방향과 → 방향에서 수 배열의 규칙을 찾아봅니다.

+10 51쪽

수학적 표현력

수 배열의 규칙에 따라 빈칸에 알맞은 수를 구하려고 합니다. 풀이 과정을 쓰고, 답을 구하세요.

4	8	16		64

풀이

답

오늘 공부 어땠나요?

10개 중 맞힌 문제 □ 개

틀린 문제는 힌트를 보고 다시 도전해 보세요.

맞힌 문제는 힌트를 보고 자신의 생각과 비교해 보세요.

26일 모양의 배열에서 규칙 찾기

① 모양의 배열에서 규칙 찾기

첫째 둘째 셋째 넷째

◐ 규칙을 찾을 때에는 모양의 배열에서 순서에 따라 변화하는 부분을 살펴봅니다.

첫째 둘째 셋째

◐ 규칙은 모양의 수나 모양의 배열에서 찾을 수 있습니다.

(1) 규칙 찾기

순서	첫째	둘째	셋째	넷째
모형 수(개)	1	4	9	16

+3 +5 +7

- 모형의 수가 1개에서 시작하여 3개, 5개, 7개……씩 늘어납니다.
- 가로와 세로가 각각 1개씩 늘어나며 정사각형 모양이 됩니다.

(2) 다섯째에 알맞은 모양 알아보기

다섯째

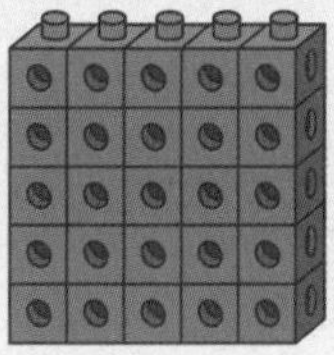

➜ 다섯째 모양은 넷째 모양에서 9개 늘어납니다.

확인 1 모양의 배열을 보고 물음에 답하세요.

첫째 둘째 셋째 넷째

(1) 모양의 배열에서 규칙을 찾아보세요.

[규칙] 1개에서 시작하여 오른쪽과 □으로 각각 □개씩 늘어납니다.

(2) 다섯째에 알맞은 모양을 그려 보세요.

다섯째

□

확인 2 모양의 배열을 보고 물음에 답하세요.

첫째 둘째 셋째 넷째

(1) 모양의 배열에서 규칙을 찾아보세요.

[규칙] 1개에서 시작하여 2개, □개, □개씩 늘어납니다.

(2) 다섯째에 알맞은 모양을 그려 보세요.

다섯째

□

기본기 다지는 교과서 문제

» 정답 · 풀이 35쪽

1 모양의 배열을 보고 물음에 답하세요.

첫째 둘째 셋째 넷째

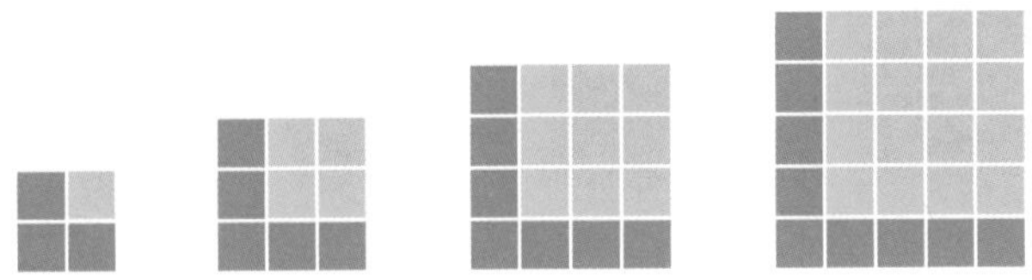

(1) 모양의 배열에서 규칙을 찾아보세요.

[규칙 ①] 초록색 모양은 □개씩 늘어납니다.

[규칙 ②] 노란색 모양은 3개, 5개, □개……씩 늘어납니다.

(2) 다섯째에 알맞은 모양에 ○표 하세요.

( ) ( )

2 모양의 배열을 보고 물음에 답하세요.

첫째 둘째 셋째 넷째

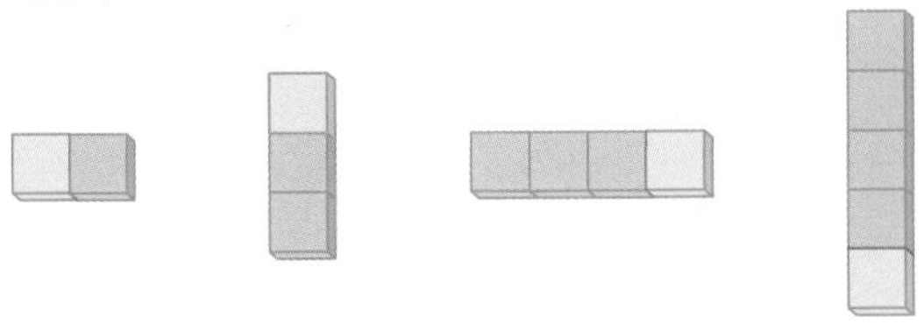

(1) 모양의 배열에서 규칙을 찾아보세요.

[규칙] 분홍색 모양을 중심으로 시계 방향으로 90°씩 돌리며 모양이 □개씩 늘어나는 규칙입니다.

(2) 다섯째에 알맞은 모양에 ○표 하세요.

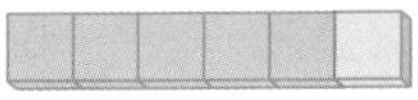

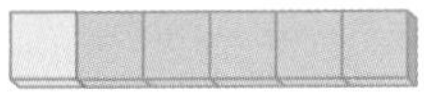

( ) ( )

개념 따라쓰기

모양의 배열에서 규칙 찾기

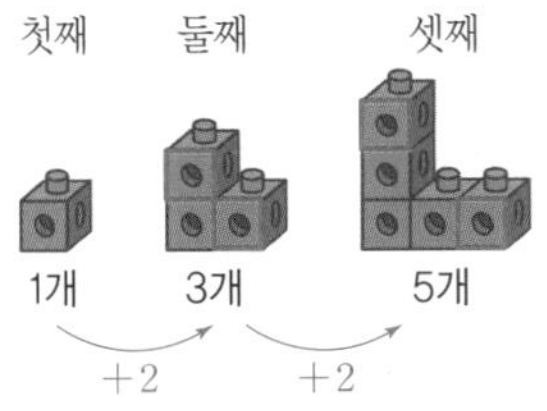

모양의 수나 모양의 배열에서 규칙을 찾을 수 있습니다.

모양의 배열에서 규칙 찾기

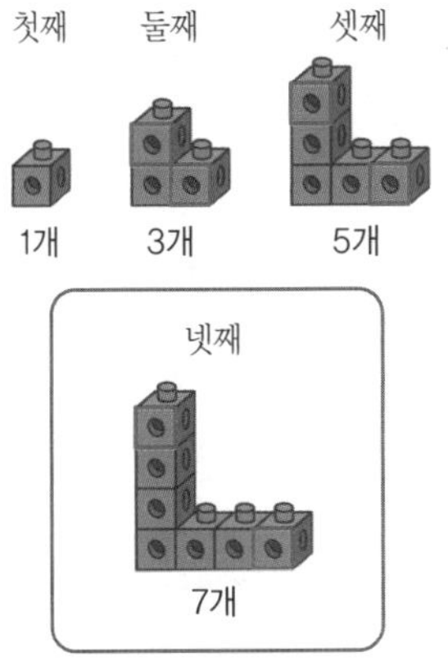

모양의 배열에서 규칙을 찾으면 다음에 올 모양을 알 수 있습니다.

스스로 풀어내는 도전 10 문제

[1~3] 단추의 배열을 보고 물음에 답하세요.

첫째 둘째 셋째

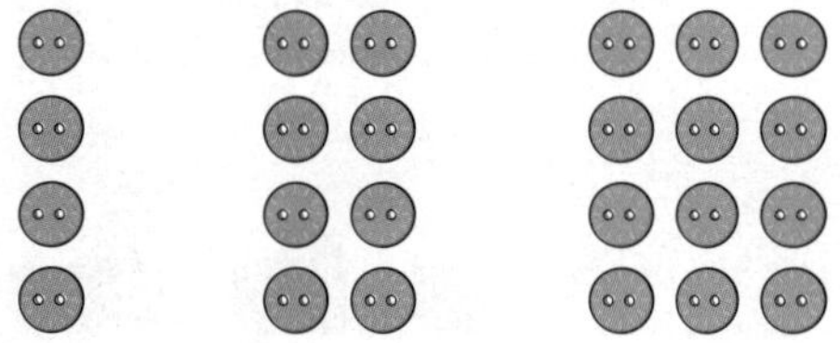

□개 □개 □개

1 이해

단추의 개수를 세어 □ 안에 알맞은 수를 쓰고 규칙을 찾아보세요.

규칙 단추의 수가 □개씩 늘어나는 규칙입니다.

2 이해

넷째에 알맞은 모양에서 단추는 몇 개일까요?

(　　　　　)

3 52쪽 추론

다섯째에 알맞은 모양에 ○표 하세요.

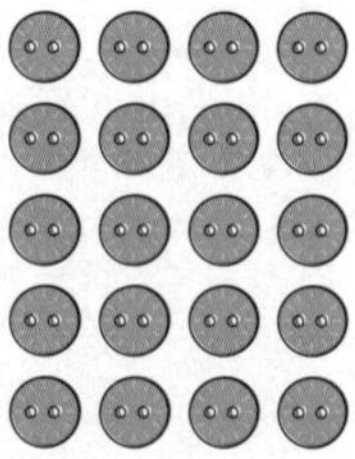

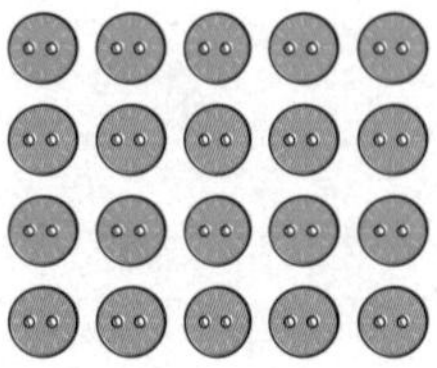

(　　　)　(　　　)

4 52쪽 이해

모양의 배열에서 찾은 규칙입니다. □ 안에 알맞은 수를 써넣으세요.

첫째 둘째 셋째

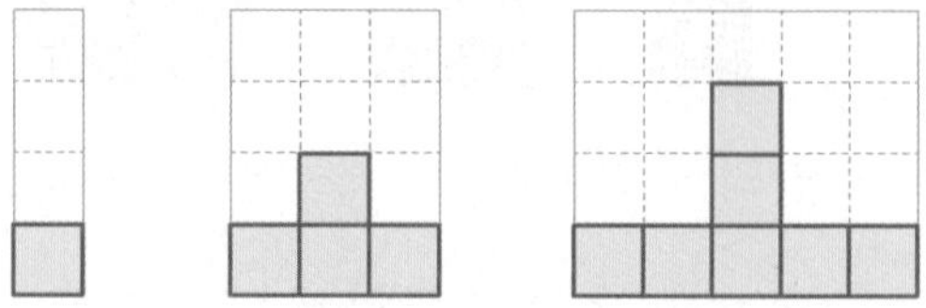

규칙 사각형이 왼쪽, 위쪽, 오른쪽으로 각각 □개씩 늘어나고 있으므로 수는 □씩 커지고 있습니다.

5 52쪽 추론

모양의 배열을 보고 다섯째에 알맞은 모양에서 사각형의 개수를 구하세요.

첫째 둘째 셋째 넷째

(　　　　　)

6 52쪽 추론

규칙에 따라 색종이를 늘어놓았습니다. 다섯째 모양을 만드는 데 필요한 색종이는 몇 장일까요?

첫째 둘째 셋째

(　　　　　)

» 정답 · 풀이 35쪽

7 53쪽 적용

규칙에 따라 ㉠에 올 모양에 ○표 하세요.

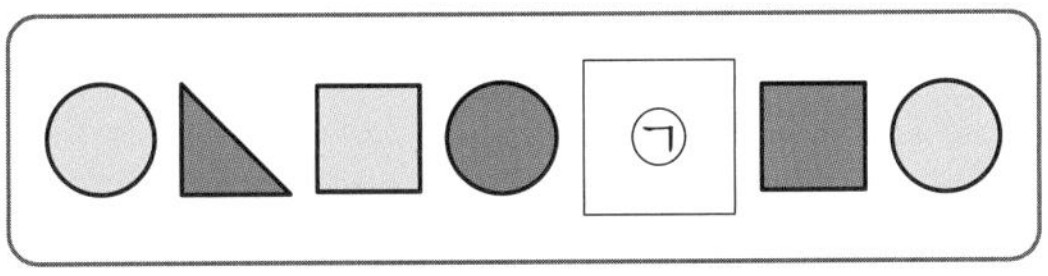

(　　　) (　　　) (　　　) (　　　)

8 53쪽 이해

모양의 배열에서 찾은 규칙으로 알맞은 것의 기호를 쓰세요.

첫째　　둘째　　셋째　　넷째

㉠ 모형( )의 개수가 한 단계가 진행될 때마다 2개씩 늘어나는 규칙입니다.

㉡ 모형( )이 1개에서 시작하여 2개, 3개, 4개……씩 늘어나는 규칙입니다.

(　　　　　　)

6 단원

+9 53쪽 수학적 독해력

규칙에 따라 바둑돌을 늘어놓았습니다. 넷째에 놓일 모양에서 흰 바둑돌과 검은 바둑돌의 개수의 차는 몇 개일까요?

첫째　　둘째　　셋째

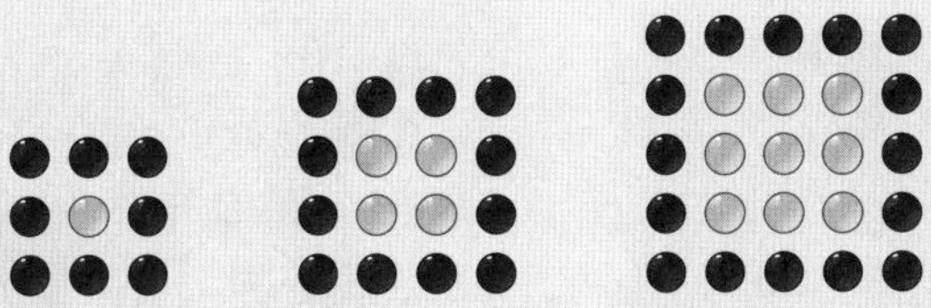

(　　　　　　)

독해 포인트 규칙을 찾으면 다음에 올 모양을 알 수 있습니다.

+10 53쪽 수학적 표현력

규칙에 따라 모양을 배열하였습니다. 다섯째에 알맞은 모양에서 사각형은 몇 개인지 풀이 과정을 쓰고, 답을 구하세요.

첫째　　둘째　　셋째

풀이 ______________________

____

____

답 ______________________

오늘 공부 어떘나요? 10개 중 맞힌 문제 □ 개 > **틀린 문제**는 힌트를 보고 다시 도전해 보세요. > **맞힌 문제**는 힌트를 보고 자신의 생각과 비교해 보세요.

공부한 날 월 일

27일 계산식의 배열에서 규칙 찾기

① 덧셈식의 배열에서 규칙 찾기

20＋30＝50
21＋31＝52
22＋32＝54
23＋33＝56

[규칙] 일의 자리 수가 각각 1씩 커지는 두 수의 합은 2씩 커집니다.

➡ 다음에 올 계산식은 24＋34＝58입니다.

◐ 규칙을 찾으면 다음에 올 계산식을 알 수 있기 때문에 계산하지 않고도 결과를 알 수 있습니다.

② 뺄셈식의 배열에서 규칙 찾기

25－15＝10
35－25＝10
45－35＝10
55－45＝10

[규칙] 십의 자리 수가 각각 1씩 커지는 두 수의 차는 10으로 일정합니다.

➡ 다음에 올 계산식은 65－55＝10입니다.

③ 곱셈식의 배열에서 규칙 찾기

10×10＝100
20×10＝200
30×10＝300
40×10＝400

[규칙] 곱해지는 수가 10씩 커지고 곱하는 수가 10으로 일정하면 곱은 100씩 커집니다.

➡ 다음에 올 계산식은 50×10＝500입니다.

◐ 다른 곱셈식에서 규칙 찾기

1×1＝1
11×11＝121
111×111＝12321
1111×1111＝1234321

[규칙] 1이 1개씩 늘어나는 수를 두 번 곱한 결과는 가운데를 중심으로 접으면 같은 수가 만납니다.

④ 나눗셈식의 배열에서 규칙 찾기

20÷10＝2
30÷10＝3
40÷10＝4
50÷10＝5

[규칙] 나누어지는 수가 10씩 커지고 나누는 수가 10으로 일정하면 몫은 1씩 커집니다.

➡ 다음에 올 계산식은 60÷10＝6입니다.

◐ 다른 나눗셈식에서 규칙 찾기

111111111÷ 9＝12345679
222222222÷18＝12345679
333333333÷27＝12345679
444444444÷36＝12345679

[규칙] 나누어지는 수와 나누는 수가 각각 2배, 3배 …씩 커지면 몫은 모두 같습니다.

기본기 다지는 교과서 문제

» 정답 · 풀이 36쪽

1 계산식을 보고 설명에 맞는 계산식을 찾아 기호를 쓰세요.

㉠

202＋132＝334
203＋133＝336
204＋134＝338
205＋135＝340

㉡

325－120＝205
425－220＝205
525－320＝205
625－420＝205

㉢

20×11＝220
30×11＝330
40×11＝440
50×11＝550

㉣

240÷2＝120
480÷2＝240
720÷2＝360
960÷2＝480

(1) 같은 자리의 수가 똑같이 커지는 두 수의 차는 항상 일정합니다.

(　　　　　　)

(2) 일의 자리 수가 각각 1씩 커지는 두 수의 합은 2씩 커집니다.

(　　　　　　)

(3) 나누어지는 수가 2배, 3배……가 되고 나누는 수가 일정하면 몫은 2배, 3배……가 됩니다.

(　　　　　　)

2 곱셈식의 배열에서 규칙을 찾아 □ 안에 알맞은 식을 써넣으세요.

37×3＝111
37×6＝222
37×9＝333
□
37×15＝555

개념 따라쓰기

규칙을 찾으면 알 수 있는 것

101×11＝1111
101×22＝2222
101×33＝3333
↓
101×44＝4444

규칙을 찾으면 다음에 올 계산식을 알 수 있기 때문에 계산하지 않고도 결과를 알 수 있습니다.

6 단원

스스로 풀어내는 도전 10 문제

막힐 때 힌트북

[1~2] 덧셈식의 배열을 보고 물음에 답하세요.

순서	덧셈식
첫째	113+311=424
둘째	123+321=444
셋째	133+331=464
넷째	143+341=484
다섯째	

1 이해

어떤 규칙이 있는지 찾아보세요.

(규칙) 십의 자리 수가 각각 ☐씩 커지는 두 수의 합은 ☐씩 커집니다.

2 이해

다섯째 빈칸에 알맞은 식을 써넣으세요.

(규칙) ☐+☐=☐

3 54쪽 추론

계산식의 배열에서 규칙을 찾아 다섯째 빈칸에 알맞은 식을 써넣으세요.

순서	계산식
첫째	300−150+ 50=200
둘째	400−250+150=300
셋째	500−350+250=400
넷째	600−450+350=500
다섯째	

[4~5] 곱셈식의 배열을 보고 물음에 답하세요.

순서	곱셈식
첫째	1×45=45
둘째	11×45=495
셋째	111×45=4995
넷째	1111×45=49995

4 54쪽 이해

어떤 규칙이 있는지 찾아보세요.

(규칙) 1이 ☐개씩 늘어나는 수에 45를 곱하면 계산 결과는 4와 5 사이에 9가 곱해지는 수의 1의 개수보다 ☐개 적은 수가 됩니다.

5 54쪽 추론

규칙에 따라 계산 결과가 49999995가 되는 계산식을 쓰세요.

☐×☐=49999995

6 54쪽 적용

나눗셈식의 배열에서 규칙을 찾아 빈칸에 알맞은 식을 써넣으세요.

63÷7=9
693÷7=99
6993÷7=999
☐
699993÷7=99999

» 정답 · 풀이 36쪽

7 55쪽 추론

계산식의 배열을 보고 계산 결과가 777777이 나오는 계산식을 쓰세요.

순서	계산식
첫째	$10101\times11=111111$
둘째	$10101\times22=222222$
셋째	$10101\times33=333333$
넷째	$10101\times44=444444$

(식) ______________________

8 55쪽 적용

계산식의 배열에서 규칙을 찾아 빈칸에 알맞은 식을 써넣으세요.

$9\times9+7=88$

$98\times9+6=888$

$987\times9+5=8888$

[   ]

$98765\times9+3=888888$

+9 55쪽 수학적 독해력

윤하의 생각과 같은 규칙적인 계산식을 찾아 기호를 쓰세요.

윤하: 10씩 커지는 수에 10씩 작아지는 수를 더하면 계산 결과는 변하지 않아.

㉠

$216+172=388$
$226+162=388$
$236+152=388$
$246+142=388$

㉡

$413-203=210$
$423-213=210$
$433-223=210$
$443-233=210$

(   )

독해 포인트 '커지는', '작아지는', '더하면'에 주의하여 찾아봅니다.

+10 55쪽 수학적 표현력

곱셈식의 배열을 보고 다음에 올 곱셈식을 구하려고 합니다. 풀이 과정을 쓰고, 답을 구하세요.

순서	곱셈식
첫째	$1\times1=1$
둘째	$11\times11=121$
셋째	$111\times111=12321$
넷째	$1111\times1111=1234321$

(풀이) ______________________

(답) ______________________

오늘 공부 어땠나요? 10개 중 맞힌 문제 [ ] 개 > 틀린 문제는 힌트를 보고 다시 도전해 보세요. > 맞힌 문제는 힌트를 보고 자신의 생각과 비교해 보세요.

28일 등호(=)를 사용하여 나타내기

① 크기가 같은 두 양을 식으로 나타내기

크기가 같은 두 양을 등호(=)를 사용하여 하나의 식으로 나타낼 수 있습니다.

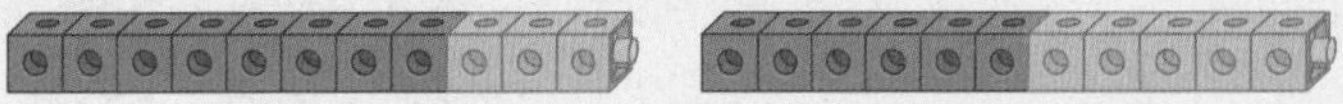

8 + 3 = 6 + 5

◐ 크기가 같은 두 양

• 8+3과 6+5의 크기는 같습니다.
'같습니다'는 '='로 나타냅니다.
→ 8+3=6+5

② 계산하지 않고 옳은 식인지 판단하기

2만큼 작아집니다.

8 + 3 = 6 + 5

2만큼 커집니다.

→ 두 양이 같으므로 옳은 식입니다.

확인 1 모형을 보고 물음에 답하세요.

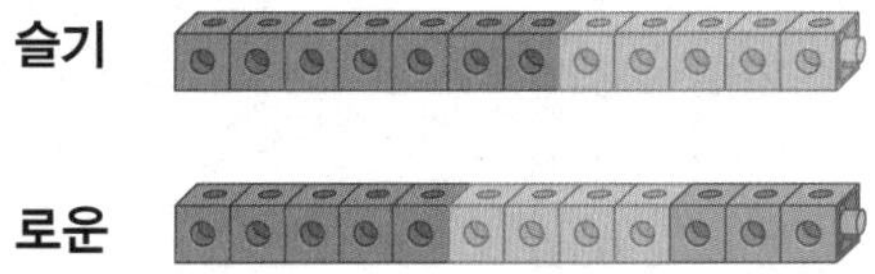

(1) 슬기가 가지고 있는 모형의 수가 몇 개인지 덧셈식으로 나타내 보세요.

7+□=□

(2) 로운이가 가지고 있는 모형의 수가 몇 개인지 덧셈식으로 나타내 보세요.

5+□+□=□

(3) 등호(=)를 사용하여 (1), (2)의 두 식을 하나의 식으로 나타내 보세요.

〔식〕 ____________________

» 정답 · 풀이 37쪽

1 그림을 보고 □ 안에 알맞은 수를 써넣으세요.

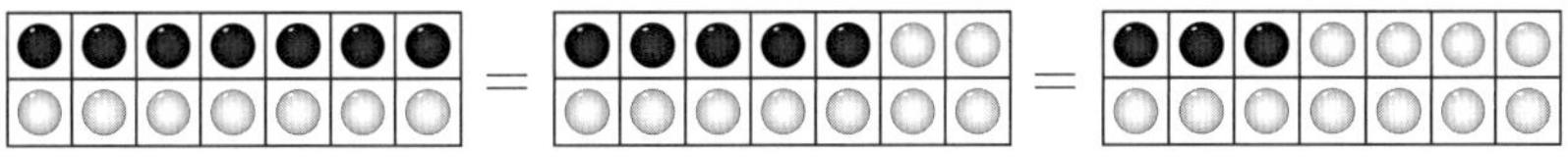

7+7 = 5+□ = □+11

2 등호를 사용하여 나타낼 수 있는 두 개의 식에 ○표 하세요.

9+6	17−3	5×3	42÷2
( )	( )	( )	( )

3 □ 안에 알맞은 수를 써넣으세요.

(1) 27+4=30+□ (27 → 30: +3, 4 → □: −□)

(2) 12×3=6×□ (12 → 6: ÷2, 3 → □: ×□)

4 옳은 식에 ○표, 옳지 않은 식에 ×표 하세요.

23+31=20+34	50+17=20+37
( )	( )
4×9=6×3×3	11×6=3×22
( )	( )

개념 따라쓰기

등호(=)를 사용한 식

8+3=6+5

크기가 같은 두 양은 등호(=)를 사용하여 하나의 식으로 나타낼 수 있습니다.

등호(=)가 사용된 식이 옳은지 판단하기

8+3=6+5 (8 → 6: −2, 3 → 5: +2)

등호(=) 양쪽의 수가 얼마만큼 커지고 작아졌는지 비교합니다.

6단원

스스로 풀어내는 도전 10 문제

막힐 때 힌트북

1 이해

저울의 양쪽 무게가 같아지도록 □ 안에 들어갈 수 있는 것을 모두 찾아 ○표 하세요.

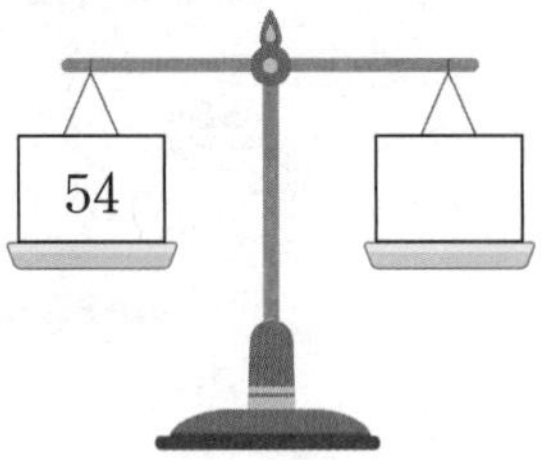

$38+26$	$62-8$	18×3	$98\div2$

2 이해

□ 안에 알맞은 수를 써넣어 옳은 식을 만들어 보세요.

(1) $51+14=14+\square$

(2) $3\times17=\square\times3$

(3) $45+23=50+\square$

3 56쪽 적용

계산 결과가 같은 식을 찾아 등호(=)를 사용하여 하나의 식으로 나타내 보세요.

$75-20$	15×3
$90\div2$	$35+30$

[식] ____________________

4 56쪽 적용

등호(=)가 있는 식으로 바르게 나타낸 것을 모두 찾아 기호를 쓰세요.

㉠ $74=65+8$
㉡ $100\div4=5\times5$
㉢ $21+15=15+21$
㉣ $43-10=40-3$

(　　　　　　)

5 56쪽 이해

크기가 같은 뺄셈식이 되도록 □ 안에 알맞은 수를 써넣으세요.

$56-13=60-\square$ (56 → 60: $+4$, 13 → □: $+\square$)

6 56쪽 적용

크기가 같은 곱셈식이 되도록 □ 안에 알맞은 수를 써넣으세요.

(1) $33\times\square=11\times9$

(2) $7\times21=\square\times3$

(3) $3\times5\times8=\square\times5$

» 정답 · 풀이 37쪽

조금 더 **어려운 문제**에 도전해 볼까요?

7 57쪽 추론

□ 안에 알맞은 수가 가장 큰 것을 찾아 기호를 쓰세요.

㉠ $38-5=\square-3$
㉡ $60+\square=25\times4$
㉢ $\square\times3=21\times6$

( )

8 57쪽 문제 해결

등호(=)가 있는 식을 완성하려고 합니다. ●와 ★에 알맞은 수의 합을 구하세요.

㉠ $72\div8=36\div$●
㉡ $27\times16=54\times$★

( )

6 단원

+9 57쪽 수학적 독해력

♥에 알맞은 수를 바르게 이야기한 친구는 누구일까요?

60÷10=♥÷5

지혜: 60 ÷10은 6이므로 ♥에 알맞은 수는 6이야.

영민: 5는 10보다 5만큼 더 작은 수이니까 ♥에 알맞은 수는 60보다 5만큼 작은 수인 55야.

수현: 5는 10을 2로 나눈 수이니까 ♥에 알맞은 수는 60을 2로 나눈 몫인 30이야.

( )

독해 포인트 등호(=) 양쪽에 있는 두 양의 크기는 같아야 합니다.

+10 57쪽 수학적 표현력

수 하나를 골라 바르게 고쳐 옳은 식을 2가지 만들어 보세요.

$40\times6=10\times12$

[옳은 식 1] ____________________

[옳은 식 2] ____________________

오늘 공부 어땠나요?	10개 중 맞힌 문제 □ 개	**틀린 문제**는 힌트를 보고 다시 도전해 보세요.	**맞힌 문제**는 힌트를 보고 자신의 생각과 비교해 보세요.

단원평가

6. 규칙과 관계

시험 시간 **20분** | 문제 수 **10개**

01 수 배열의 규칙에 따라 빈칸에 알맞은 수를 써넣으세요.

205	206		208	209
305	306	307		309
405		407	408	409
	506	507	508	509

02 규칙적인 수의 배열에서 ■, ●에 알맞은 수를 구해 보세요.

6037	6137	■	6337	●	6537

■ (　　　　　　)
● (　　　　　　)

03 수 배열의 규칙에 따라 ■에 알맞은 수를 구해 보세요.

34862	34863	34864	34865	34866	
44862	44863	44864	44865	44866	
54862	54863	54864	54865	54866	
64862	64863	64864	64865	64866	
74862	74863	74864	74865	74866	
					■

(　　　　　　)

04 모양의 배열을 보고 다섯째에 알맞은 모양에서 모형()의 수를 구해 보세요.

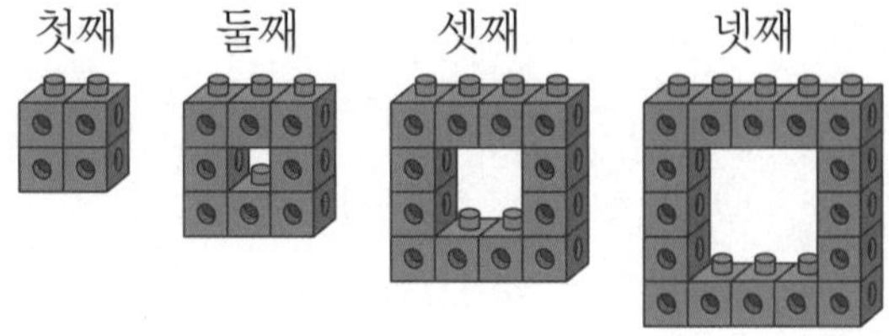

(　　　　　　)

[5~6] 규칙적인 계산식을 보고 물음에 답하세요.

순서	계산식
첫째	100+400−200=300
둘째	200+500−200=500
셋째	300+600−200=700
넷째	

05 넷째 빈칸에 알맞은 계산식을 써 보세요.

(　　　　　　)

06 규칙에 따라 계산 결과가 1500이 되는 계산식은 몇째인가요?

(　　　　　　)

07 계산식의 배열의 규칙을 이용하여 빈칸에 알맞은 식을 써넣으세요.

$$4\times101=404$$
$$4\times1001=4004$$
$$4\times10001=40004$$

[   ]

08 등호(=)가 있는 식을 완성하려고 합니다. □ 안에 알맞은 수가 더 큰 것의 기호를 쓰세요.

㉠ $12+4+48=60+\square$
㉡ $76-16-\square=60-3$

(   )

09 주하가 고른 두 수를 더한 것과 크기가 같은 곱셈식을 만들어 등호로 나타내세요.

주하

나는 35와 13을 고를래.

12	35	13	4	24

$35+13=\square\times\square$

서술형

10 수 배열의 규칙에 따라 빈칸에 알맞은 수를 구하려고 합니다. 풀이 과정을 쓰고, 답을 구하세요.

1024 — □ — 64 — 16 — 4

풀이

답

memo

memo

memo

memo

memo

모든 문제의 첫 번째 힌트는
문제를 다시 읽는 것입니다.

새 교과서 분석 반영
초등 1등
공부 비법

막힐 땐

힌트북

초등수학 4-1

막힐 때 찾아보는 **힌트북**

슬기로운공부

힌트 = 개념

막힐 땐

힌트북

초등수학 4-1

막힐 때 찾아보는 힌트북

01 일

10000이 10개인 수

10000은 9000보다 □만큼 더 큰 수

↓

10000＝9000＋□

\\ 중요해! //

■보다▲만큼 더 큰 수는■＋▲야.

■이 10개인 수 ➜ ■0

■가 10개인 수는 ■보다 0이 하나 더 많은 수야.

■씩 뛰어 세는 규칙이야.

9960 — 9970 — □ — 9990 — □

10000
- 1000이 10개인 수
- 100이 100개인 수
- 10이 1000개인 수

2 □ 안에 알맞은 수를 써넣으세요.

10000은
- 9000보다 □만큼 더 큰 수
- 8000보다 □만큼 더 큰 수
- 7000보다 □만큼 더 큰 수

3 □ 안에 알맞은 수를 써넣으세요.

1이 10개인 수 ➜ □

10이 10개인 수 ➜ □

100이 10개인 수 ➜ □

1000이 10개인 수 ➜ □

5 규칙에 따라 빈칸에 알맞은 수를 써넣으세요.

(1) 9960 — 9970 — □ — 9990 — □

(2) 9600 — □ — 9800 — 9900 — □

6 10000원이 되려면 각각의 돈이 얼마만큼 필요한지 쓰세요.

□장 □개 □개

7 □ 안에 알맞은 수를 써넣으세요.

9800 —(50)→ 9850 —(50)→ 9900 —(50)→ 9950 —(50)→ 10000

- 9850보다 □만큼 더 큰 수는 10000입니다.
- 9800은 10000보다 □만큼 더 작은 수입니다.

9850에서 50씩 3번 뛰어 세면 10000

9800 —(50)→ 9850 —(50)→ 9900 —(50)→ 9950 —(50)→ 10000

9800은 10000에서 50씩 4번 거꾸로 뛰어 센 수

8 나타내는 수가 다른 것을 찾아 기호를 쓰세요.

㉠ 100이 100개인 수
㉡ 1000을 10배한 수
㉢ 100보다 100만큼 더 큰 수

■가 ▲개인 수
■를 ▲배한 수 → ■×▲

■보다 ▲만큼 더 큰 수 → ■+▲

수학적 독해력

+9 두 친구의 대화를 읽고 □ 안에 알맞은 수를 써넣으세요.

서준: 나는 3000원을 가지고 있어.

윤하: 나는 너보다 1000원이 더 많아.

서준: 우리가 가지고 있는 돈에 얼마를 더하면 10000원이 될까?

윤하: □원이 더 있으면 10000원이 돼.

우리가 가지고 있는 돈 + ? = 10000원

서준 3000원 + 윤하 3000원+1000원

수학적 표현력

+10 슬기는 자전거를 사려고 10000원짜리 지폐 4장과 1000원짜리 지폐 10장을 모았습니다. 슬기가 모은 돈은 모두 얼마인지 풀이 과정을 쓰고, 답을 구하세요.

4장

10장

슬기가 모은 돈 → □ + □

02 일 다섯 자리 수

7	9	3	1	5
70000	9000	300	10	5

한 자리씩 올라갈수록 0이 한 개씩 늘어나.

돈의 단위 ⇨	10000	1000	100	10	
돈의 개수 ⇨	3	□	□	□	0

\\ 알아둬! //

돈의 단위는 **자릿값**과 같고,
돈의 개수는 **자리 수**와 같아.

10000이 7개 →	70000
1000이 3개 →	3000
100이 ★개 →	★00
10이 5개 →	50
1이 9개 →	9
	73★59

다섯 자리의 수로 나타내봐.

가장 큰 수는 큰 수부터 차례로

8 □ □ □ □

높은 자리의 수가 클수록 큰 수야.

3 〈보기〉와 같이 각 자리의 숫자가 나타내는 값의 합으로 나타내어 보세요.

〈보기〉
79315=70000+9000+300+10+5

93845 = ____________________

4 돈이 모두 얼마인지 쓰세요.

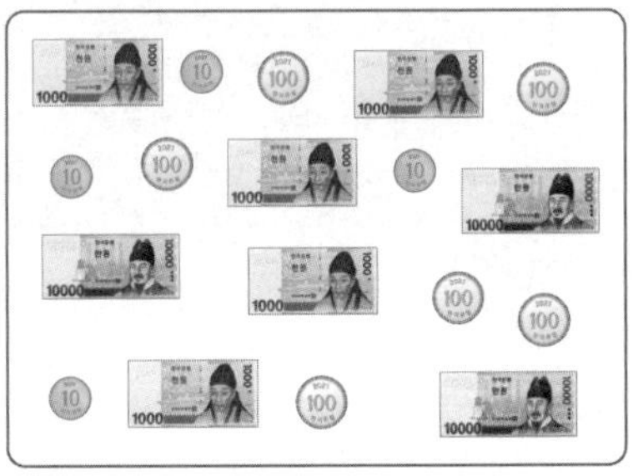

5 10000이 7개, 1000이 3개, 100이 ★개, 10이 5개, 1이 9개인 수는 73859입니다. ★에 알맞은 수는 얼마일까요?

6 수 카드를 모두 한 번씩만 사용하여 가장 큰 다섯 자리 수를 만들고 읽어 보세요.

6 3 8 1 5

〔쓰기〕 (　　　　　　　　)
〔읽기〕 (　　　　　　　　)

7 수를 보고 물음에 답하세요.

56032　25493　38157　82315

(1) 천의 자리 숫자가 5인 수는 어느 것일까요?

(　　　　　)

(2) 숫자 3이 300을 나타내는 수는 어느 것일까요?

(　　　　　)

만의 자리	천의 자리	백의 자리	십의 자리	일의 자리
5	6	0	3	2
2	5	4	9	3
3	8	1	5	7
8	2	3	1	5

8 숫자 8이 나타내는 값이 가장 큰 수부터 차례로 기호를 쓰세요.

㉠ 56813　㉡ 72948
㉢ 48239　㉣ 93582

□-□-□-□

8 8 8 8 8

→ 8
→ 80
→ 800
→ 8000
→ 80000

수학적 독해력

+9 저금통에 10000원짜리 지폐 4장, 1000원짜리 지폐 7장, 100원짜리 동전 13개, 10원짜리 동전 5개가 들어 있습니다. 저금통에 들어 있는 돈은 모두 얼마일까요?

10000이 4개 → 40000
1000이 7개 → 7000
100이 13개 → 1300
10이 5개 → 50

□

주의해!
100원짜리 동전 10개는
1000원짜리 지폐 1장과 같아.

수학적 표현력

+10 똑같은 모양의 지우개를 10000개씩 2상자, 1000개씩 5상자, 100개씩 1상자, 10개씩 8상자에 담았습니다. 상자에 담은 지우개는 모두 몇 개인지 풀이 과정을 쓰고, 답을 구하세요.

10000개씩 2상자 → 20000
1000개씩 5상자 → 5000
100개씩 1상자 → 100
10개씩 8상자 → 80

□

03 일 십만, 백만, 천만

\\ 중요해! //

10배씩 뛰어 세면
수의 뒤에 0이 1개씩 늘어나.

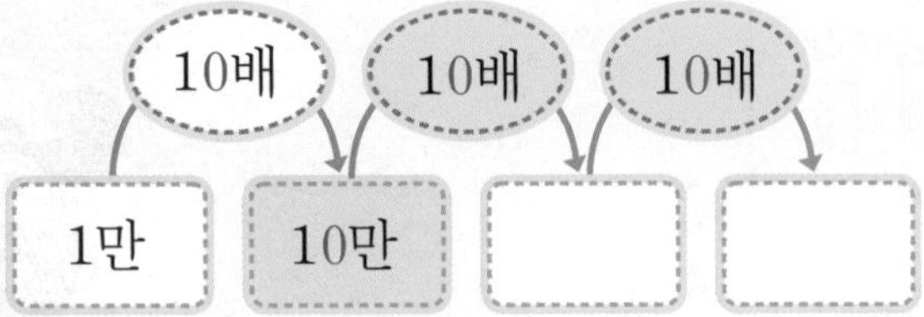

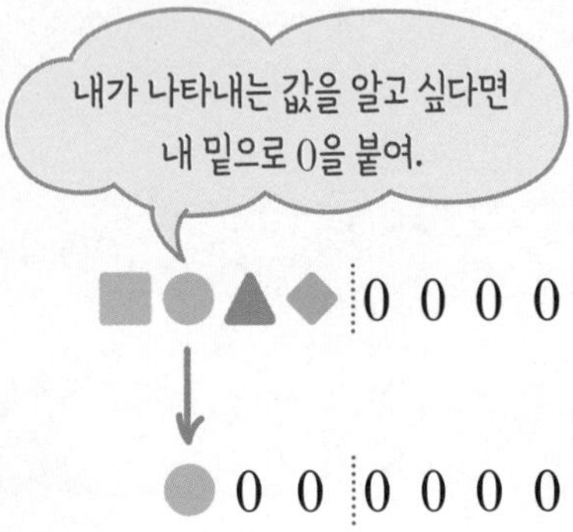

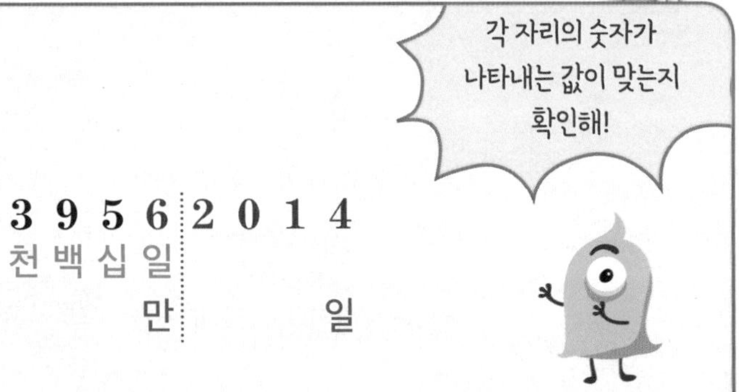

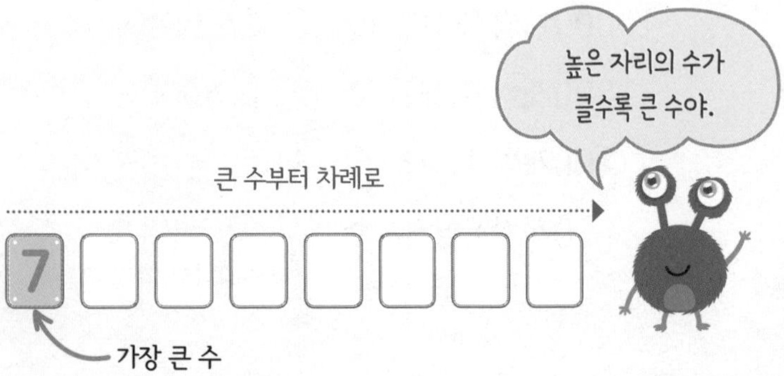

2 빈칸에 알맞은 수를 써넣으세요.

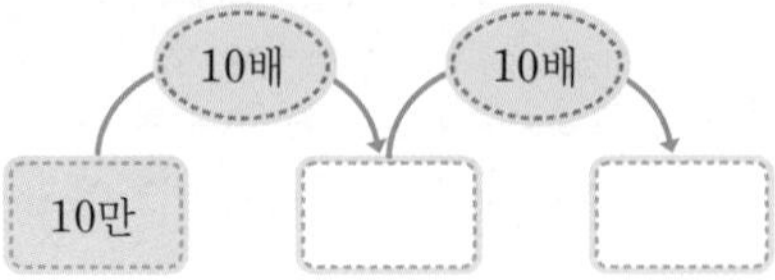

4 숫자 6이 나타내는 값을 각각 써넣으세요.

46720000 ㉠	72640000 ㉡

㉠ (　　　　　　)
㉡ (　　　　　　)

5 39562014에 대한 설명 중 옳은 것을 찾아 기호를 쓰세요.

㉠ 십만의 자리 숫자는 6입니다.
㉡ 백만의 자리 숫자는 900000을 나타냅니다.
㉢ 천만의 자리 숫자는 3이고 30000000을 나타냅니다.

6 수 카드를 모두 한 번씩만 사용하여 가장 큰 수를 만들고 읽어 보세요.

0 1 2 3 4 5 6 7

[쓰기] (　　　　　　)
[읽기] (　　　　　　)

7 설명하는 수가 얼마인지 쓰세요.

1000만이 5개, 100만이 13개, 10만이 7개인 수

1000만이 5개 → 50000000
100만이 13개 → 13000000
10만이 7개 → 700000

주의해!
100만이 10개이면 1000만이 1개인 것과 같아.

8 ㉠이 나타내는 값은 ㉡이 나타내는 값의 몇 배일까요?

46740000 (㉠: 첫째 자리 4, ㉡: 넷째 자리 4)

자릿값은 10배씩 커져.

4 6 7 4 0 0 0 0
㉠ ㉡

수학적 독해력

+9 수로 나타낼 때 0의 개수가 많은 것부터 차례로 기호를 쓰세요.

㉠ 삼천구백사만
㉡ 천이만
㉢ 팔천육백오십이만

□-□-□

주의해!
자릿값이 없는 자리에는 숫자 0을 써.

삼천구백사만 → 3 □ 0 □ 0000

수학적 표현력

+10 은행에서 예금한 돈 3460000원을 찾으려고 합니다. 10만 원짜리 수표로 몇 장까지 찾을 수 있을지 풀이 과정을 쓰고, 답을 구하세요.

3460000원 = 3400000원 + 60000원
(346만) (340만) (6만)

10만이 □개

04일 억과 조

일의 자리부터 10000배가 될 때마다 만, 억, 조로 수를 나타내는 단위가 바뀌어.

(10000배) (10000배) (10000배)

1	1만		

일의 자리부터 네 자리씩 끊은 다음 '만', '억', '조'의 단위를 사용해.

8197|3542|3854
억 만 일

일의 자리부터 네 자리씩 끊은 다음 숫자가 나타내는 값을 생각해.

28|3745|9016|0000
십일 천백십일 천백십일
조 억 만 일

년도	매출액(원)	
2019	13조 7000억	13|7000|0000|0000
2020	21조 5700억	
2021	32조 800억	

조 억 만 일

일의 자리부터 네 자리씩 끊은 다음 수로 나타내.

주의해!

수로 나타낼 때 자릿값이 없으면 숫자 0을 써서 자리를 채워.

2 빈칸에 알맞은 수를 써넣으세요.

(10000배) (10000배) (10000배)

1	1만		

4 수를 〈보기〉와 같이 나타내어 보세요.

〈보기〉
682437915627 → 6824억 3791만 5627

819735423854

→ ____________

5 다음을 보고 물음에 답하세요.

28374590160000

(1) 숫자 7은 얼마를 나타낼까요?

( )

(2) 숫자 2는 어느 자리 숫자일까요?

( )

6 어느 기업의 연도별 매출액을 나타낸 표입니다. 빈칸에 알맞은 금액을 써넣으세요.

년도	매출액(원)	
2019	13조 7000억	13700000000000
2020	21조 5700억	
2021	32조 800억	

7 827953410000에 대한 설명으로 틀린 것을 찾아 기호를 쓰세요.

> ㉠ 2는 백억의 자리 숫자입니다.
> ㉡ 천만의 자리 숫자는 5입니다.
> ㉢ 숫자 7은 700000000을 나타냅니다.
> ㉣ 억이 8279개, 만이 5341개입니다.

일의 자리부터 네 자리씩 끊은 다음 숫자가 나타내는 값을 생각해.

8 2 7 9	5 3 4 1	0 0 0 0
천백십일	천백십일	
억	만	일

8 수로 나타낼 때 0의 수가 많은 것부터 차례로 기호를 쓰세요.

> ㉠ 21조 5240억
> ㉡ 이조 삼천오백억
> ㉢ 삼조 사백억

☐ – ☐ – ☐

주의해!
수로 나타낼 때 자릿값이 없으면 숫자 0을 써서 자리를 채워.

이조 삼천오백억 → 2 | ☐☐☐☐ | 0000 | 0000
조 | 억 | 만 | 일

수학적 독해력

+9 수 카드를 한 번씩 모두 사용하여 억의 자리 숫자가 9인 가장 큰 수를 만들고 읽어 보세요.

0 1 2 3 4 5 6 7 8 9

[쓰기] (　　　　　　　　　　)
[읽기] (　　　　　　　　　　)

먼저 억의 자리에 9를 놓고 나머지 자리는 큰 수부터 차례로!

☐ 9 | ☐ ☐ ☐ ☐ | ☐ ☐ ☐ ☐
억 | 만 | 일

주의해!
수 카드를 한 번씩 모두 사용해야 하므로 10자리 수를 만들어야 해.

수학적 표현력

+10 두 수 ㉠과 ㉡ 중에서 숫자 3이 나타내는 값이 더 작은 수의 기호를 쓰려고 합니다. 풀이 과정을 쓰고, 답을 구하세요.

> ㉠ 63741500000000
> ㉡ 235조 780억

두 수의 형태가 다를 때에는 같은 형태로 바꾸어서 비교해.

㉠ 63 | 7415 | 0000 | 0000 → 63조 7415억

㉡ 235조 780억

05일 뛰어 세기

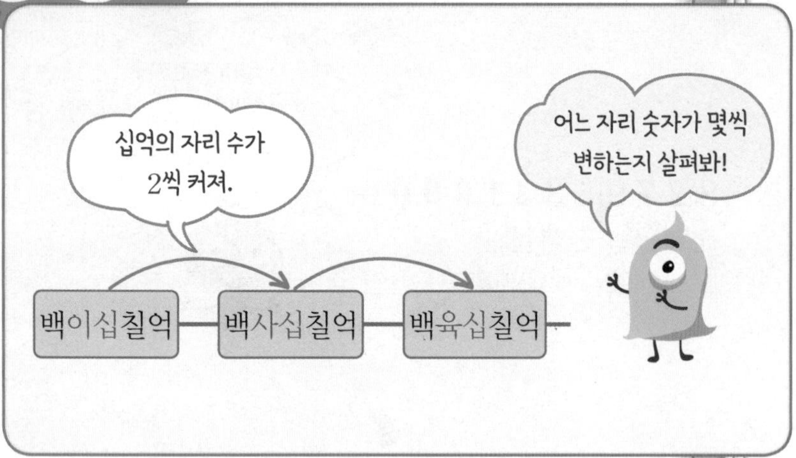

3 뛰어 세는 규칙을 빈칸에 알맞은 말을 써넣으세요.

백이십칠억 — 백사십칠억 — ☐

— 백팔십칠억 — ☐ — ☐

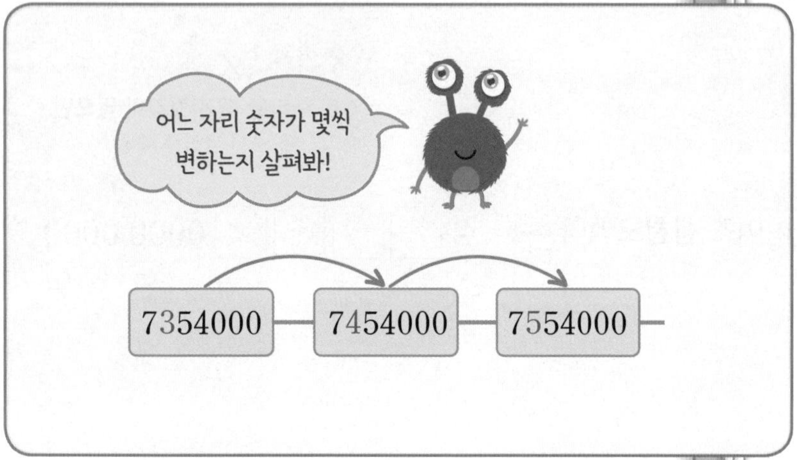

4 얼마씩 뛰어 세었는지 쓰세요.

7354000 — 7454000 — 7554000

— 7654000 — 7754000

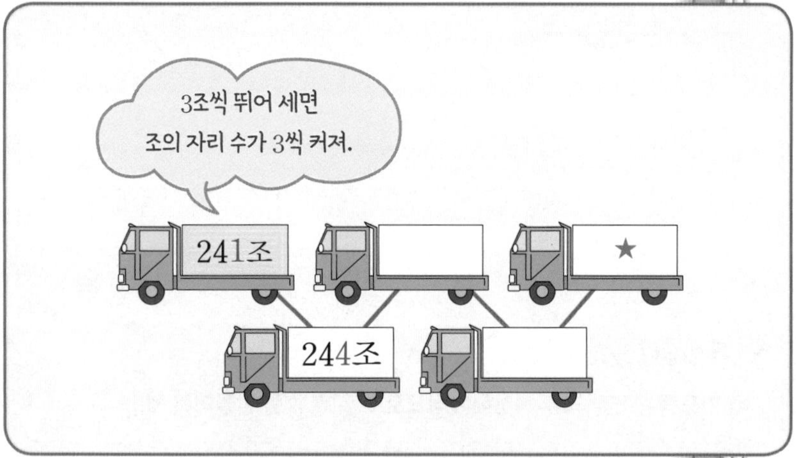

5 3조씩 뛰어 세려고 합니다. ★를 구해 보세요.

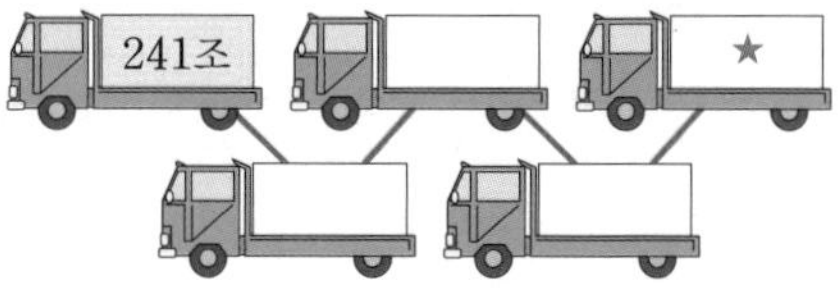

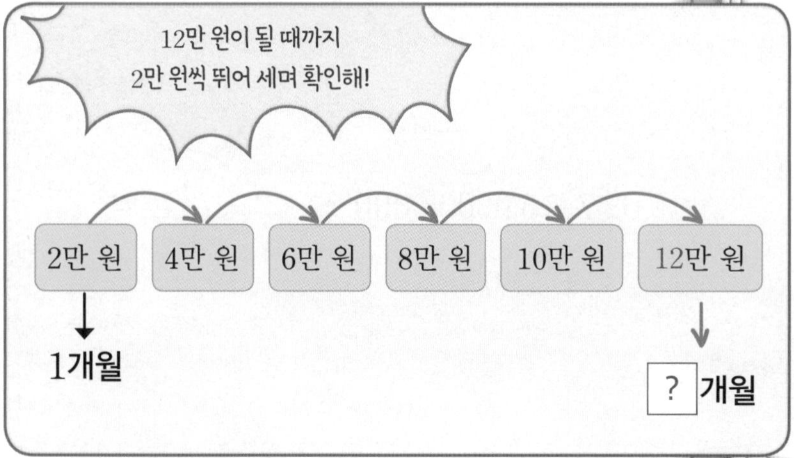

6 민호는 용돈을 모아서 12만 원인 자전거를 사려고 합니다. 민호가 매월 2만 원씩 모아 자전거를 사려면 몇 개월이 걸릴까요?

7 ♣에서 1000만씩 뛰어 세기를 3번 하였더니 다음과 같았습니다. ♣를 구하세요.

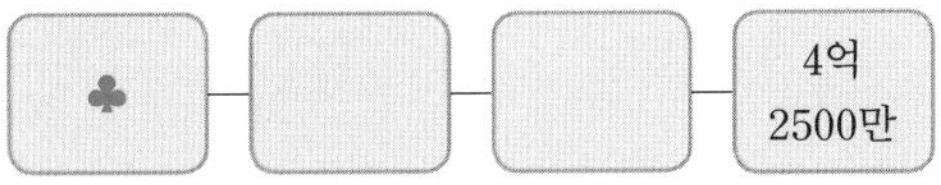

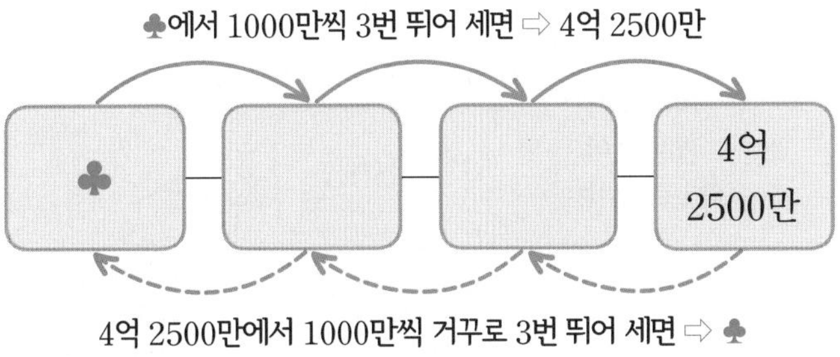

8 수직선에서 ㉠에 알맞은 수를 구해 보세요.

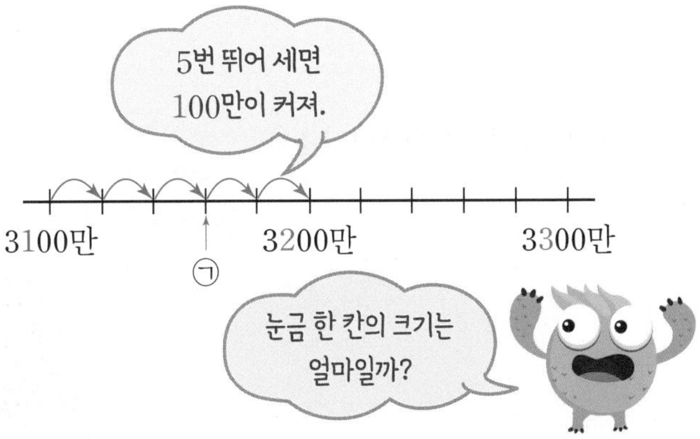

수학적 독해력

+9 뛰어 세는 규칙을 찾아 ♥와 ◆에 알맞은 수를 각각 구해 보세요.

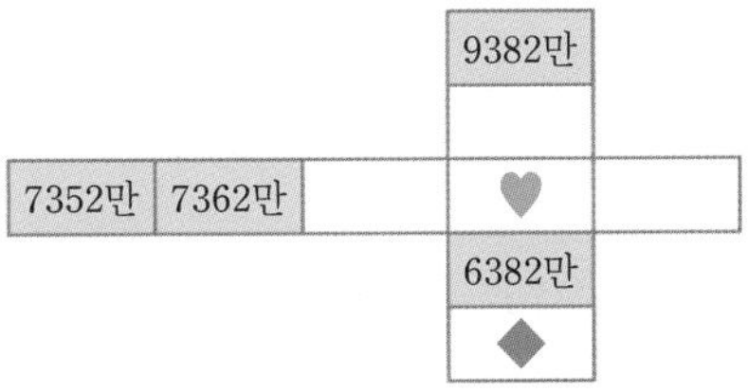

♥ (   ), ◆ (   )

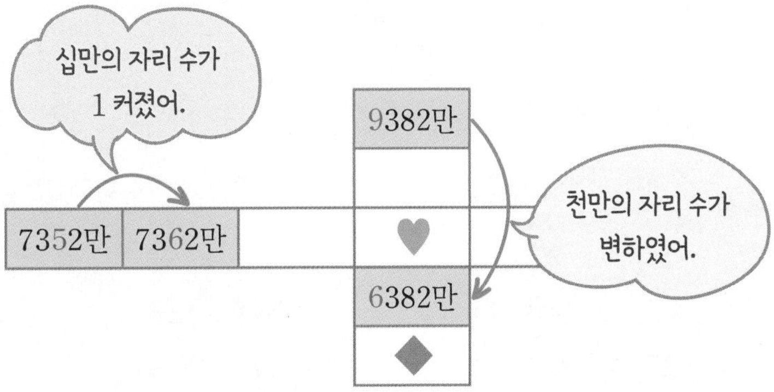

수학적 표현력

+10 어떤 수에서 100억씩 커지도록 10번 뛰어 세면 3592억입니다. 어떤 수는 얼마인지 풀이 과정을 쓰고, 답을 구하세요.

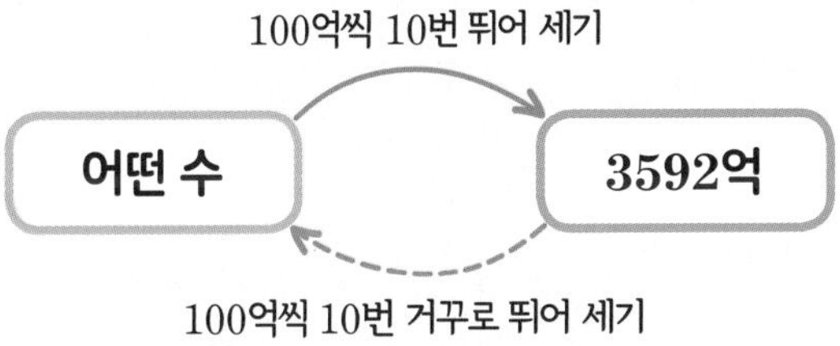

알아둬!

100억씩 10번 뛰어 센 수는 1000억 큰 수와 같아.

06일 수의 크기 비교

473	6521
47	5863
47	3912

자리 수가 많은 쪽이 더 큰 수야.

자리 수가 같을 때에는 높은 자리 수가 큰 쪽이 더 큰 수야.

918조 ◯ 천사백이십삼조
↓
1423조

수의 형태가 다를 때에는 같은 형태로 나타낸 다음 비교해.

수의 형태가 다를 때에는 같은 형태로 나타낸 다음 비교해.

도시	인구(명)	
가	3594732	→ 359|4732
나	378만 1423	→ 378|1423
다	삼백칠십이만 팔천오백이십사	→ 372|8524

눈금 5칸의 크기가 500이니까 눈금 1칸의 크기는 100이야.

3 가장 큰 수에 ○표, 가장 작은 수에 △표 하세요.

4736521	475863	473912
(　　　)	(　　　)	(　　　)

4 두 수의 크기를 비교하여 ◯ 안에 >, =, <를 알맞게 써넣으세요.

(1) 918조 ◯ 천사백이십삼조

(2) 284600000000 ◯ 이천팔백삼십구억

5 가, 나, 다 세 도시의 인구를 나타낸 표입니다. 인구가 가장 많은 도시의 기호를 쓰세요.

도시	인구(명)
가	3594732
나	378만 1423
다	삼백칠십이만 팔천오백이십사

6 ㉠과 ㉡이 나타내는 수를 수직선에 각각 나타내고 크기를 비교해 보세요.

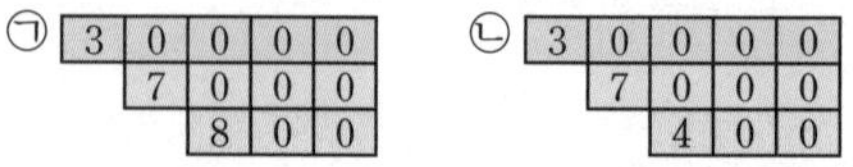

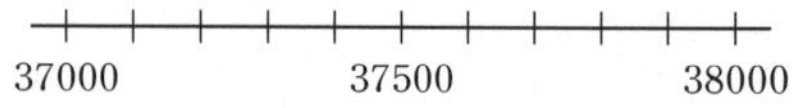

→ ㉠은 ㉡보다 (큽니다 , 작습니다).

7 큰 수부터 차례로 기호를 쓰세요.

㉠ 6358491072
㉡ 6357984132
㉢ 63501294700

㉠ 63|5849|1072
㉡ 63|5798|4132
㉢ 635|0129|4700

자리 수가 같을 때에는 높은 자리 수가 큰 쪽이 더 큰 수야.

자리 수가 많은 쪽이 더 큰 수야.

8 0부터 9까지의 수 중에서 □ 안에 들어갈 수 있는 수를 모두 구해 보세요.

25734160832 ＜ 25□60172439

두 수의 자리 수가 같을 때에는 높은 자리 수가 큰 쪽이 더 큰 수야.

257|3416|0832 ＜ 25□|6017|2439

73 ＜ □6

수학적 독해력

+9 설명에 알맞은 수를 구해 보세요.

- 수 카드 1, 2, 3, 4, 5를 모두 한 번씩만 사용하여 만든 수입니다.
- 34000보다 큰 수입니다.
- 34200보다 작은 수입니다.
- 일의 자리 수는 홀수입니다.

34000보다 크고 34200보다 작은 수

34000 ＜ 3 4 1 □ □ ＜ 34200

일의 자리는 홀수

수학적 표현력

+10 가와 나 두 회사의 1년 간 수출액을 나타낸 표입니다. 어느 회사의 수출액이 더 많은지 풀이 과정을 쓰고, 답을 구하세요.

회사	수출액(원)
가	5024억 8639만
나	507237980000

수의 형태가 다를 때에는 같은 형태로 나타낸 다음 비교해.

회사	수출액(원)
가	5024억 8639만
나	5072|3798|0000 → □억 □만

07일 각의 크기 비교하기/각의 크기 재기

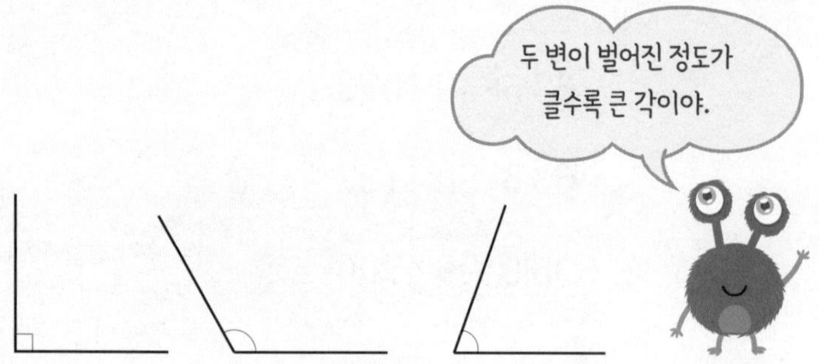

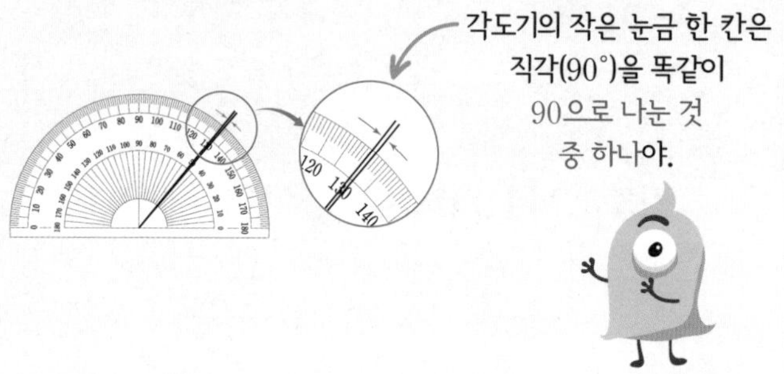

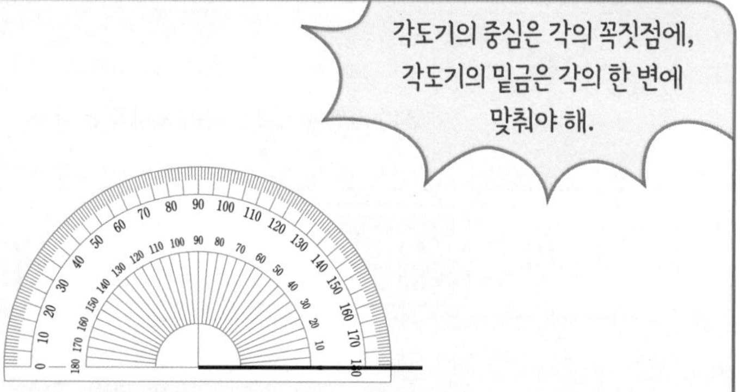

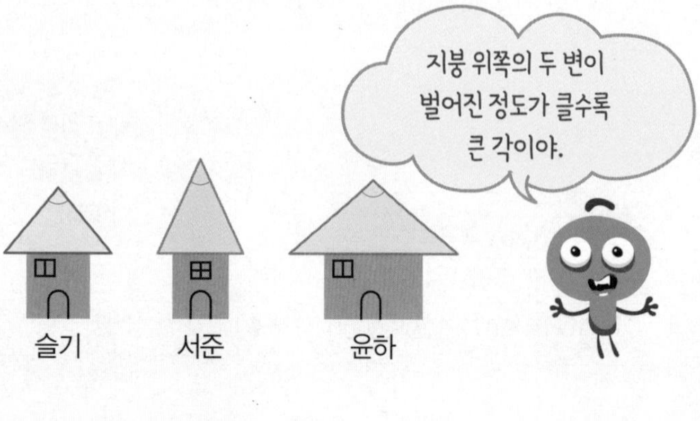

1 각의 크기가 큰 순서대로 1, 2, 3을 써넣으세요.

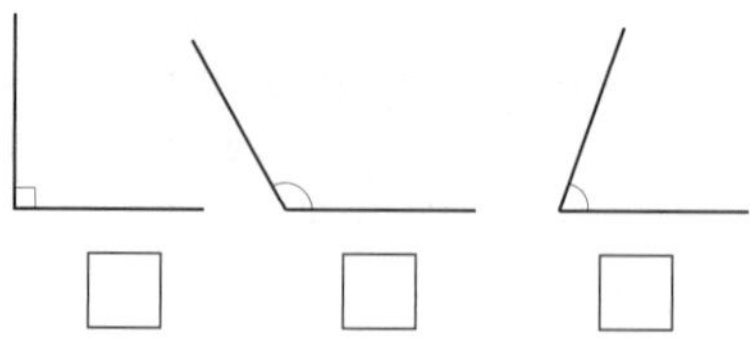

2 각도기의 작은 눈금 한 칸은 몇 도를 나타내는지 쓰세요.

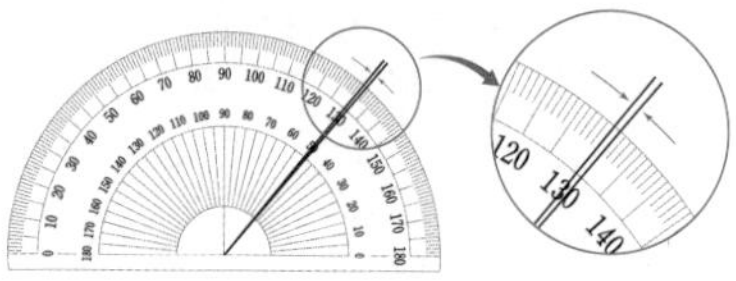

3 각도기를 이용하여 각도를 바르게 잰 것을 찾아 기호를 쓰세요.

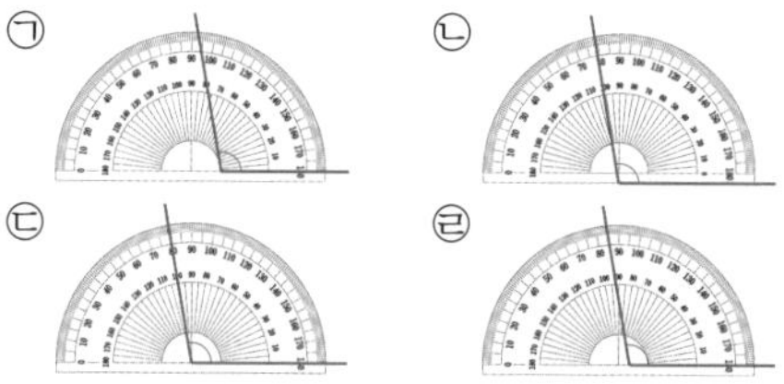

6 슬기, 서준, 윤하는 뾰족한 지붕이 있는 집을 그렸습니다. 지붕 위쪽의 각의 크기를 바르게 비교한 사람은 누구인지 쓰세요.

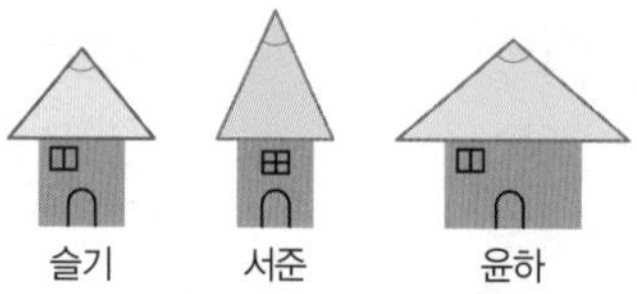

슬기: 세 지붕 위쪽의 각의 크기는 모두 같아.
서준: 윤하가 그린 지붕 위쪽의 각의 크기가 가장 커.
윤하: 슬기가 그린 지붕 위쪽의 각의 크기가 가장 작아.

7 그림에서 각 ㄱㄴㄹ보다 작은 각은 모두 몇 개일까요?

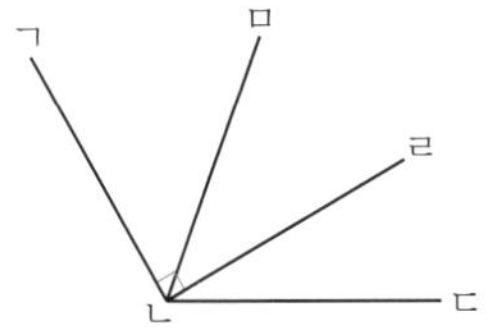

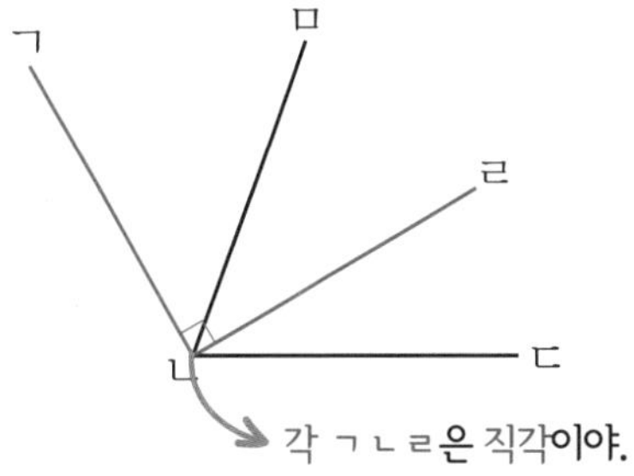

주의해!

작은 각 2개가 합쳐진 각의 크기도 비교해야 해.

8 각 ㄱㄴㅁ과 각 ㄹㄴㄷ의 크기를 각각 구하세요.

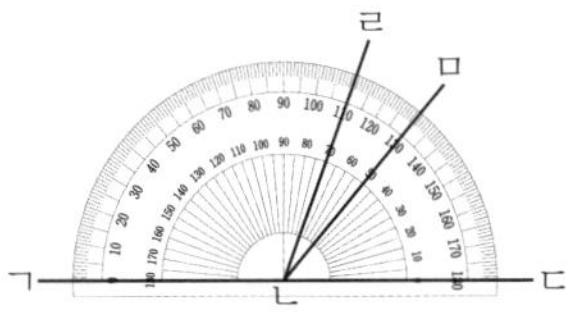

각 ㄱㄴㅁ (　　　　)
각 ㄹㄴㄷ (　　　　)

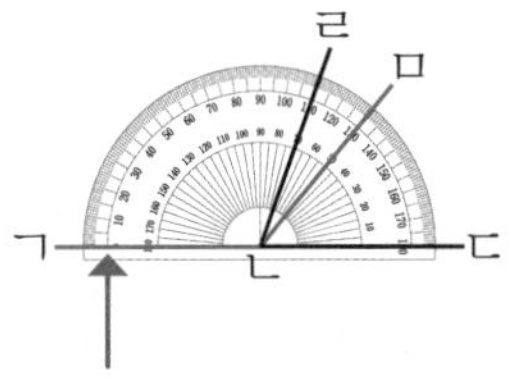

한 변이 바깥쪽 눈금 0에 맞춰져 있으면 바깥쪽 눈금을 읽어.

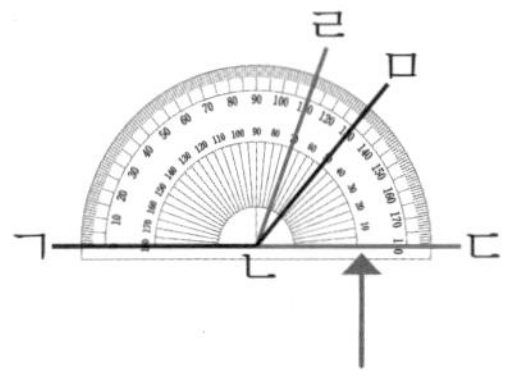

한 변이 안쪽 눈금 0에 맞춰져 있으면 안쪽 눈금을 읽어.

수학적 독해력

+9 시계의 긴바늘과 짧은바늘이 이루는 작은 쪽의 각이 더 큰 시계에 ○표 하세요.

(　　　)　(　　　)

수학적 표현력

+10 서연이가 각도를 잘못 읽었습니다. 각도를 바르게 쓰고, 각도를 잘못 읽은 이유를 설명해 보세요.

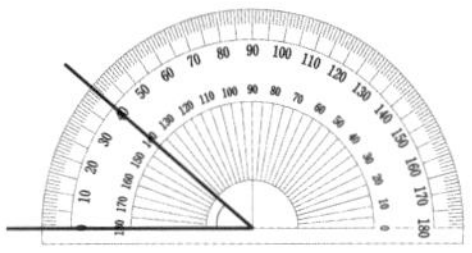

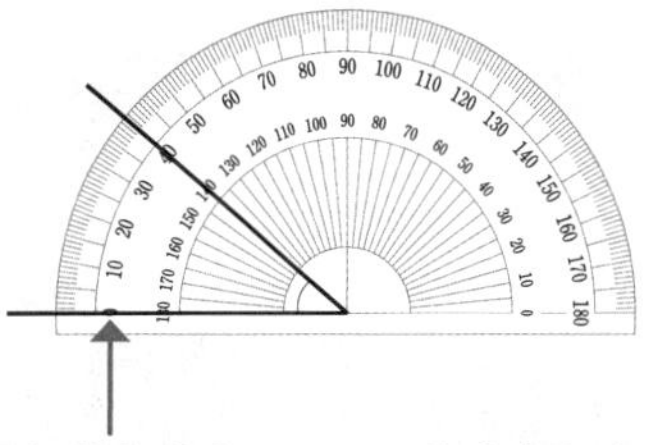

한 변이 바깥쪽 눈금 0에 맞춰져 있으면 바깥쪽 눈금을 읽어.

예각과 둔각 알아보기/각도 어림하기

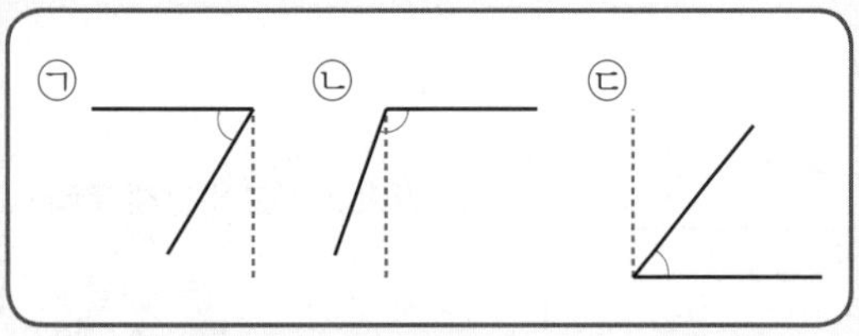

$0^\circ <$ (예각) $<$ (직각) $<$ (둔각) $< 180^\circ$

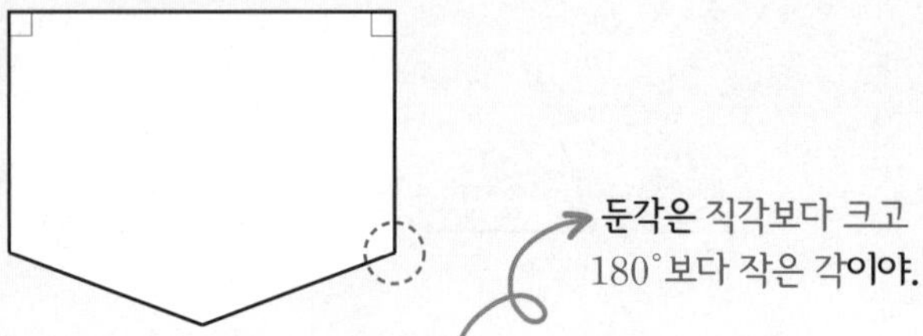

$0^\circ <$ (예각) $<$ (직각) $<$ (둔각) $< 180^\circ$

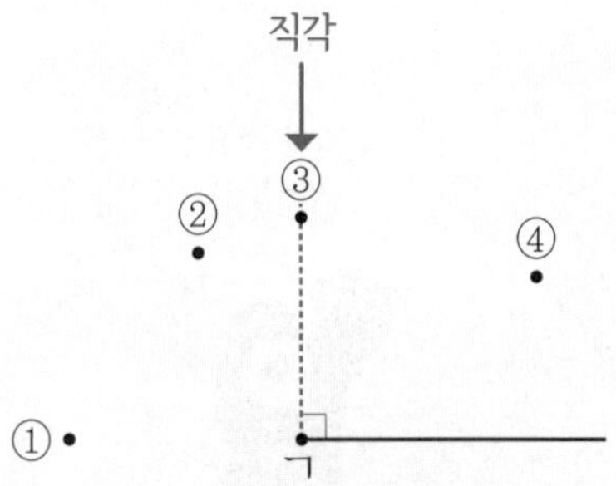

$0^\circ <$ (예각) $<$ (직각) $<$ (둔각) $< 180^\circ$

2 예각과 둔각으로 분류하여 기호를 써넣으세요.

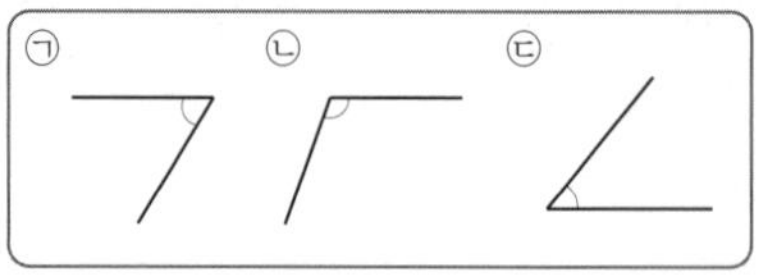

예각	둔각

4 다음 도형에는 둔각이 모두 몇 개 있을까요?

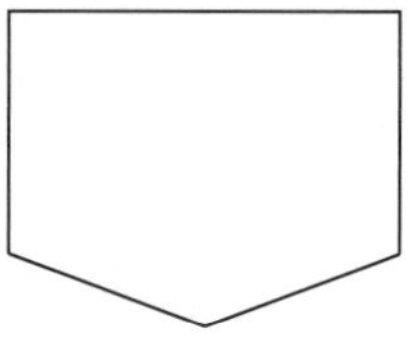

5 주어진 선분을 한 변으로 하는 예각을 그리려고 합니다. 점 ㄱ과 이어야 하는 점은 어느 것일까요?

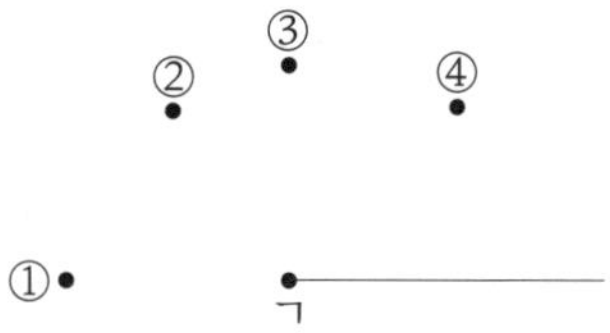

6 시계의 긴바늘과 짧은바늘이 이루는 작은 쪽의 각이 예각, 둔각 중 어느 것인지 쓰세요.

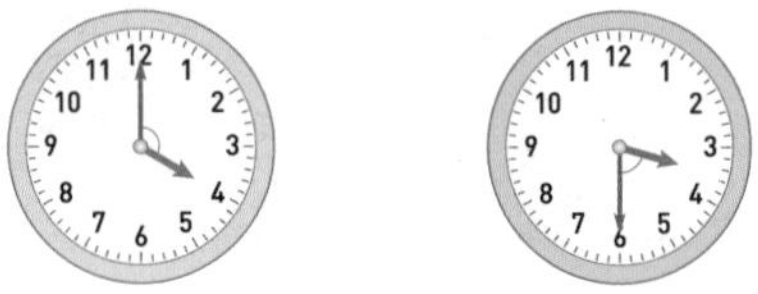

(　　　) (　　　)

7 그림에서 찾을 수 있는 둔각은 모두 몇 개일까요?

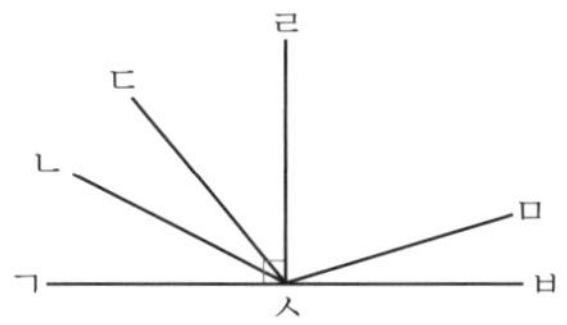

한 변이 ㄱㅅ인 둔각의 수 | 한 변이 ㄴㅅ인 둔각의 수 | 한 변이 ㄷㅅ인 둔각의 수

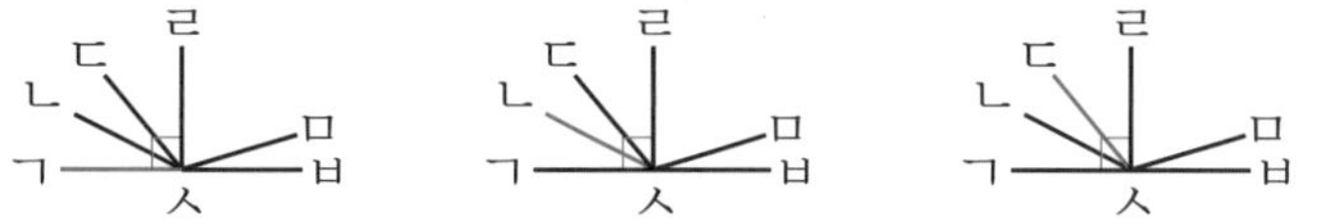

□개 + □개 + □개

8 도형 안에서 찾을 수 있는 예각과 둔각의 개수는 각각 몇 개일까요?

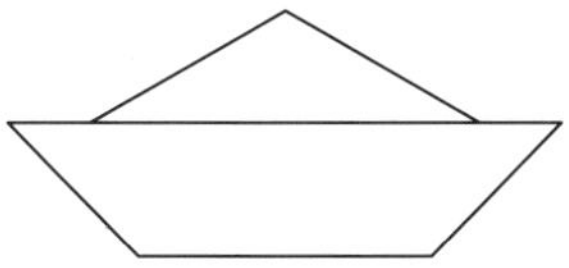

예각 (　　　　　　)
둔각 (　　　　　　)

직각을 기준으로 생각해.

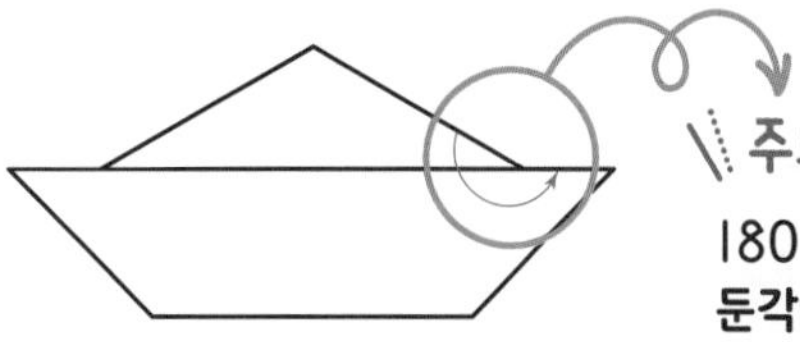

주의해! 180°보다 큰 각은 둔각이 아니야.

수학적 독해력

9 시계가 다음 시각을 가리킬 때 시계의 긴바늘과 짧은바늘이 이루는 작은 쪽의 각은 예각, 직각, 둔각 중 어느 것일까요?

8시

8시

주어진 시각을 그림으로 나타낸 다음 생각해.

수학적 표현력

10 다음은 각도를 어림한 것입니다. 각도기로 재어 확인한 다음 가장 잘 어림한 사람의 이름을 쓰고, 그 이유를 써 보세요.

서준	수현	종욱
약 80°	약 60°	약 110°

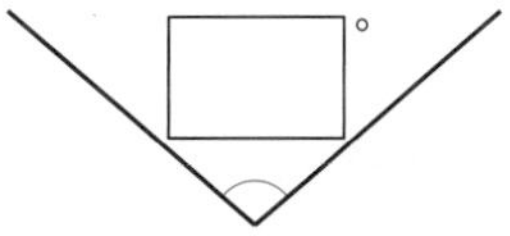

실제 잰 각도와 어림한 각도의 차가 작을수록 잘 어림한 거야.

09일 각도의 합과 차

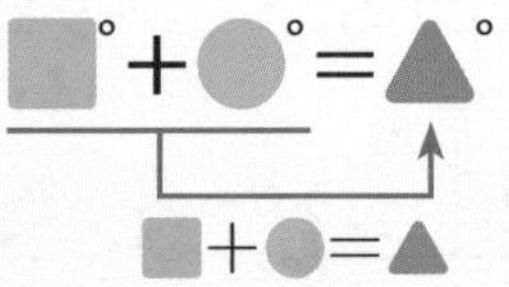

각도의 합은
자연수의 덧셈과
같이 계산해.

\ 주의해! /

계산한 후에 단위(°)를 잊지 말고 붙여줘.

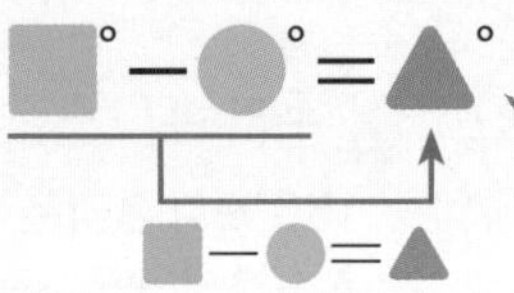

각도의 차는
자연수의 뺄셈과
같이 계산해.

한 직선이 이루는
각의 크기는 180°야.

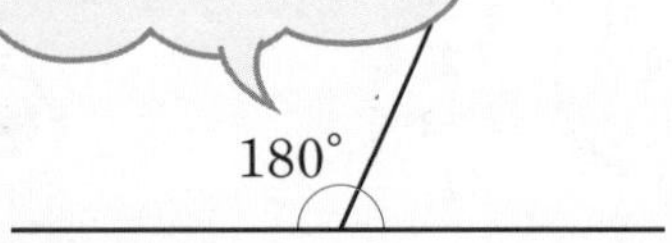

피자 한 판의 각도는 360°

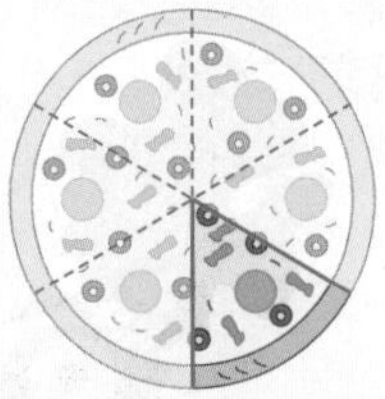

6조각 중 1조각의 각도는

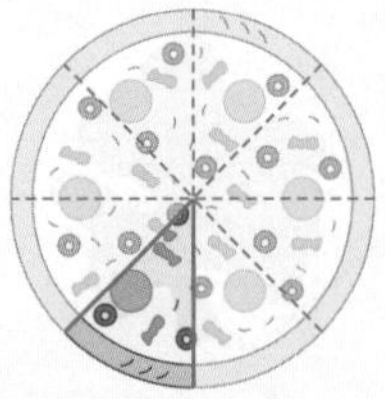

8조각 중 1조각의 각도는

□° − □°

1 각도의 합을 구하세요.

(1) 50°+60°=□°

(2) 65°+105°=□°

2 각도의 차를 구하세요.

(1) 70°−25°=□°

(2) 85°−30°=□°

5 ㉠의 각도를 구해 보세요.

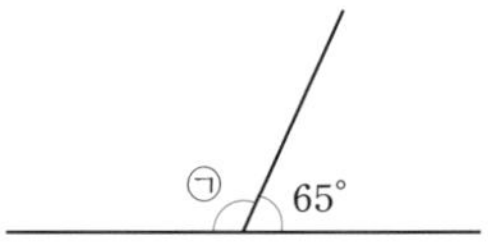

6 피자를 먹고 두 조각이 남았습니다. 두 피자 조각의 각도의 차를 구해 보세요.

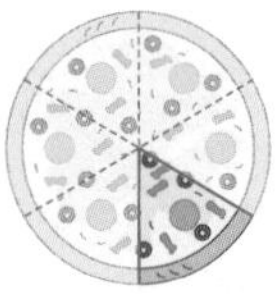
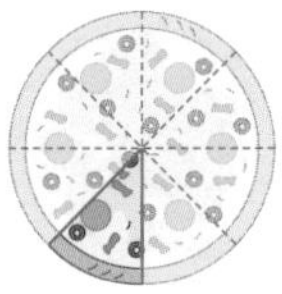

□°−□°=□°

7 계산한 각도가 둔각인 것을 모두 찾아 기호를 쓰세요.

㉠ 30°+80°	㉡ 120°−45°
㉢ 145°+35°	㉣ 140°−35°

둔각은 90°보다 크고 180°보다 작은 각이야.

0° < (예각) < (직각) < (둔각) < 180°

주의해!

90°이거나 180°인 각은 둔각이 아니야.

8 ㉠과 ㉡ 중 더 큰 각도는 어느 것인지 기호를 쓰세요.

- 35° + ㉠ = 145°
- ㉡ − 80° = 35°

먼저 덧셈식은 뺄셈식으로, 뺄셈식은 덧셈식으로 바꿔서 ㉠, ㉡을 구해.

- **35°+㉠=145°**
  ➡ **145°−35°=㉠**
- **㉡−80°=35°**
  ➡ **35°+80°=㉡**

수학적 독해력

9 시계를 보고 시계의 긴바늘과 짧은바늘이 이루는 작은 쪽의 두 각도의 합과 차를 구해 보세요.

합 (   )
차 (   )

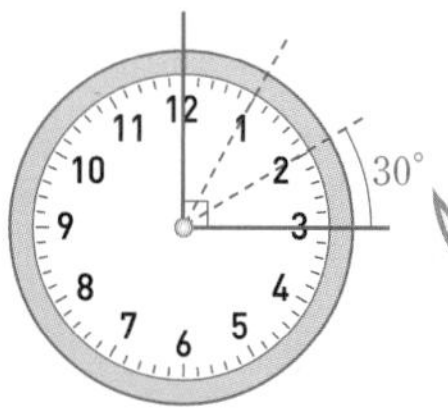

두 숫자 사이의 각도가 30°임을 이용해서 구해.

수학적 표현력

10 ㉠의 각도를 구하려고 합니다. 풀이 과정을 쓰고, 답을 구하세요.

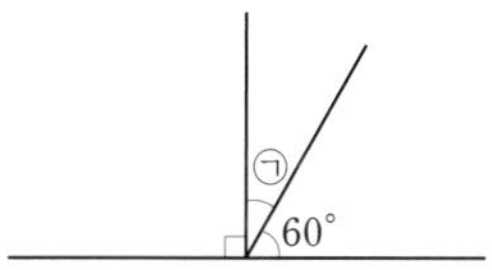

한 직선이 이루는 각의 크기는 180°야.

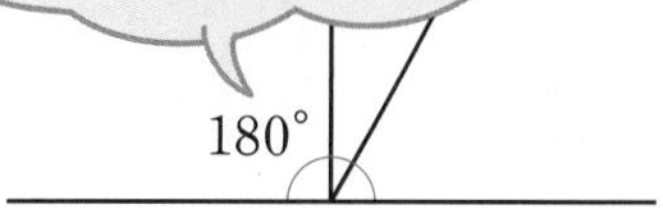

10일 삼각형의 세 각의 크기의 합

\ 중요해! /

모양과 크기가 달라도 삼각형의 세 각의 크기의 합은 180°야.

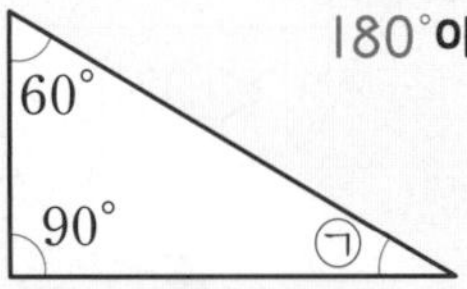

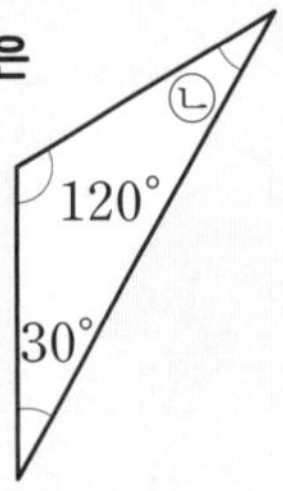

60°＋90°＋㉠＝180° 120°＋30°＋㉡＝180°

3 두 삼각형에서 ㉠과 ㉡의 각도의 합을 구하세요.

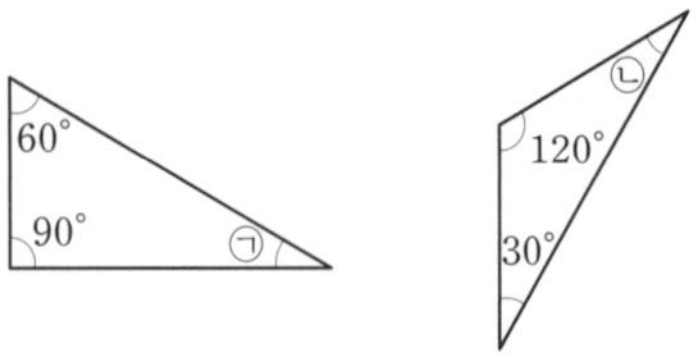

□°＋□°＝□°

\ 중요해! /

모양과 크기가 달라도 삼각형의 세 각의 크기의 합은 180°야.

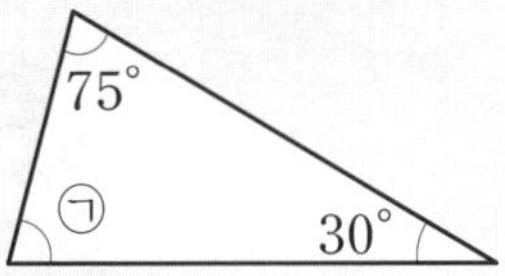

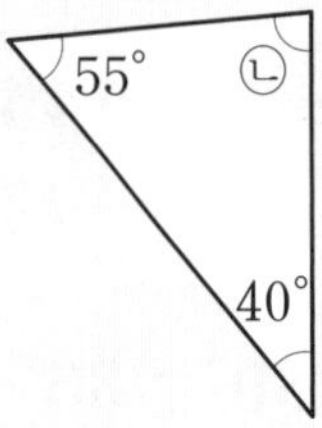

75°＋㉠＋30°＝180° 55°＋40°＋㉡＝180°

4 두 삼각형에서 ㉠과 ㉡의 각도의 차를 구하세요.

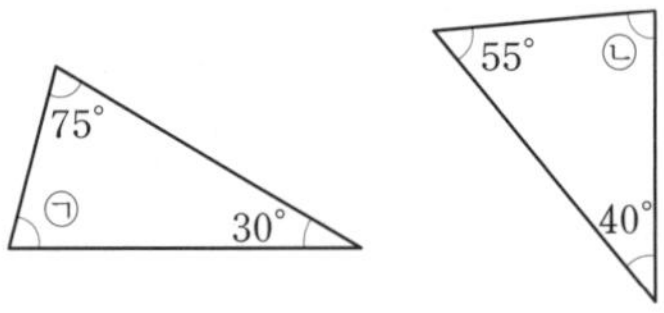

□°－□°＝□°

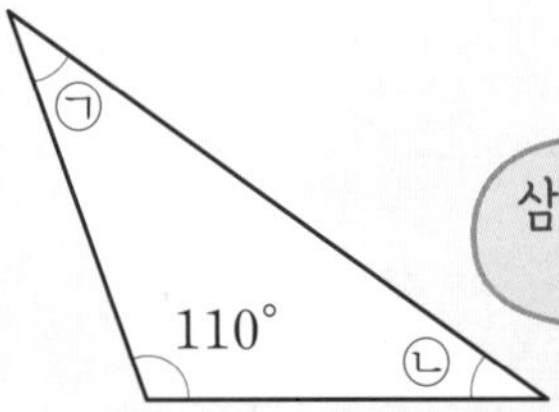

삼각형의 세 각의 크기의 합은 180°야.

㉠＋110°＋㉡＝180°

5 ㉠과 ㉡의 각도의 합을 구하세요.

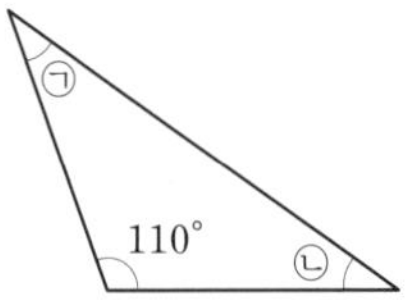

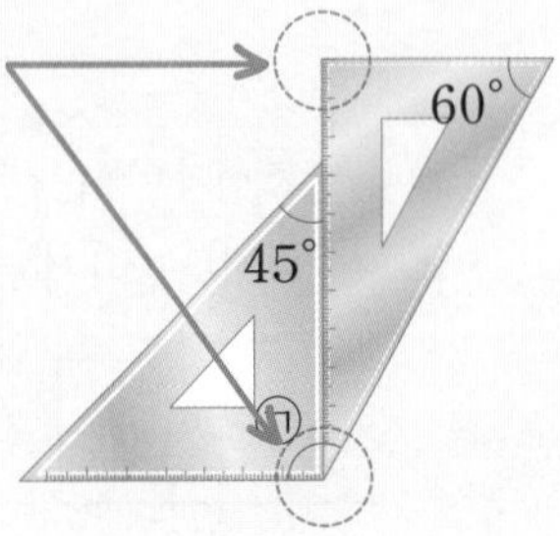

6 두 직각 삼각자를 겹치지 않게 이어 붙여서 ㉠을 만들었습니다. ㉠의 각도를 구하세요.

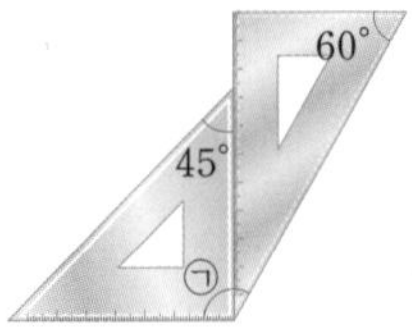

7 삼각형의 세 각의 크기를 잘못 잰 사람은 누구일까요?

슬기	35°	70°	75°
영민	25°	80°	65°
지혜	100°	45°	35°

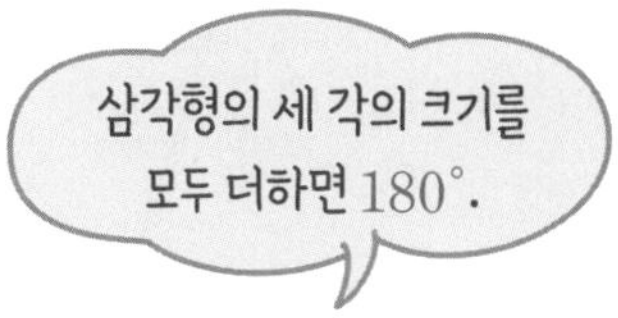

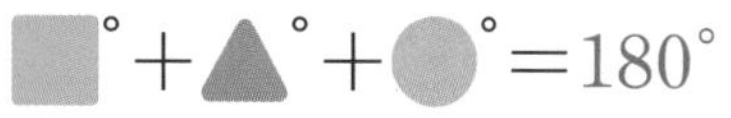

8 ㉠의 각도를 구하세요.

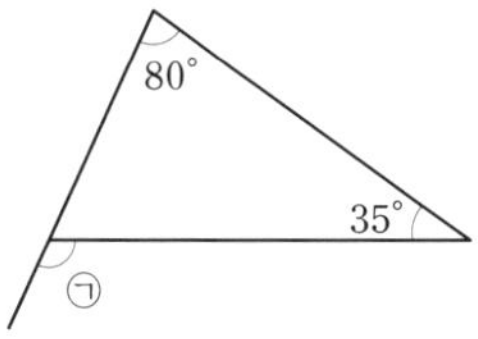

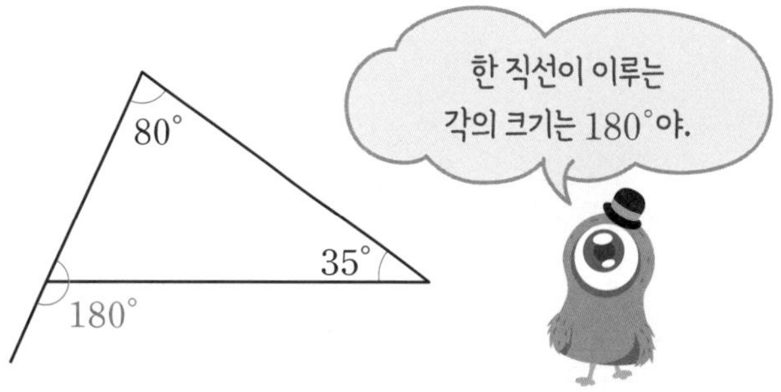

수학적 독해력

9 다음 삼각형의 세 각의 크기는 모두 같습니다. ㉠의 각도를 구하세요.

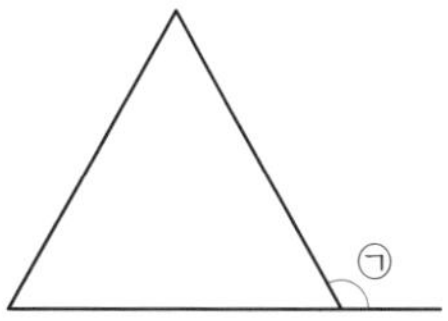

삼각형의 세 각의 크기의 합은 180°.

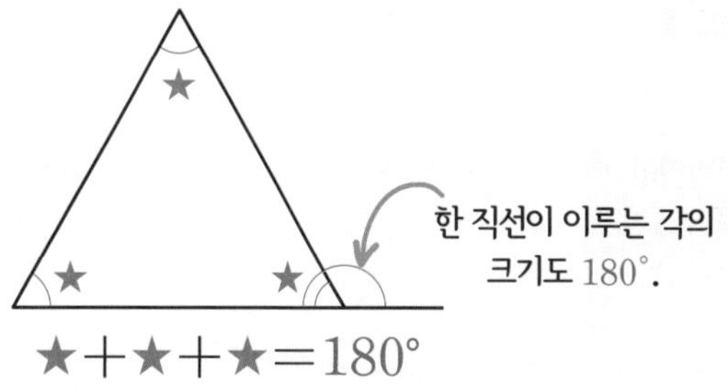

수학적 표현력

10 각도기를 이용하지 않고 □ 안에 알맞은 각도를 구하려고 합니다. 풀이 과정을 쓰고, 답을 구하세요.

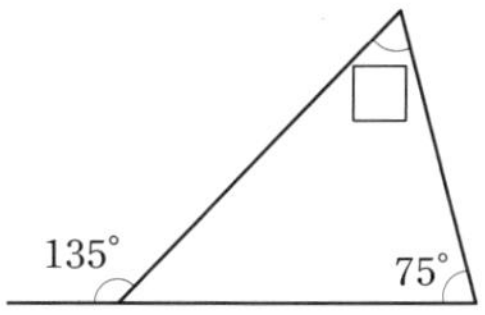

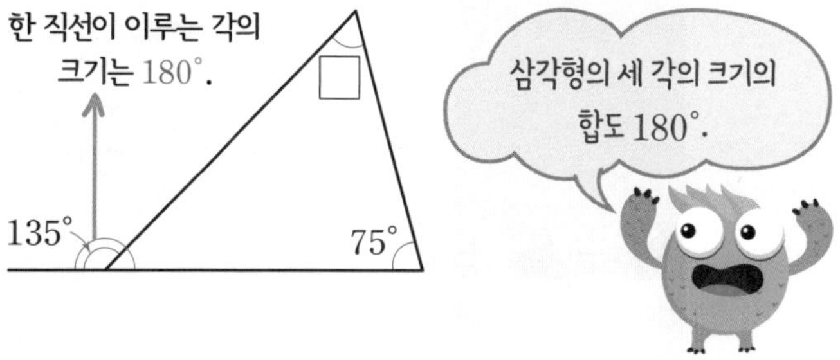

11일 사각형의 네 각의 크기의 합

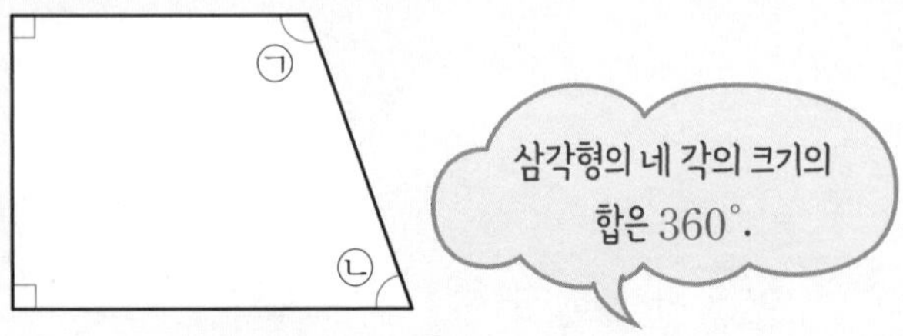

$㉠ + ㉡ + 90° + 90° = 360°$

사각형의 네 각의 크기의 합은 360°.

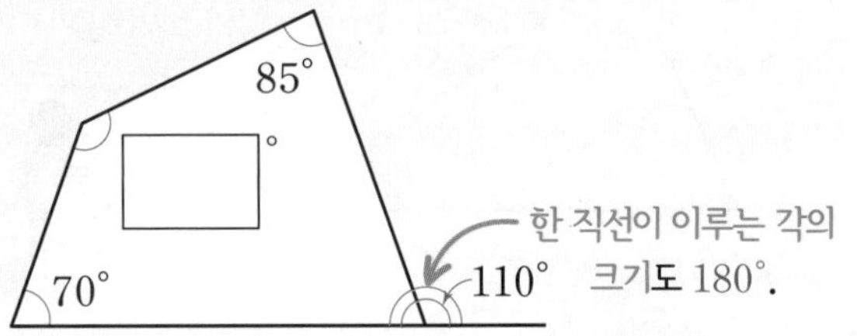

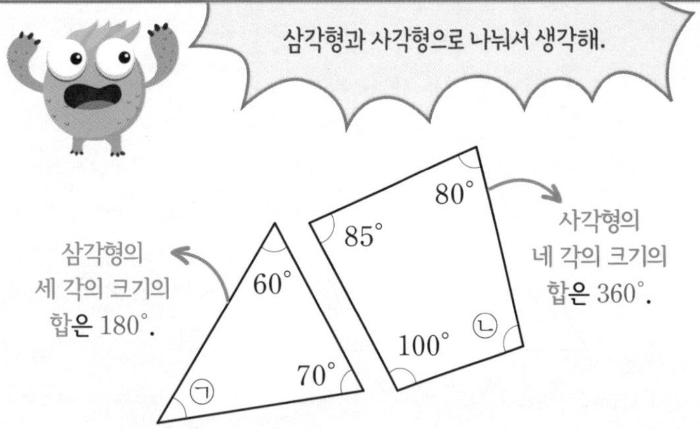

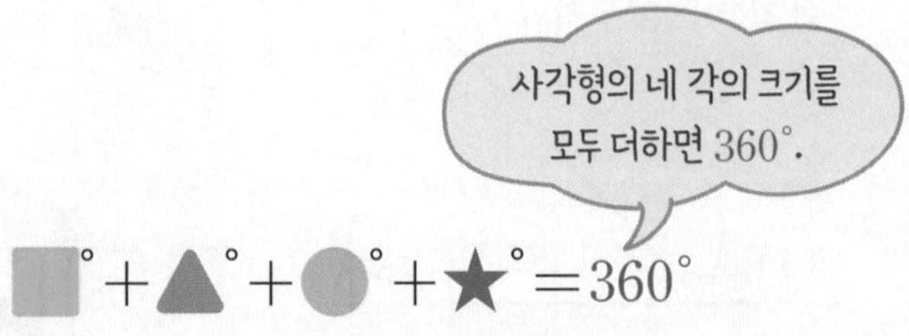

3 ㉠과 ㉡의 각도의 합을 구하세요.

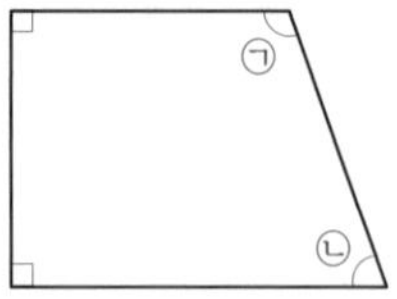

4 □ 안에 알맞은 수를 써넣으세요.

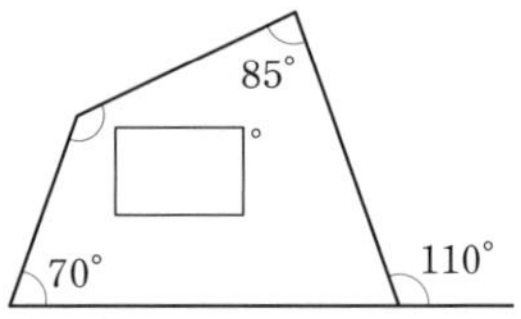

5 ㉠과 ㉡의 각도의 합을 구하세요.

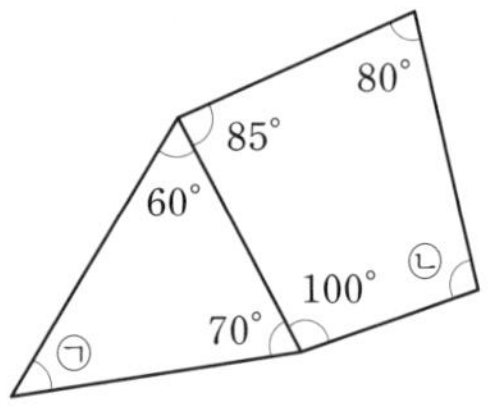

6 두 사각형 가와 나의 네 각의 크기를 나타낸 것입니다. ㉠과 ㉡의 각도의 차를 구하세요.

가	70°	105°	㉠	95°
나	120°	㉡	70°	90°

7 ㉠의 각도를 구하세요.

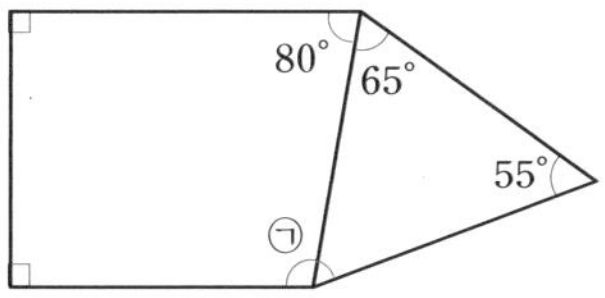

사각형과 삼각형으로 나눠서 생각해.

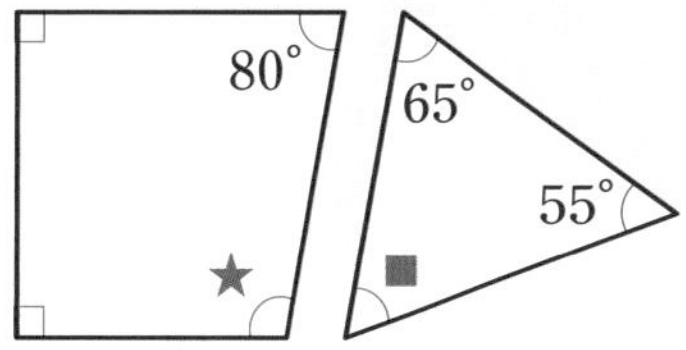

㉠ = ★ + ■

8 각 ㄱㄹㅁ의 크기를 구하세요.

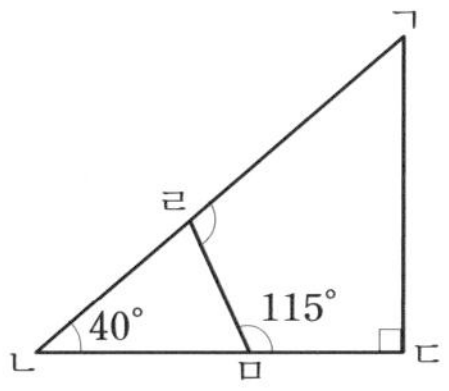

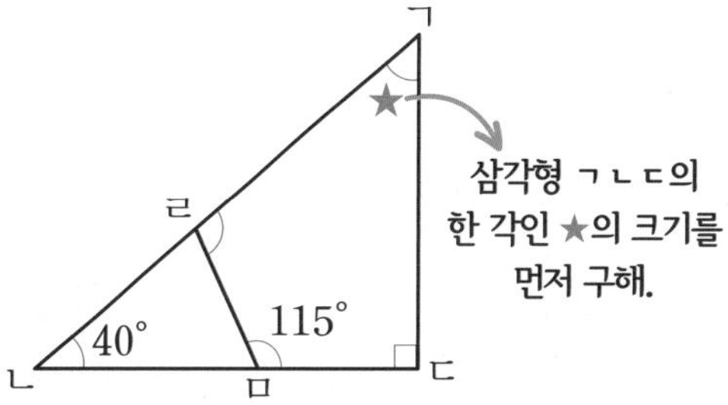

수학적 독해력

9 직사각형 모양의 종이를 그림과 같이 접었을 때 ㉠의 각도는 얼마일까요?

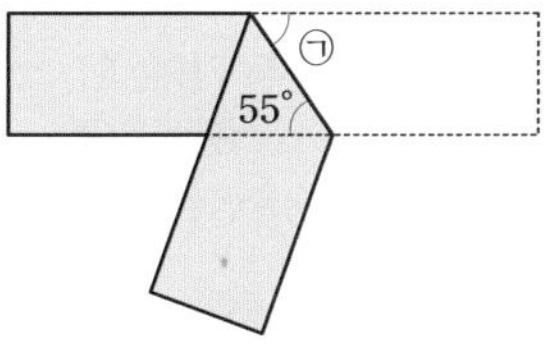

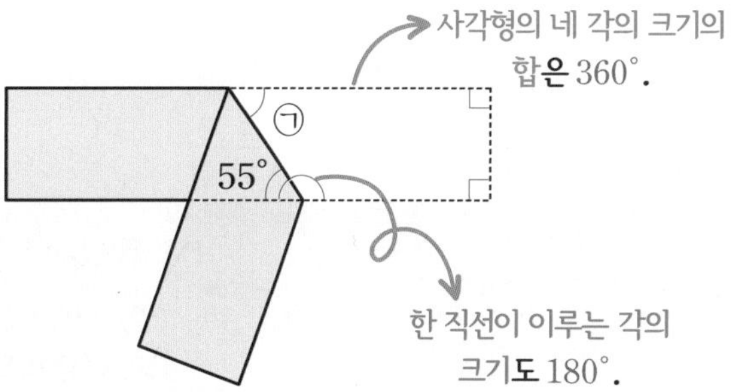

수학적 표현력

10 □ 안에 알맞은 각도를 구하려고 합니다. 풀이 과정을 쓰고, 답을 구하세요.

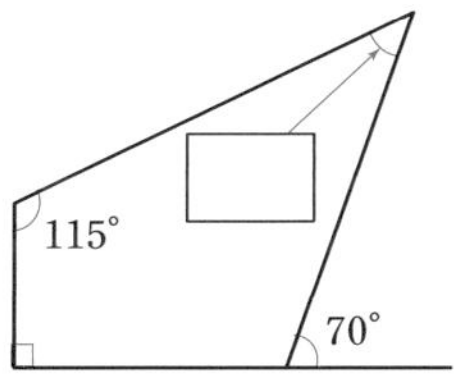

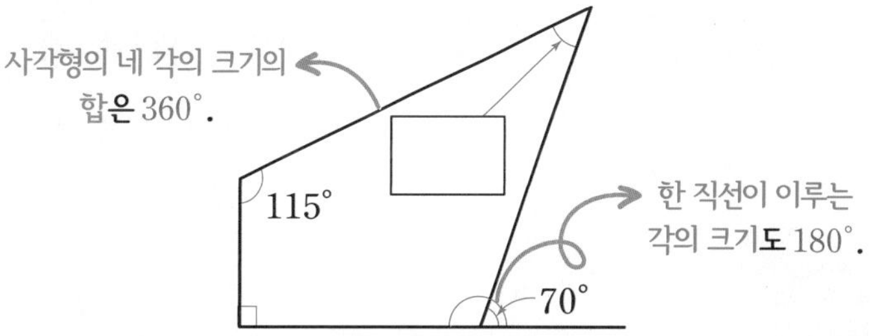

12일 (세 자리 수)×(몇십)

$$\begin{array}{r} 683 \\ \times\quad 5 \\ \hline 3415 \end{array} \xrightarrow{10배} \begin{array}{r} 683 \\ \times\quad 50 \\ \hline ㉠㉡㉢㉣0 \end{array}$$

(세 자리 수)×(몇십)은
(세 자리 수)×(몇)의 계산의
10배니까 0을 1개 붙여.

(몇백)×(몇십)은 (몇)×(몇)을 계산한 다음 두 수의 0의 개수만큼 0을 붙여.

0이 3개

600×40=24000

6×4=24

\ 알아둬! /

곱셈은 두 수를 바꾸어 곱해도 계산 결과가 같아.

600×40=40×600

0이 3개

500×40=□000

5×4

\ 주의해! /

(몇)×(몇)의 계산에서 0이 나올 수 있어.

실제 계산	어림한 계산
812 × 40 = □	800 × 40 = 32000

어림한 수보다 커 → 812

812 > 800

계산 결과는 어떤 게 더 클까?

---

3 683×5=3415입니다. 683×50의 계산에서 숫자 4는 어느 곳에 써야 하는지 기호를 쓰세요.

		6	8	3
	×		5	0
㉠	㉡	㉢	㉣	㉤

4 600×40과 계산 결과가 다른 것을 찾아 기호를 쓰세요.

㉠ 300×80　㉡ 40×600
㉢ 60×400　㉣ 600×30

5 잘못 계산한 곳을 찾아 바르게 고쳐 보세요.

$$\begin{array}{r} 500 \\ \times\quad 40 \\ \hline 2000 \end{array} \rightarrow \begin{array}{r} 500 \\ \times\quad 40 \\ \hline \end{array}$$

6 □안에 알맞은 수를 써넣고 알맞은 말에 ○표 하세요.

$$\begin{array}{r} 812 \\ \times\quad 40 \\ \hline \end{array}$$

□×40=32000이므로
812×40은 32000보다
(클 거야, 작을 거야).

7 계산이 틀린 것을 찾아 기호를 쓰세요.

㉠ $413 \times 20 = 8260$

㉡ $692 \times 60 = 4152$

㉢ $879 \times 40 = 35160$

㉠ $413 \times 20 = 8260$

㉡ $692 \times 60 = 4152$

㉢ $879 \times 40 = 35160$

↑ 10배

(세 자리 수)×(몇십)은 (세 자리 수)×(몇)의 계산의 10배니까 0을 1개 붙여.

8 곱이 큰 것부터 차례로 괄호 안에 1, 2, 3을 써넣으세요.

367×50	438×70	719×30
(　　)	(　　)	(　　)

$$\begin{array}{r} 367 \\ \times \quad 50 \\ \hline \square\,0 \end{array} \xleftarrow{10배} \begin{array}{r} 367 \\ \times \quad 5 \\ \hline \square \end{array}$$

(세 자리 수)×(몇)의 계산의 10배니까 0을 1개 붙여.

수학적 독해력

9 슬기는 매일 줄넘기를 아침에 180번, 저녁에 365번 했습니다. 슬기는 30일 동안 줄넘기를 모두 몇 번 했을까요?

먼저 하루에 줄넘기를 모두 몇 번 했는지 구해.

하루에 한 줄넘기 수

180번(아침) + 365번(저녁) × 30일

수학적 표현력

10 로운이는 자전거를 사기 위해 저금통에 용돈을 모았습니다. 저금통에는 50원짜리 동전 376개와 500원짜리 동전 70개가 들어 있습니다. 저금통에 있는 돈은 모두 얼마인지 풀이 과정을 쓰고, 답을 구하세요.

50원짜리 동전 376개　　500원짜리 동전 70개

$$\begin{array}{r} 376 \\ \times \quad 50 \\ \hline \square \end{array} + \begin{array}{r} 500 \\ \times \quad 70 \\ \hline \square \end{array}$$

13일 (세 자리 수)×(몇십몇)

		3	9	2
	×		6	3
	1	1	7	6
2	3	5	2	
2	4	6	9	6

1176 ← 392×3

2352 ← 392×60

십의 자리를 곱할 때 일의 자리 0의 표시를 생략할 수 있어.

2	8	7
×	9	5

9는 십의 자리 수이므로 90으로 생각하여 자릿값을 맞춰 써야 해.

□ ← 287×5

□ ← 287×90

□

두 자리 수를 몇십과 몇으로 나누어 계산한 후 두 곱을 더해.

980원짜리 과자 → 980, 27봉지 → 27

980 × 27 = □(980×20) + □(980×7)

실제 계산	어림한 계산
293	300
× 38	× 40
□	12000

어림한 수보다 작아. → 293 < 300

계산 결과는 어떤 게 더 클까?

3 ㉠이 실제로 나타내는 값은 얼마일까요?

		3	9	2
	×		6	3
	1	1	7	6
2	3	5	2	←㉠
2	4	6	9	6

4 잘못 계산한 곳을 찾아 ○표 한 후 바르게 고쳐 보세요.

	2	8	7
×		9	5
1	4	3	5
2	5	8	3
4	0	1	8

→

2	8	7
×	9	5

5 편의점에서 980원짜리 과자를 27봉지 샀습니다. 과자의 값은 모두 얼마일까요?

6 〈보기〉와 같이 612×71을 어림하려고 합니다. □ 안에 알맞은 수를 써넣으세요.

〈보기〉

293×38

293은 300보다 작고, 38은 40보다 작으므로 계산 결과는 12000보다 작을 것입니다.

612×71

612는 □보다 크고, 71은 □보다 크므로 계산 결과는 □보다 클 것입니다.

7 곱이 작은 것부터 차례로 괄호 안에 1, 2, 3을 써넣으세요.

$$\begin{array}{r} 186 \\ \times\ \ 74 \\ \hline \end{array} \qquad \begin{array}{r} 259 \\ \times\ \ 32 \\ \hline \end{array} \qquad \begin{array}{r} 412 \\ \times\ \ 25 \\ \hline \end{array}$$

(　　　) (　　　) (　　　)

두 자리 수를 몇십과 몇으로 나누어 계산한 결과를 비교해.

$$\begin{array}{r} 186 \\ \times\ \ 74 \\ \hline \end{array} \qquad \begin{array}{r} 259 \\ \times\ \ 32 \\ \hline \end{array} \qquad \begin{array}{r} 412 \\ \times\ \ 25 \\ \hline \end{array}$$

8 □ 안에 알맞은 수를 써넣으세요.

$$\begin{array}{rrrrr} & \square & 3 & \square \\ \times & & \square & 2 \\ \hline & 1 & 0 & 6 & 4 \\ 2 & 1 & 2 & 8 & \\ \hline 2 & 2 & 3 & 4 & 4 \end{array}$$

$$\begin{array}{rrrr} \square & 3 & \square \\ \times & & 2 \\ \hline 1 & 0 & 6 & 4 \end{array}$$

수학적 독해력

+9 어떤 수에 43을 곱해야 할 것을 잘못하여 더했더니 670이 되었습니다. 바르게 계산한 값은 얼마일까요?

잘못 계산한 값에서 (어떤 수)를 먼저 구해.

(어떤 수) $+ 43 = 670$

→ $670 - 43 =$ (어떤 수)

수학적 표현력

+10 수 카드 5장을 한 번씩만 사용하여 가장 작은 세 자리 수와 가장 큰 두 자리 수를 만들었습니다. 만든 두 수의 곱은 얼마인지 풀이 과정을 쓰고, 답을 구하세요.

7 1 3 9 6

가장 작은 세 자리 수: 1 □ □ (작은 수부터 차례로)

×

가장 큰 두 자리 수: 9 □ (큰 수부터 차례로)

14일 몇십으로 나누기

$20\overline{)132}$

㉠ 20×5=100
㉡ 20×6=120
㉢ 20×7=140
㉣ 20×8=160

20과의 곱이 132보다 크지 않으면서 가장 가까운 곱을 찾아.

나누는 수와 몫의 곱에 나머지를 더하면 나누어지는 수가 되어야 해.

$30\overline{)218}$ (몫: ★, 나머지: ●)

확인

30×★=▭

▭+●=218

㉠ $50\overline{)390}$ ㉡ $50\overline{)250}$ ㉢ $50\overline{)310}$

50×5= 250
50×6= 300
50×7= 350
50×8= 400

나누어지는 수보다 크지 않으면서 가장 가까운 곱을 찾아.

(몫) $70\overline{)510}$ ▭ (나머지)

(몫) $90\overline{)285}$ ▭ (나머지)

세로셈으로 계산한 다음 나머지의 차를 구해 봐!

3 132÷20을 계산하려고 합니다. 알맞은 곱셈식을 찾아 기호를 쓰세요.

$20\overline{)132}$

㉠ 20×5=100
㉡ 20×6=120
㉢ 20×7=140
㉣ 20×8=160

4 계산을 하고 계산 결과를 확인해 보세요.

$30\overline{)218}$

확인

30×▭=▭

▭+▭=218

5 몫이 큰 것부터 차례로 기호를 쓰세요.

㉠ $50\overline{)390}$ ㉡ $50\overline{)250}$ ㉢ $50\overline{)310}$

6 두 나눗셈의 나머지의 차를 구하세요.

510÷70 285÷90

7 □ 안에 알맞은 수를 써넣어 몫이 같은 나눗셈을 만들어 보세요.

$24 \div 3 = 8$

$240 \div \square = 8$

$24 \div 3 = 8$

10배

$240 \div \square = 8$

나누어지는 수와 나누는 수가 각각 ■배가 되면 몫은 같아.

8 서연이네 가족은 집에서 출발하여 할머니 댁에 가는 데 215분이 걸렸습니다. 215분은 몇 시간 몇 분일까요?

□시간 □분

60분이 1시간이니까 215분을 60으로 나눠.

(몫) ⟵ 시간

60) 2 1 5

□

(나머지) ⟵ 분

수학적 독해력

+9 영민이는 쪽수가 230쪽인 동화책을 읽으려고 합니다. 하루에 30쪽씩 읽으면 며칠 안에 모두 읽을 수 있을까요?

(몫) ⟵ 30쪽씩 읽는 날 수

30) 2 3 0

□

(나머지) ⟵ 남은 쪽

주의해!

남은 쪽까지 모두 읽으려면 하루가 더 필요해!

수학적 표현력

+10 길이가 457cm인 색 테이프를 한 도막이 70cm가 되도록 잘랐습니다. 70cm짜리 색 테이프는 몇 도막이 생기고 남은 색 테이프는 몇 cm인지 풀이 과정을 쓰고, 답을 구하세요.

(몫) ⟵ 도막의 수

70) 4 5 7

□

(나머지) ⟵ 남은 색 테이프의 길이

3 단원

15일 몇십몇으로 나누기 (1)

몫이 한 자리 수인 나눗셈

$18\overline{)54}$ ↓ 18과의 곱이 54보다 크지 않으면서 가장 가까운 곱이 몫이야.

$58\overline{)470}$ ↓ 58과의 곱이 470보다 크지 않으면서 가장 가까운 곱이 몫이야.

÷			
184	28	= ☐	… ◯
415	73	= ☐	… ◯

28과의 곱이 184보다 크지 않으면서 가장 가까운 곱이 몫이야.

73과의 곱이 415보다 크지 않으면서 가장 가까운 곱이 몫이야.

나누어지는 수는 나누는 수와 몫의 곱에 나머지를 더한 수야.

(어떤 수)÷47=8…21

47×8=376, 376+21=(어떤 수)

$$\begin{array}{r} 9 \\ 62\overline{)543} \\ 558 \end{array}$$

↓ 뺄 수 없어.

뺄 수 없을 때에는 몫을 1 더 작게 해서 다시 계산해.

3 나눗셈의 몫과 나머지를 구해 보세요.

(1) $18\overline{)54}$

몫 ______

나머지 ______

(2) $58\overline{)470}$

몫 ______

나머지 ______

4 계산을 하여 빈칸에는 몫을 쓰고 ◯ 안에는 나머지를 써넣으세요.

÷			
184	28	☐	… ◯
415	73	☐	… ◯

5 어떤 수를 47로 나누었더니 몫이 8이고 나머지가 21이었습니다. 어떤 수는 얼마일까요?

6 543÷62를 어림하여 계산한 것입니다. 잘못 계산한 부분을 바르게 고쳐 보세요.

543÷62 ↓ 540÷60=9 ➜ $\begin{array}{r} 9 \\ 62\overline{)543} \\ 558 \end{array}$

바르게 고치기 62×9는 558이 되어 ☐보다 크므로 9는 ☐(으)로 고쳐야 합니다.

7 나머지가 큰 것부터 차례로 1, 2, 3을 쓰세요.

15)8 1	18)8 3	27)7 3
(　　)	(　　)	(　　)

15)8 1 (몫: □, □, □)

나머지를 비교해 봐.

\\ 중요해! //

나머지는 나누는 수보다 항상 작아야 해.

8 슬기, 서준, 윤하 세 사람이 다음과 같이 나눗셈을 하였습니다. 바르게 계산한 사람은 누구일까요?

슬기	서준	윤하
38)267, 몫 6	53)413, 몫 70	47)352, 몫 7
228	371	329
39	42	23

몫의 자리가 맞는지 확인해.

38)267, 몫 6	53)413, 몫 70	47)352, 몫 7
228	371	329
39	42	23

나머지는 나누는 수보다 작아야 해.

수학적 독해력

9 어떤 수를 16으로 나누었더니 몫이 4이고 나머지가 13이었습니다. 어떤 수를 19로 나누었을 때의 몫과 나머지는 얼마일까요?

〔몫〕 ________ 〔나머지〕 ________

(어떤 수) $\div 16=4\cdots 13$

$\rightarrow 16\times 4=64, 64+13=$ (어떤 수)

어떤 수를 먼저 구해.

(어떤 수) $\div$ 19 = 몫 … 나머지

수학적 표현력

10 사탕 175개를 접시 한 개에 21개씩 담았습니다. 사탕을 담은 접시는 몇 개이고, 남은 사탕은 몇 개인지 풀이 과정을 쓰고, 답을 구하세요.

사탕 175개를 접시 한 개에 21개씩 담았습니다. 사탕을 담은 접시는 몇 개이고, 남은 사탕은 몇 개인지 풀이 과정을 쓰고, 답을 구하세요.

$175 \div 21 =$ 몫 … 나머지

16일 몇십몇으로 나누기 (2)

몫이 두 자리 수인 나눗셈

십의 자리 숫자 ← → 일의 자리 숫자

$$\begin{array}{r} 33 \\ 17\overline{)568} \\ 51 \\ \hline 58 \\ 51 \\ \hline 7 \end{array}$$

51 ← 17×30

51 ← 17×3

427÷31=13⋯24

42>31

몫이 두 자리 수

나누어지는 수의 왼쪽 두 자리 수가 나누는 수보다 크거나 같으면 몫은 두 자리 수야.

나누어지는 수는 나누는 수와 몫의 곱에 나머지를 더한 수야.

□÷24=15⋯7

24×15=360, 360+7=□

$$\begin{array}{r} 35 \\ 23\overline{)835} \\ 690 \\ \hline 145 \\ 115 \\ \hline 30 \end{array}$$

\\ 중요해! //

나머지는 항상 나누는 수보다 작아야 해.

30 → 나머지가 나누는 수보다 클 땐 몫을 1 크게 해서 다시 계산해.

3 □ 안에 알맞은 식의 기호를 써넣으세요.

$$\begin{array}{r} 33 \\ 17\overline{)568} \\ 51 \\ \hline 58 \\ 51 \\ \hline 7 \end{array}$$

51 ← □

58 ← □

51 ← □

7 ← □

㉠ 568−510
㉡ 58−51
㉢ 17×3
㉣ 17×30

4 몫이 두 자리 수인 나눗셈의 기호를 모두 쓰세요.

㉠ 427÷31	㉡ 327÷38
㉢ 547÷60	㉣ 231÷19

5 □ 안에 알맞은 수를 써넣으세요.

□÷24=15⋯7

6 서연이는 835÷23을 다음과 같이 잘못 계산하였습니다. 몫을 바르게 구하는 방법을 완성해 보세요.

$$\begin{array}{r} 35 \\ 23\overline{)835} \\ 690 \\ \hline 145 \\ 115 \\ \hline 30 \end{array}$$

30은 □으로 더 나눌 수 있으므로 835÷23의 몫은 35보다 (커야 , 작아야) 합니다.

7 다음 나눗셈은 나누어떨어집니다. □ 안에 알맞은 수를 써넣으세요.

$$32 \overline{) \; 7 \, \square \, 6} \quad \text{몫: } \square \, 3$$

32와의 곱이
7□보다 크지 않으면서
가장 가까운 곱을 찾아.

$$32 \overline{) \; 7 \, \square \, 6} \quad \text{몫: } \square \, 3$$

중요해!
나누어떨어지는 나눗셈은
(나누는 수)×(몫)=(나누어지는 수)야.

8 다음 식에서 □가 될 수 있는 자연수 중 가장 큰 수를 구하세요.

□÷16=25…★

□÷16=25…★

16×25=400, 400+★=□

나머지가 가장 큰 수일 때 나누어지는 수도 가장 큰 수가 돼.

알아둬!
나머지가 될 수 있는 수 중 가장 큰 수는
나누는 수보다 1 작은 수야.

수학적 독해력

9 표를 보고 168보다 큰 수 중에서 14로 나누었을 때 나머지가 7이 되는 가장 작은 수를 구해 보세요.

나눗셈식	몫	나머지
168÷14	12	0
169÷14	12	1
170÷14	12	2
⋮	⋮	⋮
□÷14	12	7

나눗셈식	몫	나머지
168÷14	12	0
169÷14	12	1
170÷14	12	2
⋮	⋮	⋮
□÷14	12	7

1씩 커져. 1씩 커져.

몫이 같을 때 나누어지는 수가 1씩 커지면 나머지도 1씩 커져.

수학적 표현력

10 귤 538개를 상자에 담으려고 합니다. 한 상자에 43개씩 담을 때 몇 상자에 담을 수 있고, 남은 귤은 몇 개인지 풀이 과정을 쓰고, 답을 구하세요.

귤 538개를 상자에 담으려고 합니다. 한 상자에 43개씩 담을 때 몇 상자에 담을 수 있고, 남은 귤은 몇 개인지 풀이 과정을 쓰고, 답을 구하세요.

538 ÷ 43 = 몫 … 나머지

3단원

17일

점의 이동

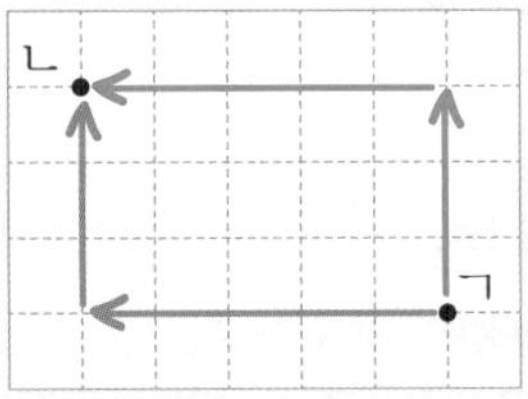

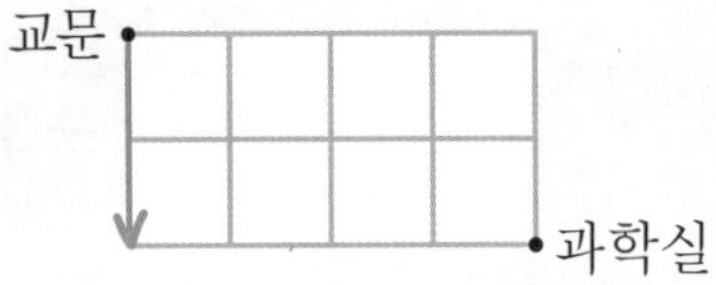

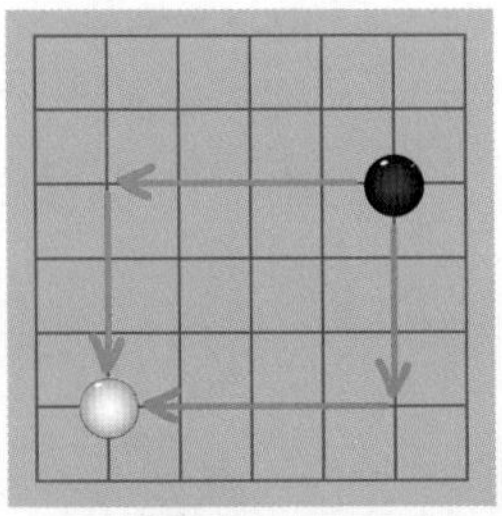

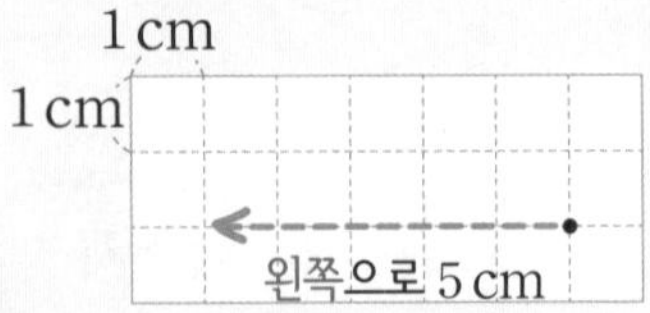

\ 중요해! /

이동한 방향을 거꾸로 하면
이동하기 전의 위치를 알 수 있어.

3 점 ㄱ을 점 ㄴ이 있는 위치로 이동하려고 합니다. □ 안에 알맞은 말이나 수를 써넣으세요.

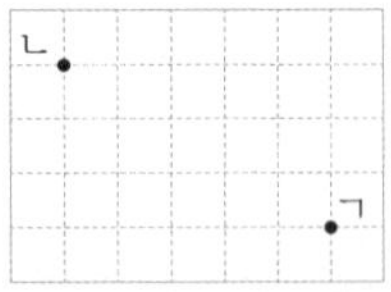

출발 → □으로 □칸 이동 → □으로 □칸 이동 → 도착

4 교문에서 과학실까지 이동하는 방법을 알아보려고 합니다. □ 안에 알맞은 수를 써넣으세요.

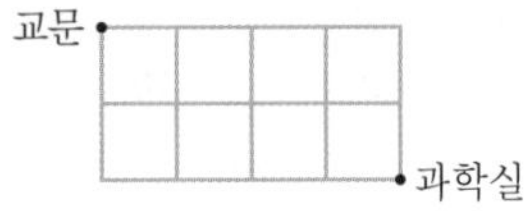

교문에서 아래쪽으로 □칸, □으로 □칸 이동합니다.

5 검은색 바둑돌을 흰색 바둑돌이 있는 위치까지 이동하는 방법으로 알맞은 것에 ○표 하세요.

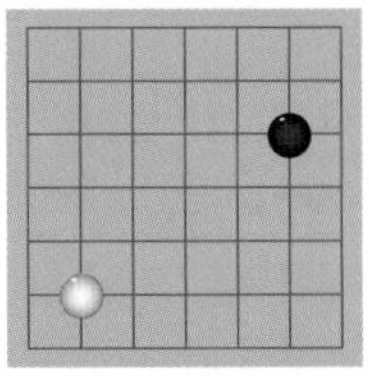

왼쪽으로 3칸, 아래쪽으로 4칸 이동합니다. □

아래쪽으로 3칸, 왼쪽으로 4칸 이동합니다. □

6 점을 오른쪽으로 5 cm 이동했을 때의 위치입니다. 이동하기 전의 위치에 점을 그려 보세요.

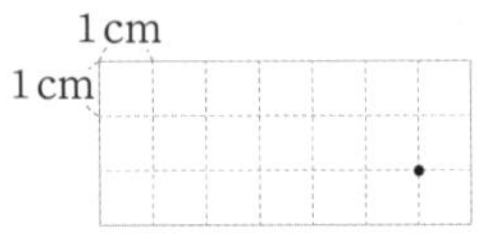

7 개구리가 아래쪽으로 점 ㄱ까지 이동한 후 왼쪽으로 점 ㄴ까지 이동했습니다. 개구리가 이동한 거리는 모두 몇 cm일까요?

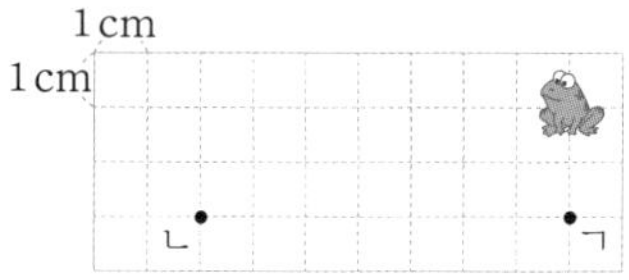

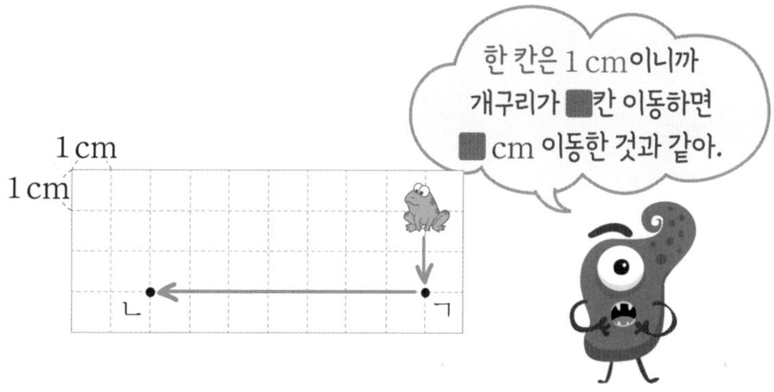

4단원

8 점을 위쪽으로 2 cm, 왼쪽으로 5 cm 이동했을 때의 위치입니다. 이동하기 전의 위치에 점을 그려 보세요.

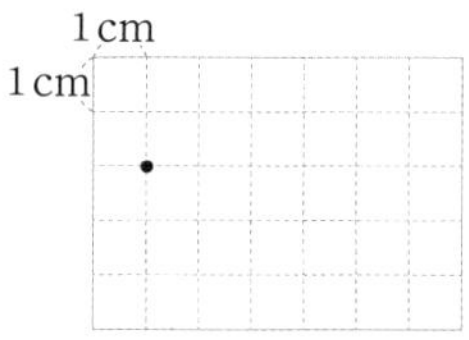

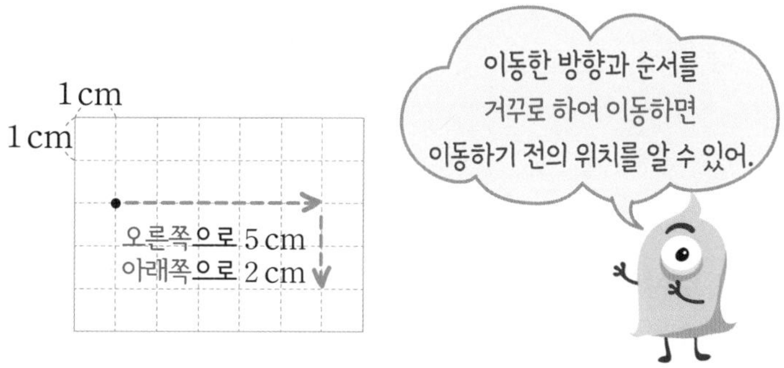

수학적 독해력

+9 ♥를 ㉮로 이동하는 방법을 잘못 말한 사람은 누구일까요?

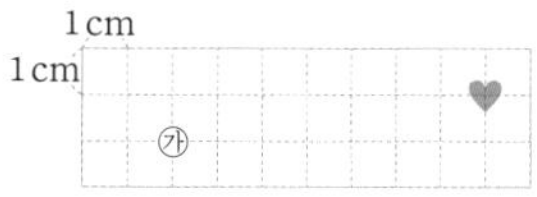

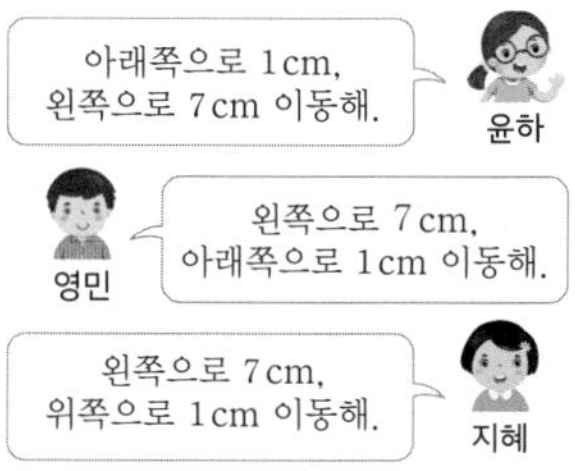

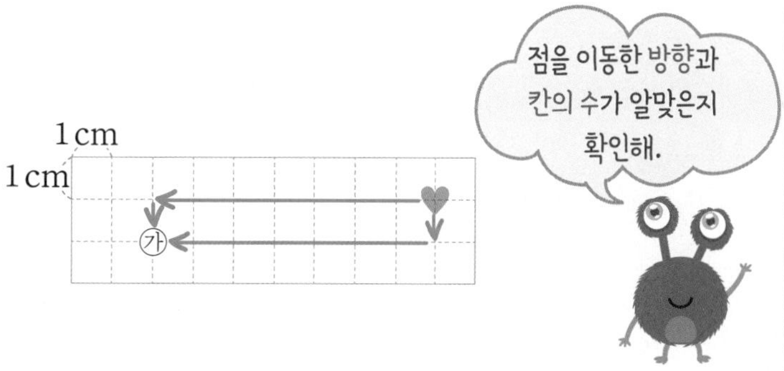

수학적 표현력

+10 점 ㄱ을 어떻게 이동하면 점 ㄴ이 있는 위치로 이동할 수 있는지 설명해 보세요.

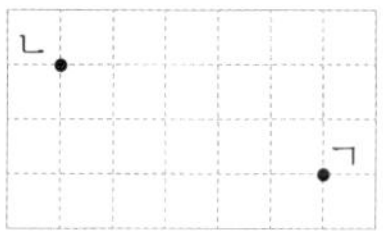

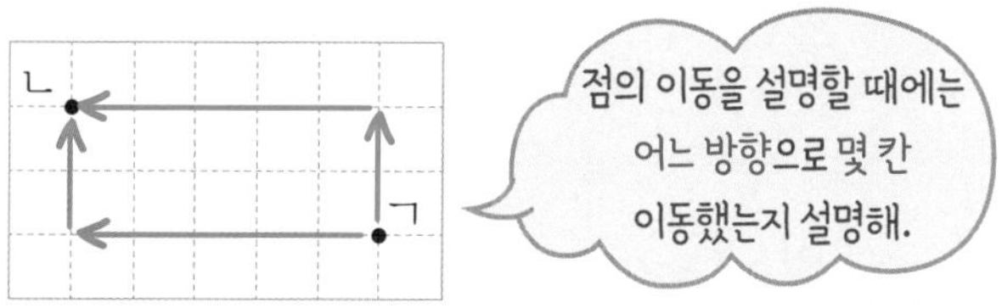

18일 평면도형 밀기

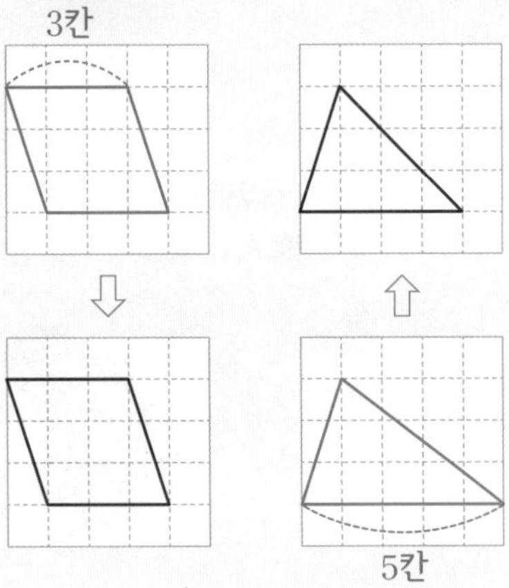

알아둬!

도형의 크기는 모눈종이의 칸의 수로 확인해.

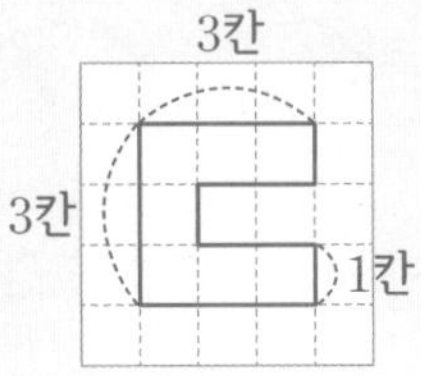

알아둬!

도형을 그릴 때에는 모눈종이의 칸의 수를 정확히 세어 가며 그려야 해.

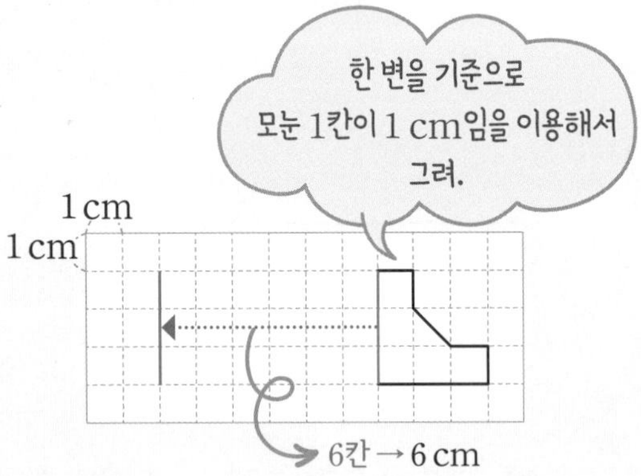

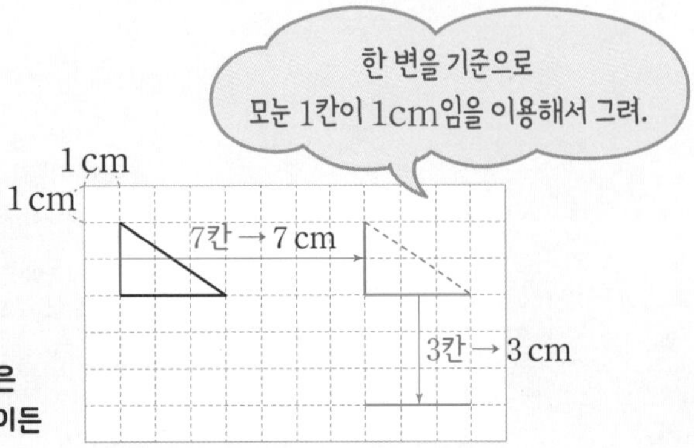

알아둬!

기준이 되는 변은 도형의 어느 변이든 상관없어.

3 도형을 주어진 방향으로 밀었을 때의 모양으로 옳은 것에 ○표 하세요.

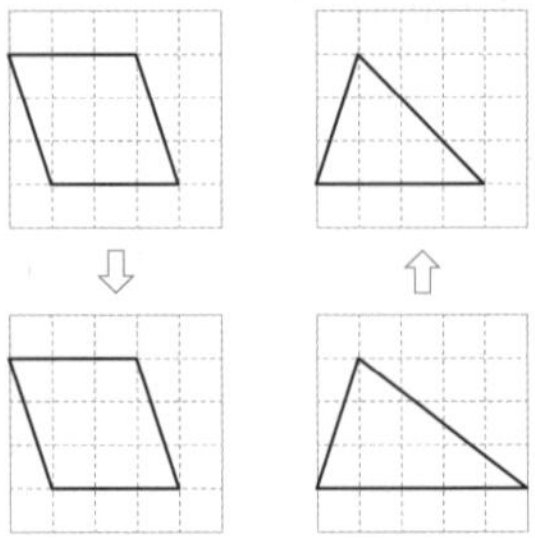

4 도형을 오른쪽, 왼쪽, 위쪽, 아래쪽으로 밀었을 때의 도형을 각각 그려 보세요.

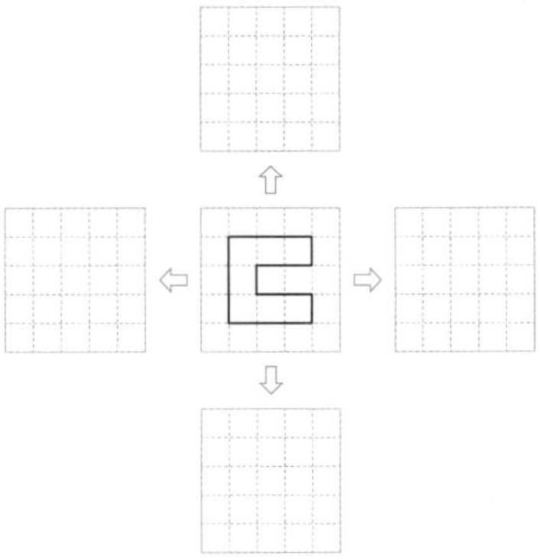

5 도형을 왼쪽으로 6 cm 밀었을 때의 도형을 그려 보세요.

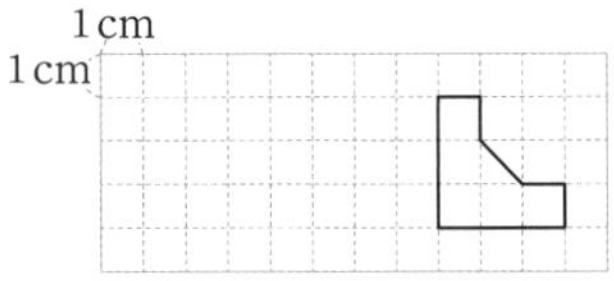

6 도형을 오른쪽으로 7 cm 밀고 아래쪽으로 3 cm 밀었을 때의 도형을 그려 보세요.

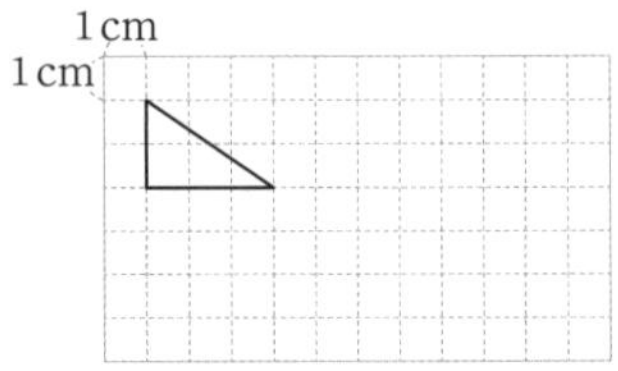

7 도형을 오른쪽으로 밀고 아래쪽으로 밀었을 때의 도형을 그려 보세요.

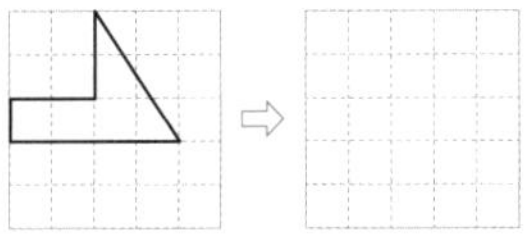

어느 방향으로 여러 번 밀어도 모양과 크기는 변하지 않아.

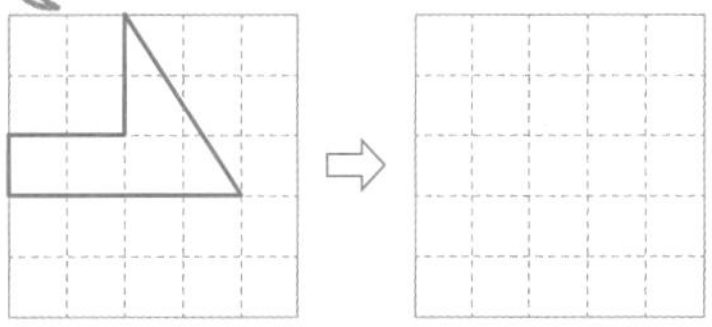

8 도형의 이동 방법을 설명해 보세요.

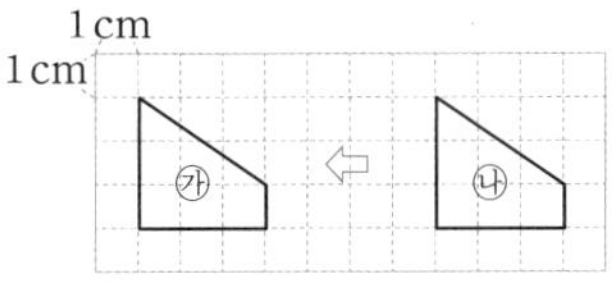

㉮ 도형은 ㉯ 도형을 ☐쪽으로 ☐cm만큼 밀어서 이동한 도형입니다.

☐쪽으로 ☐ cm

모눈 1칸이 1 cm임을 이용해서 확인해.

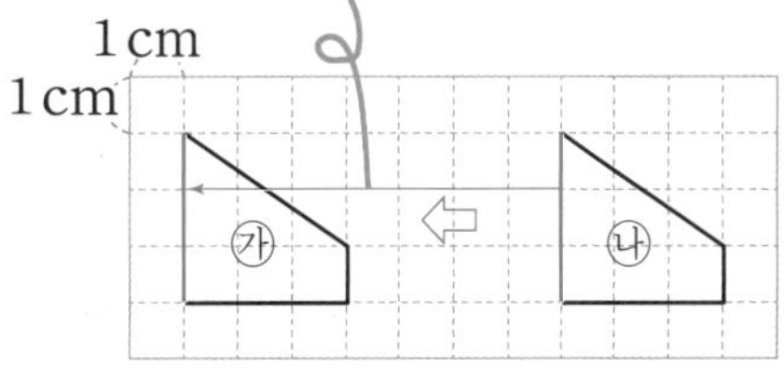

수학적 독해력

9 어떤 도형을 아래쪽으로 3번 민 도형입니다. 처음 도형을 그려 보세요.

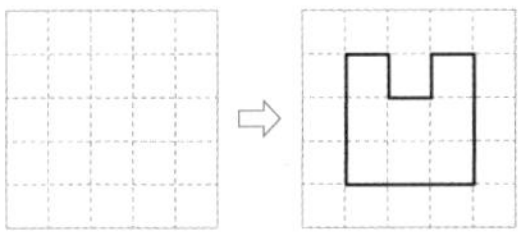

처음 도형　　이동한 도형

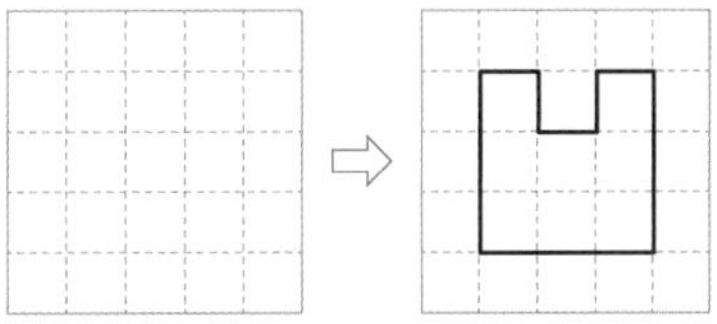

처음 도형　　이동한 도형

어느 방향으로 여러 번 밀어도 모양과 크기는 변하지 않아.

수학적 표현력

10 정사각형 모양을 완성하려면 조각 가, 나, 다를 어느 방향으로 몇 cm 밀어야 하는지 쓰세요.

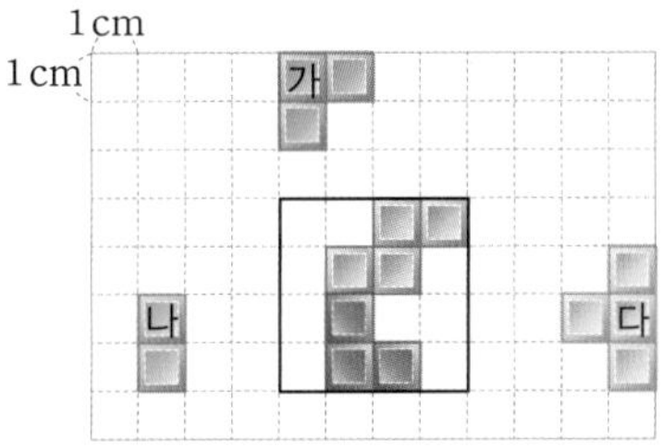

가 조각 (　　　　　　　　　　)
나 조각 (　　　　　　　　　　)
다 조각 (　　　　　　　　　　)

모눈 1칸이 1 cm임을 이용해서 확인해.

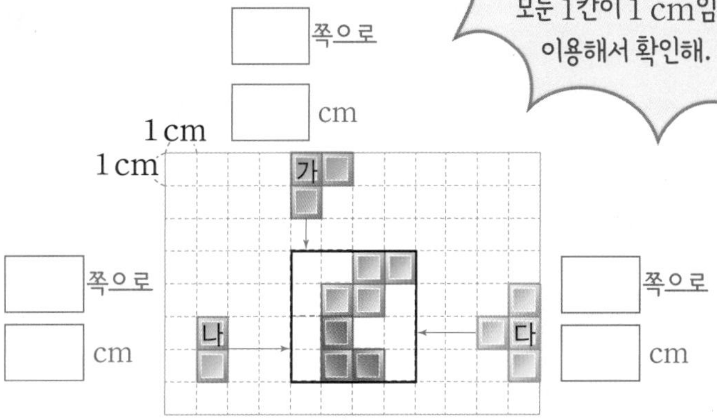

19일 평면도형 뒤집기

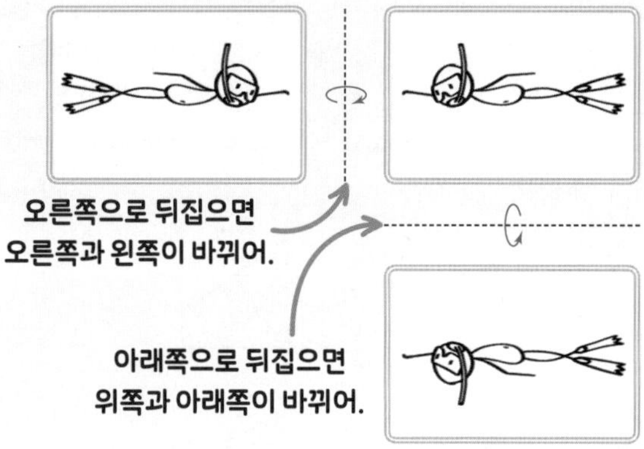

중요해!

위쪽으로 뒤집었을 때 처음 도형과 같은 도형은 위쪽과 아래쪽이 같은 도형이야.

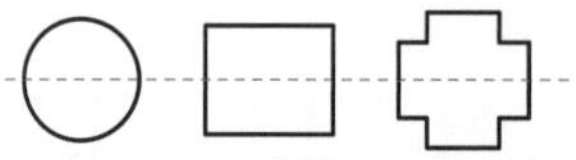

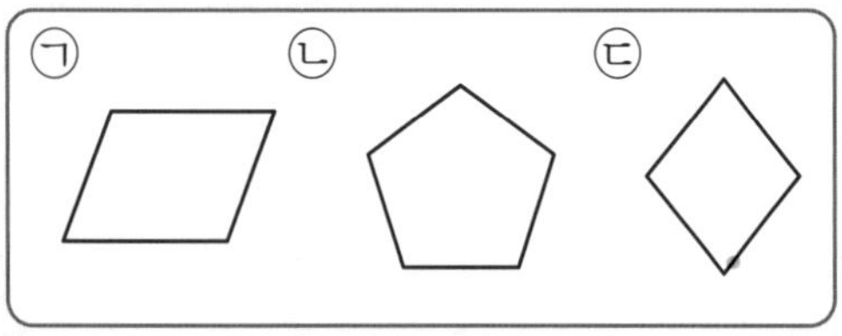

3 가운데 도형을 왼쪽으로 뒤집었을 때의 도형과 오른쪽으로 뒤집었을 때의 도형을 각각 그려 보세요.

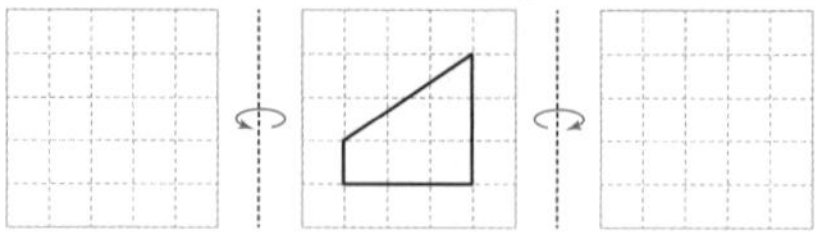

4 도형을 오른쪽으로 뒤집은 다음 아래쪽으로 뒤집었을 때의 도형을 각각 그려 보세요.

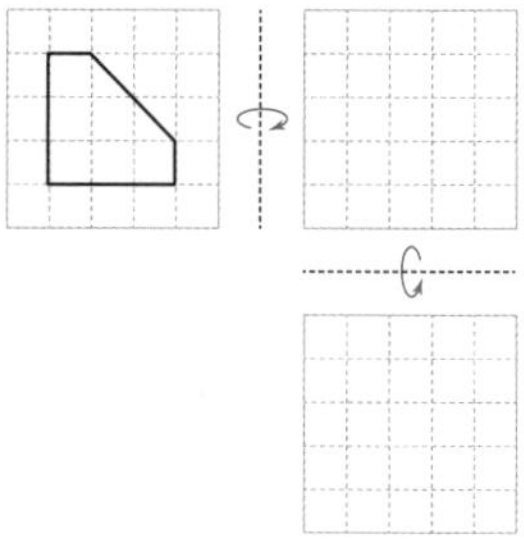

5 도형을 위쪽으로 뒤집었을 때의 도형이 처음 도형과 같은 것을 찾아 기호를 쓰세요.

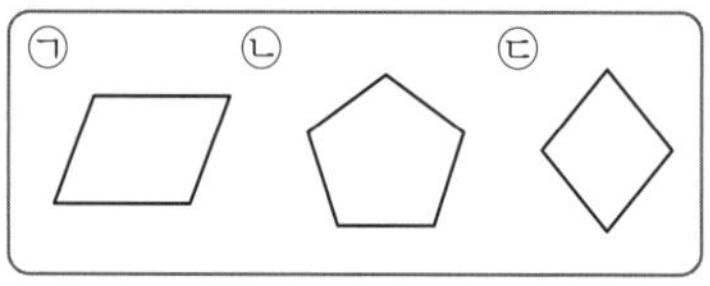

6 도형을 왼쪽으로 2번 뒤집었을 때의 도형을 그려 보세요.

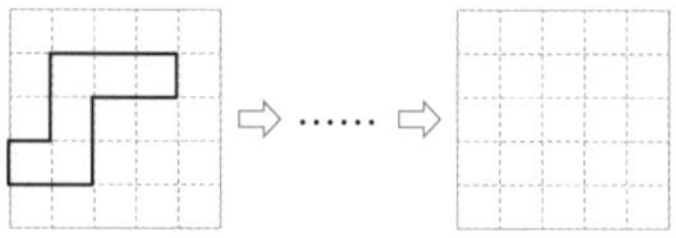

7 뒤집기에 대해 옳게 말한 사람은 누구일까요?

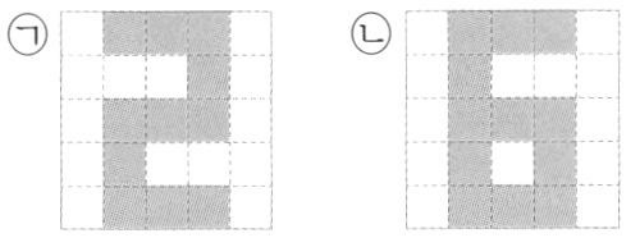

영민: ㉠을 오른쪽으로 뒤집으면 5 모양이 돼.

슬기: ㉡을 아래쪽으로 뒤집으면 9 모양이 돼.

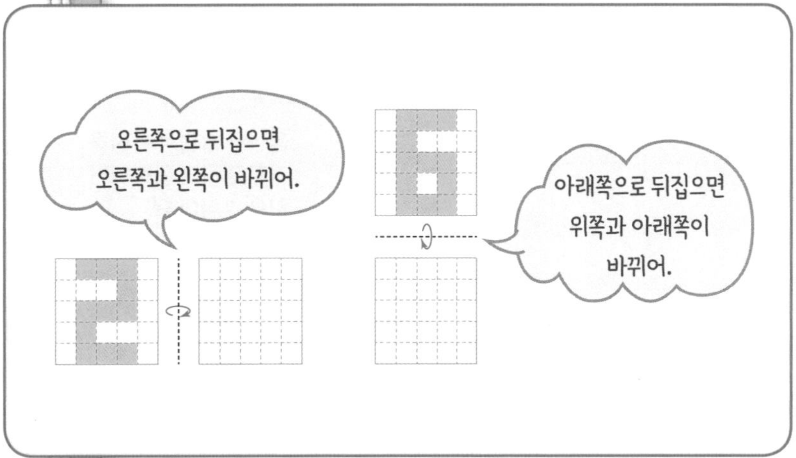

8 도형을 위쪽으로 뒤집은 다음 오른쪽으로 뒤집었을 때의 도형을 그려 보세요.

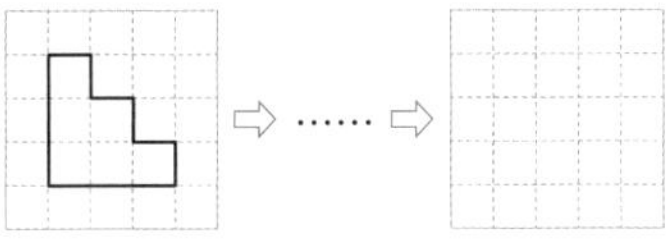

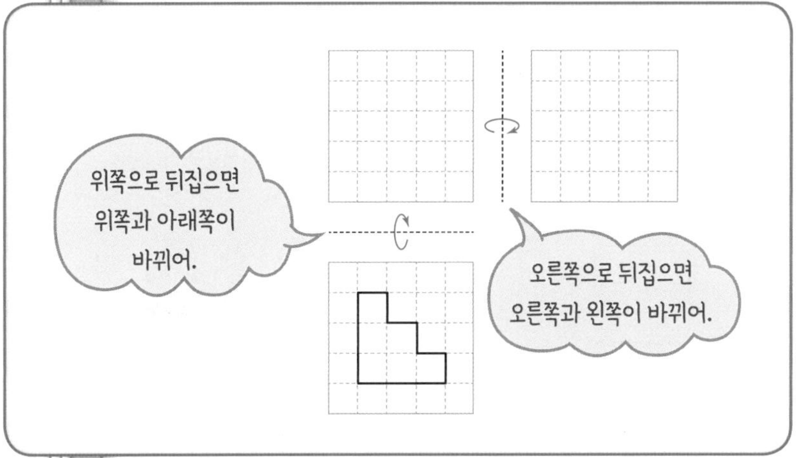

수학적 독해력

+9 뒤집기에 대한 설명으로 틀린 것을 찾아 기호를 쓰세요.

㉠ 도형을 아래쪽으로 뒤집으면 도형의 위쪽과 아래쪽이 서로 바뀝니다.
㉡ 도형을 오른쪽으로 뒤집었을 때의 도형과 왼쪽으로 뒤집었을 때의 도형은 같습니다.
㉢ 도형을 오른쪽으로 3번 뒤집은 도형은 처음 도형과 같습니다.

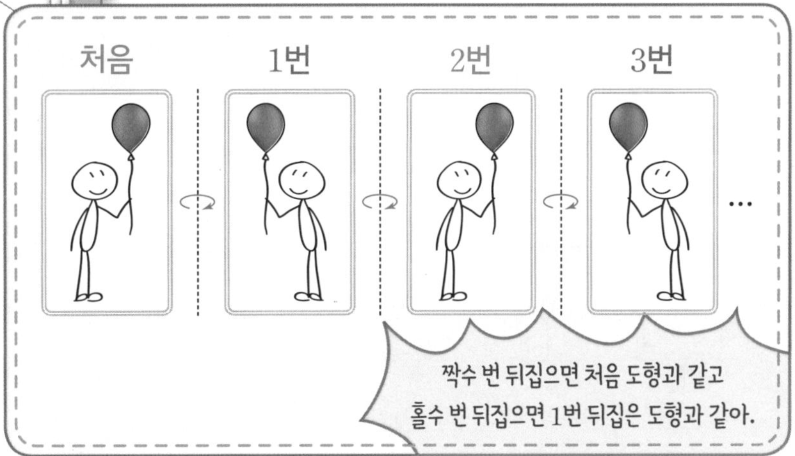

수학적 표현력

+10 가운데 도형을 왼쪽으로 뒤집었을 때의 도형과 오른쪽으로 뒤집었을 때의 도형을 각각 그리고, 그린 두 도형을 비교하여 설명해 보세요.

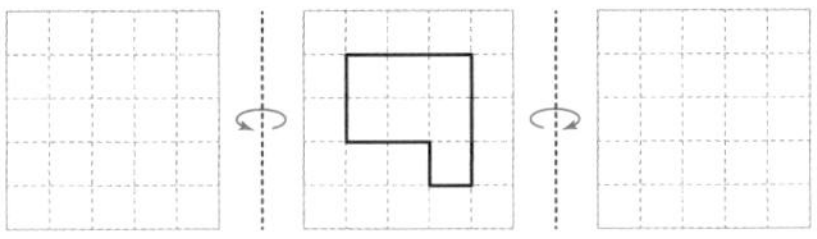

20일 평면도형 돌리기

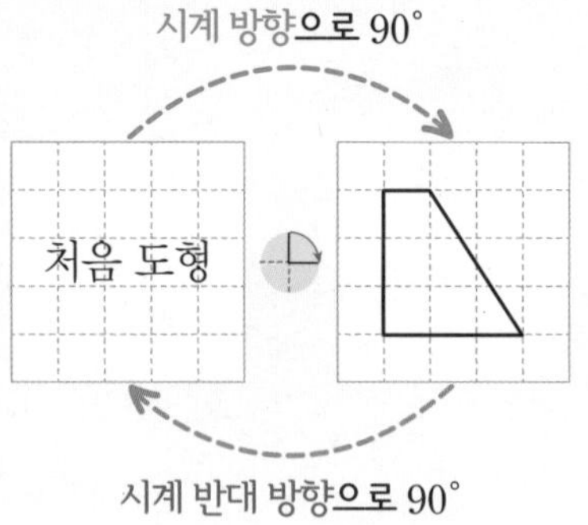

중요해!

움직인 방법과 순서를 거꾸로 하여 움직이면 처음 도형이 돼.

위쪽 부분이 아래쪽으로 바뀌었어.

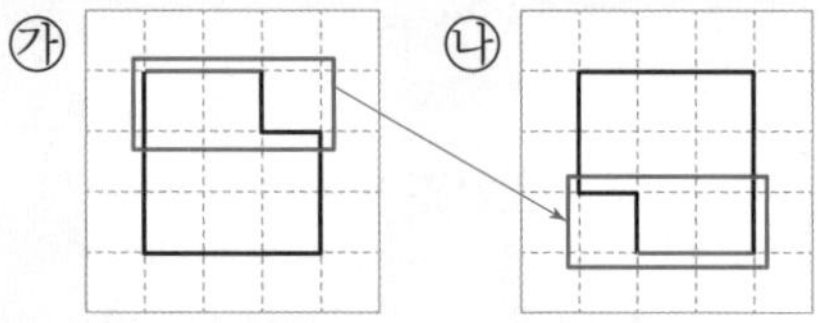

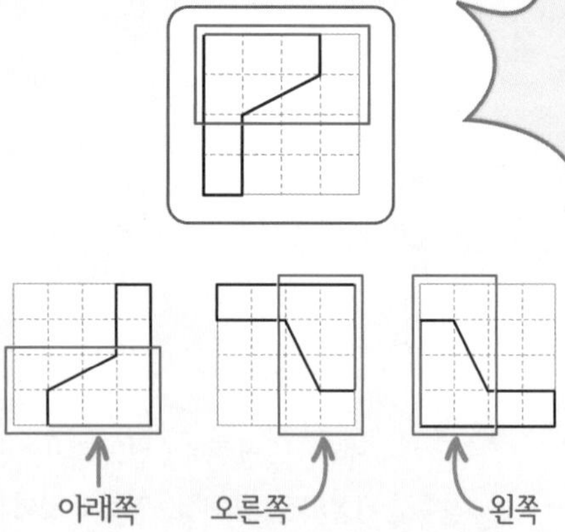

도형을 시계 반대 방향으로 돌리면 도형의 위쪽이 왼쪽 → 아래쪽 → 오른쪽으로 바뀌어.

위쪽 부분이 오른쪽으로 바뀌었어.

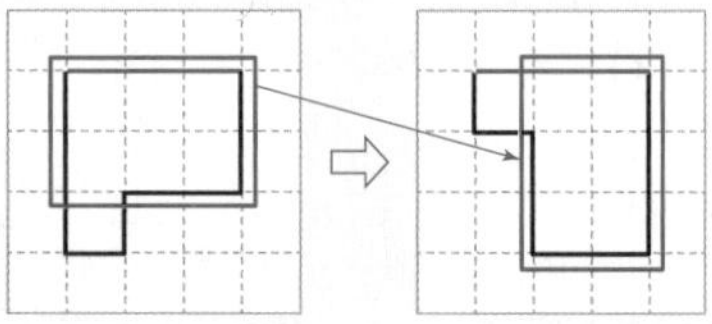

주의해!

화살표 끝이 가리키는 위치가 같으면 돌린 모양도 같아.

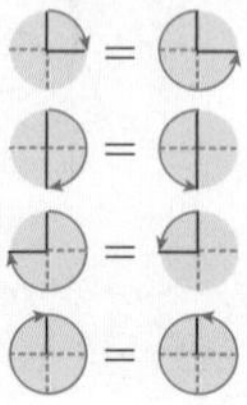

3 어떤 도형을 시계 방향으로 90°만큼 돌렸습니다. 처음 도형을 그려 보세요.

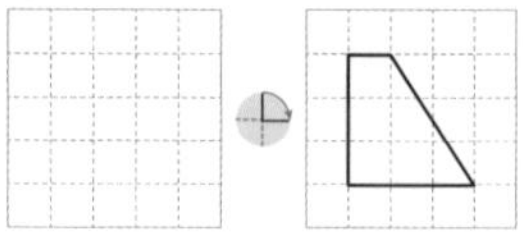

4 ㉮ 도형을 어떻게 돌리면 ㉯ 도형이 되는지 알맞은 것에 ○표 하세요.

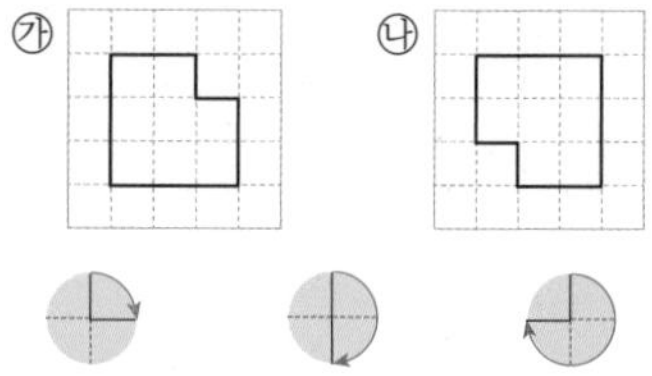

(　　) (　　) (　　)

5 도형을 시계 반대 방향으로 90°, 180°, 270°만큼 돌린 순서대로 1, 2, 3을 쓰세요.

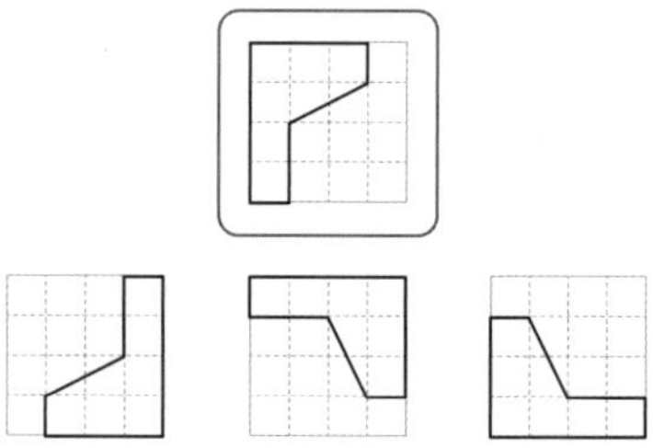

(　　) (　　) (　　)

6 왼쪽 도형을 돌렸더니 오른쪽 도형이 되었습니다. 어떻게 돌렸는지 알맞은 것을 모두 골라 보세요.

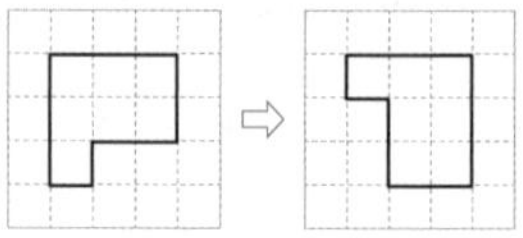

7 ㉮ 도형을 시계 반대 방향으로 90°만큼 몇 번 돌리면 ㉯ 도형이 되는지 알맞은 것에 ○표 하세요.

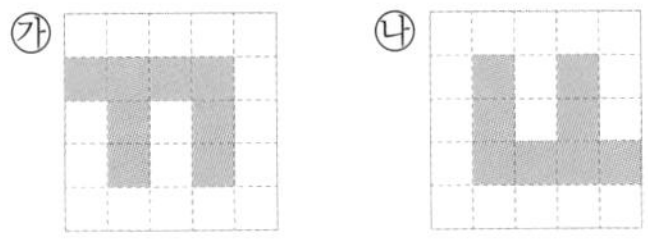

(1번 , 2번 , 3번 , 4번)

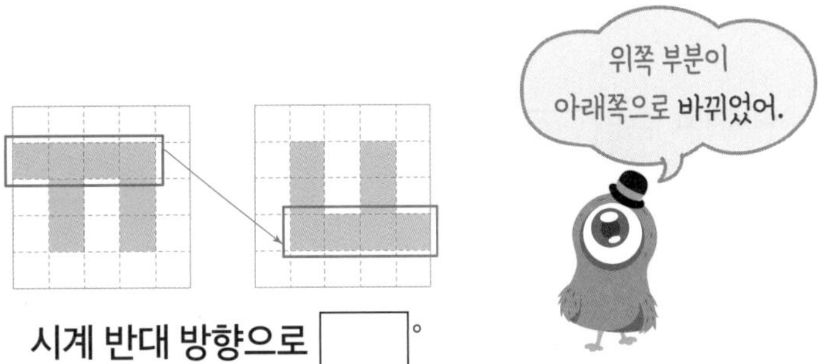

시계 반대 방향으로 □°

90°만큼 □번

8 시계 방향으로 180°만큼 돌렸을 때 처음 모양과 같은 글자는 모두 몇 개일까요?

A H E W N

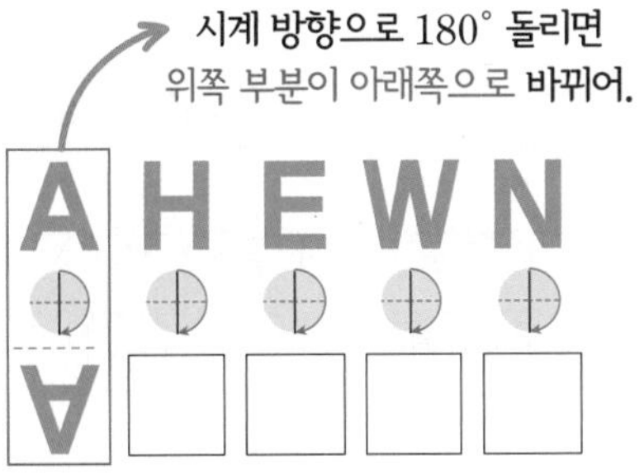

수학적 독해력

+9 □에 알맞은 도형을 찾아 기호를 써넣으세요.

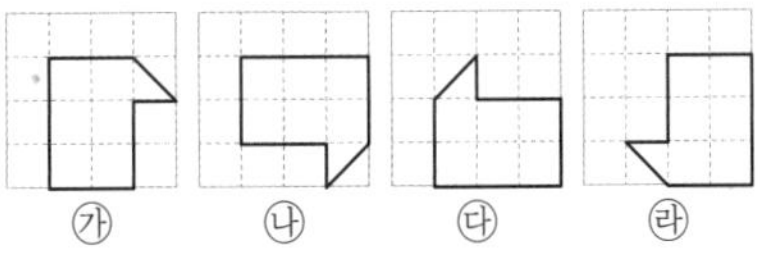

□ 도형을 ◔와 같이 돌리면 ㉱ 도형이 됩니다.

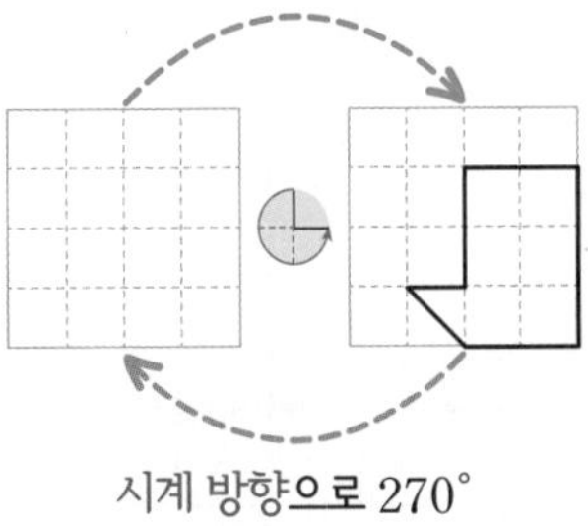

중요해!

움직인 방법과 순서를 거꾸로 하여 움직이면 처음 도형이 돼.

수학적 표현력

+10 세 자리 수가 적힌 카드를 시계 방향으로 180°만큼 돌렸을 때 만들어지는 수와 처음 수의 차는 얼마인지 풀이 과정을 쓰고, 답을 구하세요.

21일 여러 가지 무늬 꾸미기

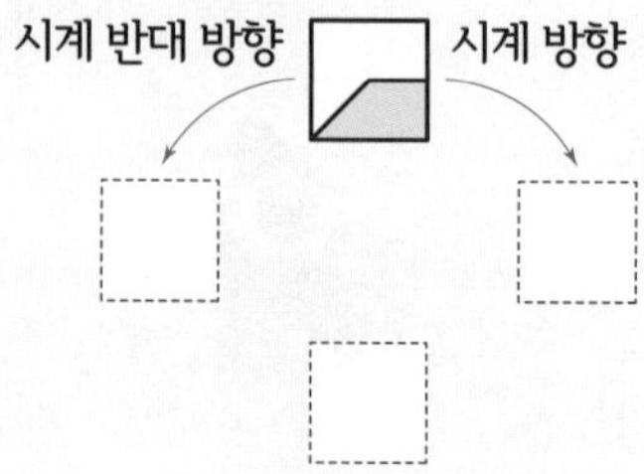

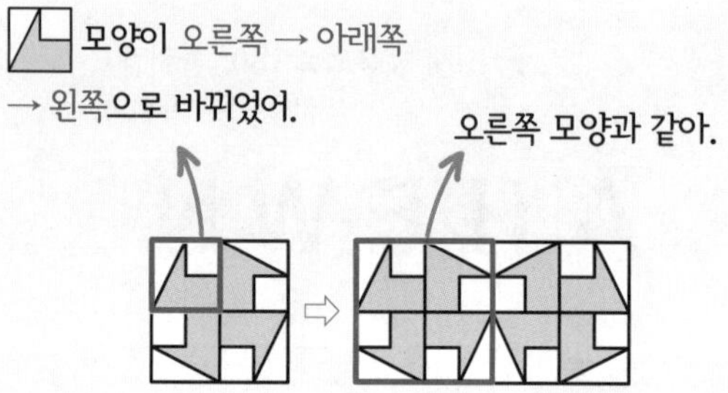

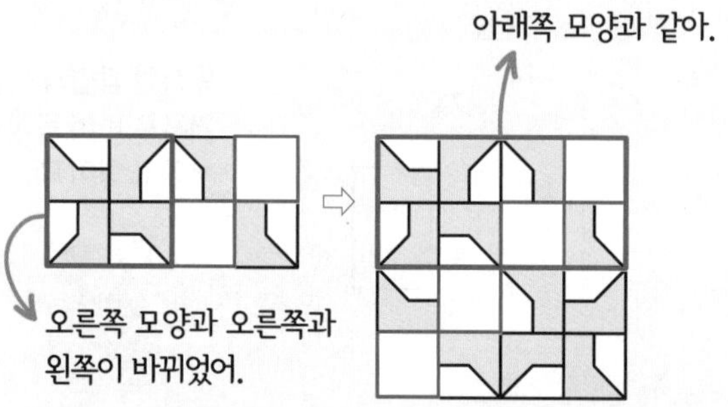

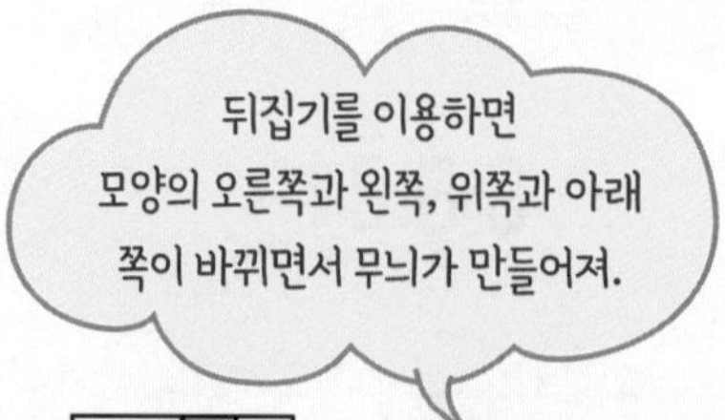

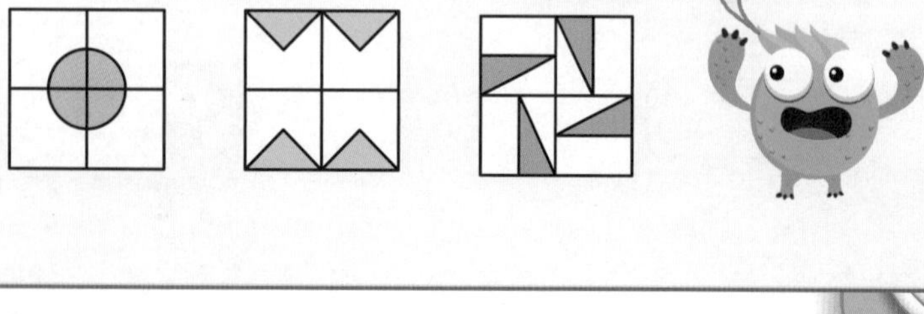

3  모양으로 돌리기를 이용하여 무늬를 만들 때 나올 수 없는 모양은 어느 것일까요? ······ (　　　　)

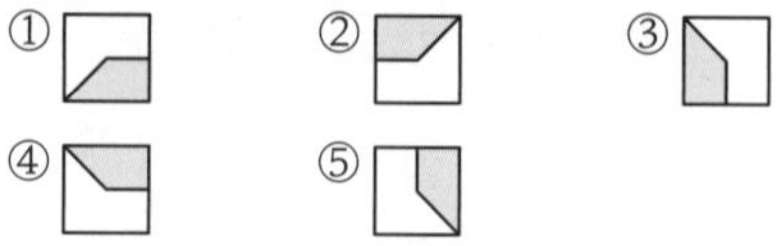

4  모양으로 규칙적인 무늬를 만든 것입니다. 어떤 방법으로 만든 것인지 알맞은 것에 모두 ○표 하세요.

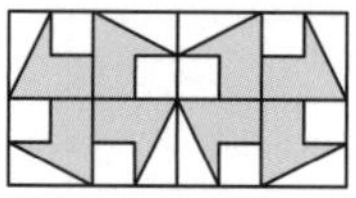

밀기	뒤집기	돌리기
(　　　)	(　　　)	(　　　)

5 일정한 규칙에 따라 만들어진 무늬입니다. 빈칸을 채워 무늬를 완성해 보세요.

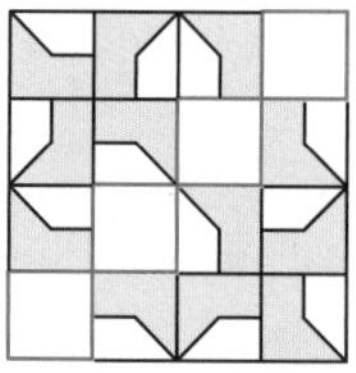

6 뒤집기를 이용하여 만들 수 없는 무늬를 찾아 기호를 쓰세요.

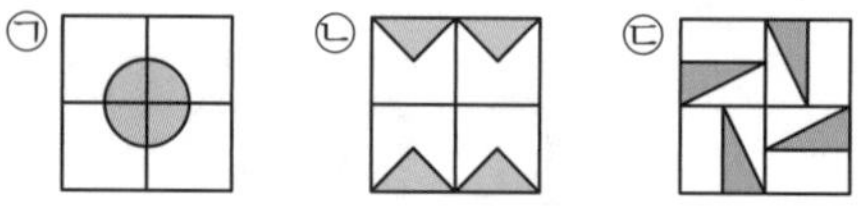

7  모양으로 돌리기를 이용하여 규칙적인 무늬를 만들었습니다. ★에 알맞은 모양을 찾아 기호를 쓰세요.

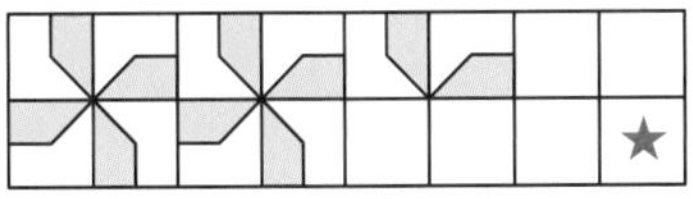

돌리기를 이용하여 만든 무늬를
오른쪽으로 밀어서 규칙적인 무늬를 만들었어.

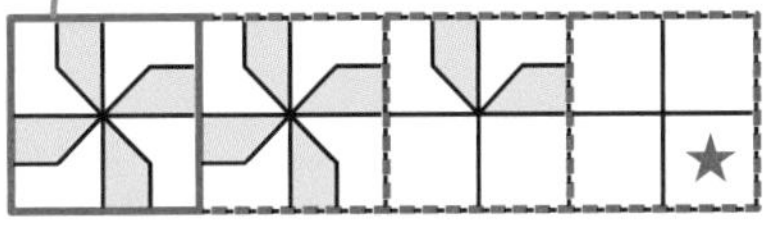

8  모양을 시계 방향으로 90°만큼 돌리는 것을 반복해서 모양을 만들고 그 모양을 오른쪽과 아래쪽으로 밀어서 만든 규칙적인 무늬에서 찾을 수 있는  모양은 모두 몇 개일까요?

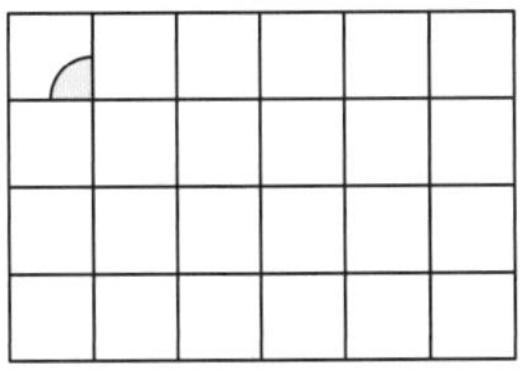

 모양을 시계 방향으로 90°만큼
돌리는 것을 반복해서 만든 모양

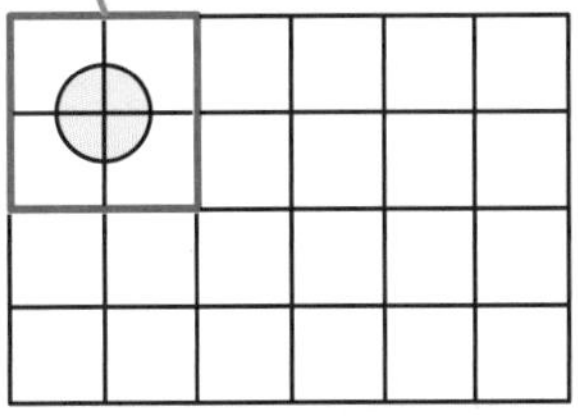

수학적 독해력

+9 무늬를 보고 무늬를 만든 규칙을 설명한 것입니다. 알맞은 것에 ○표 하세요.

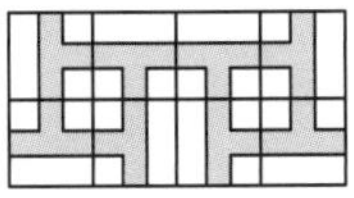

 모양을 시계 방향으로 (90° , 180°)만큼 돌리기를 반복해서 모양을 만들고, 그 모양을 오른쪽으로 (밀어서 , 뒤집어서) 무늬를 만들었습니다.

 모양이 오른쪽 → 아래쪽
→ 왼쪽으로 바뀌었어.

오른쪽 모양과
오른쪽과 왼쪽이
바뀌었어.

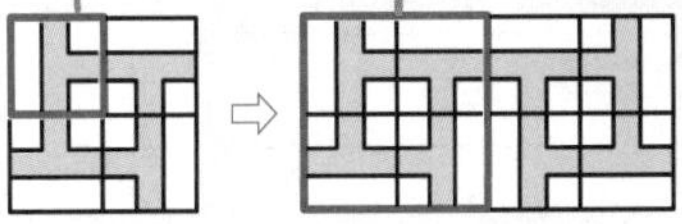

수학적 표현력

+10 〈보기〉의 낱말을 사용하여 아래의 무늬를 만든 규칙을 설명해 보세요.

〈보기〉
시계 방향 밀기
돌리기 오른쪽

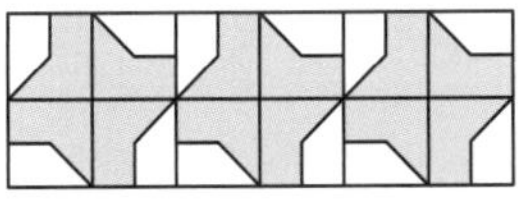

 모양이 오른쪽 → 아래쪽
→ 왼쪽으로 바뀌었어.

오른쪽 모양과 같아.

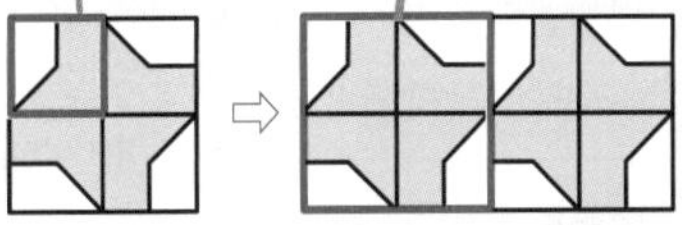

22일 막대그래프 알아보기

책	역사책	동화책	위인전	과학책
학생 수(명)	7	9	6	5

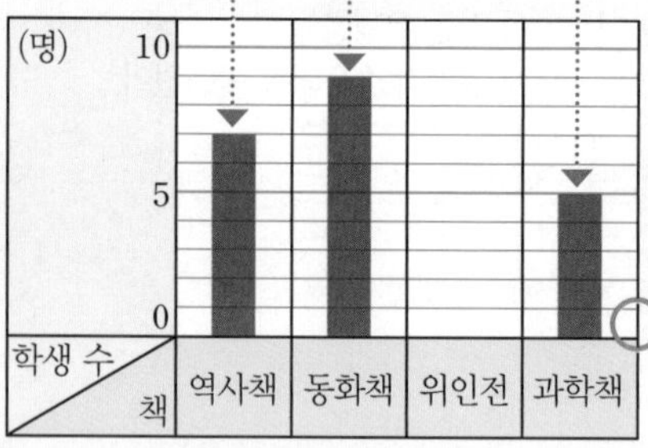

세로 눈금 한 칸은 1명을 나타내.

중요해!

막대그래프의 세로 눈금 한 칸의 크기를 알아본 다음 수에 맞게 막대를 그려.

"가장 많은 학생이 좋아하는" → **막대의 길이가 가장 긴**

"가장 적은 학생이 좋아하는" → **막대의 길이가 가장 짧은**

가로 눈금 한 칸은 1마리를 나타내.

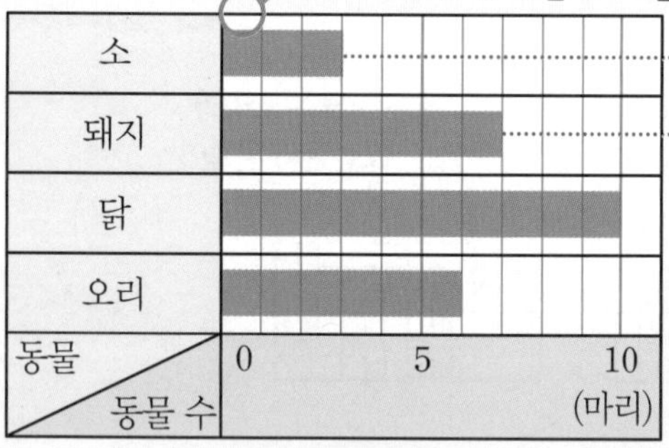

돼지는 소보다 몇 칸 더 많을까?

동물	소	돼지	닭	오리	합계
동물 수(마리)	3	7	10	6	26

수량과 합계를 알아보기 쉬워.

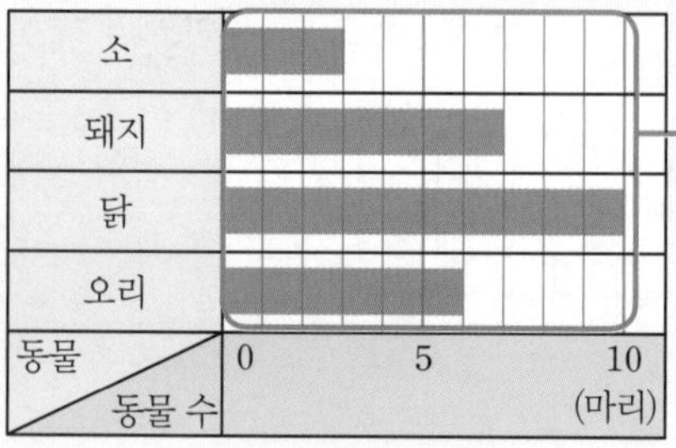

막대의 길이로 수량의 많고 적음을 비교하기 쉬워.

2 위인전을 좋아하는 학생 수를 그래프에 나타내려면 막대의 길이는 몇 칸이 되어야 할까요?

좋아하는 책별 학생 수

책	역사책	동화책	위인전	과학책	합계
학생 수(명)	7	9	6	5	27

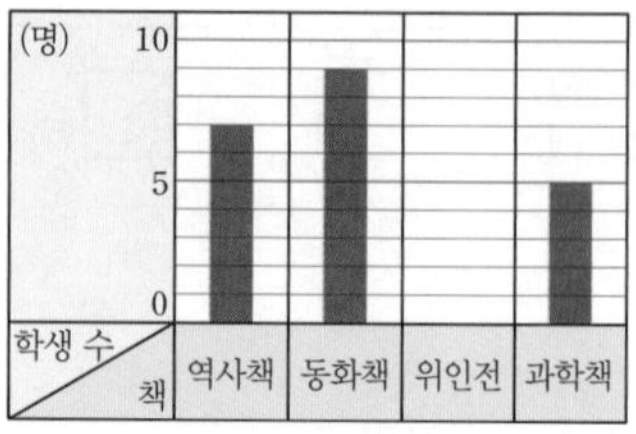

3 가장 많은 학생이 좋아하는 책의 학생 수는 가장 적은 학생이 좋아하는 책의 학생 수보다 몇 명 더 많은가요?

좋아하는 책별 학생 수

책	역사책	동화책	위인전	과학책	합계
학생 수(명)	7	9	6	5	27

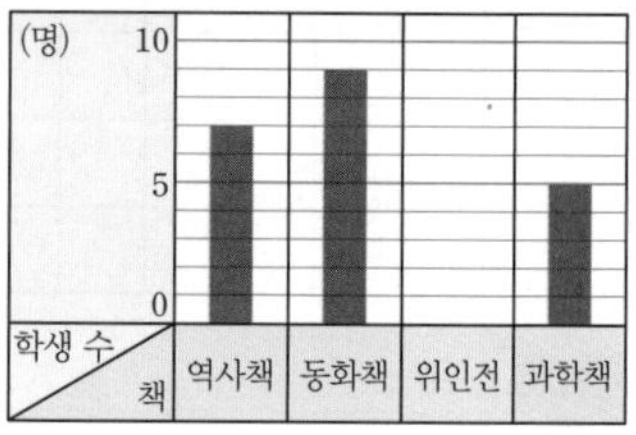

5 기르는 동물 중에서 돼지는 소보다 몇 마리 더 많을까요?

농장에서 기르는 동물 수

동물	소	돼지	닭	오리	합계
동물 수(마리)	3	7	10	6	26

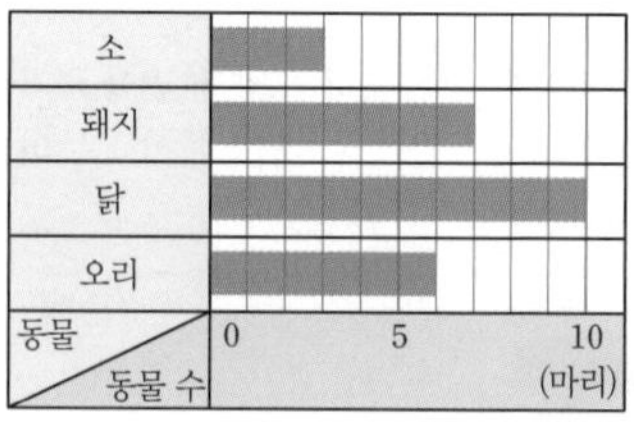

6 막대그래프로 나타내면 더 좋은 점을 찾아 기호를 쓰세요.

㉠ 가장 많이 기르는 동물과 가장 적게 기르는 동물을 쉽게 알 수 있습니다.
㉡ 기르는 동물이 모두 몇 마리인지 쉽게 알 수 있습니다.

7 읽은 책 수가 가장 많은 달과 가장 적은 달의 차는 몇 권일까요?

월별 읽은 책 수

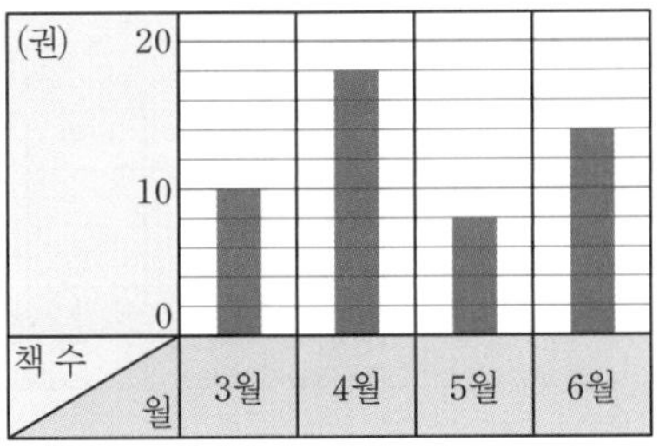

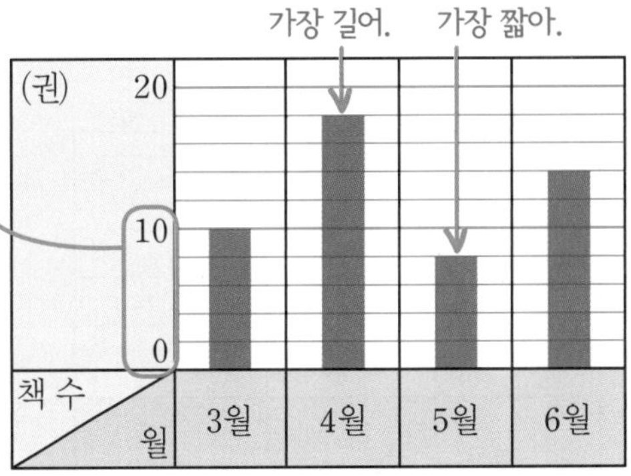

\\ 중요해! //

세로 눈금 5칸이 10권을 나타내므로 세로 눈금 1칸은 2권을 나타내.

8 읽은 책 수가 두 번째로 많은 달은 언제이고, 몇 권일까요?

월별 읽은 책 수

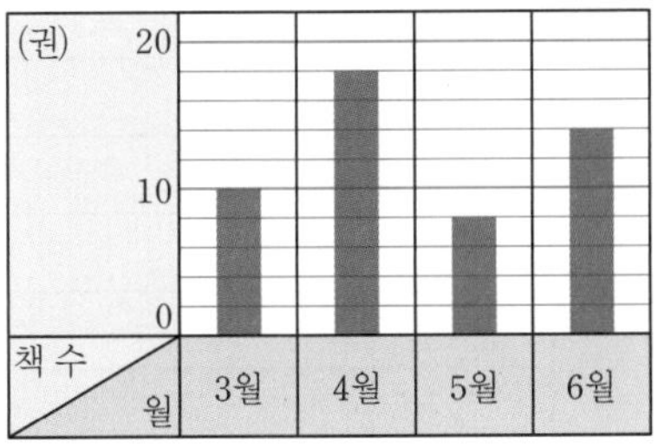

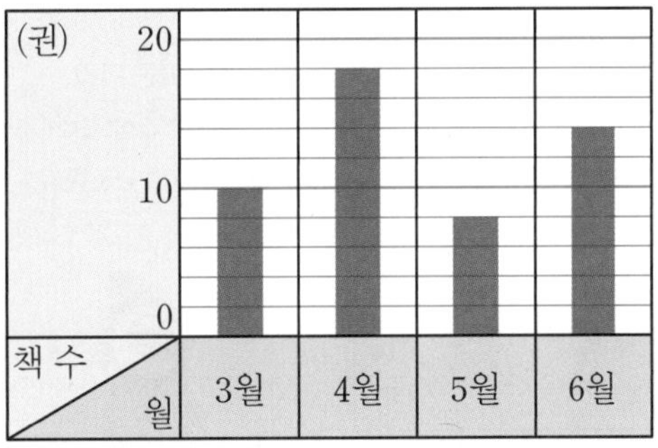

읽은 책 수가 두 번째로 많은 달은 막대의 길이가 두 번째로 긴 달이야.

수학적 독해력

+9 영민이네 학교 4학년 학생들이 현장 체험 학습을 가고 싶어 하는 장소를 조사하였습니다. 과학관에 가고 싶어 하는 학생은 식물원에 가고 싶어 하는 학생보다 몇 명 더 많을까요?

현장 체험 학습 장소별 학생 수

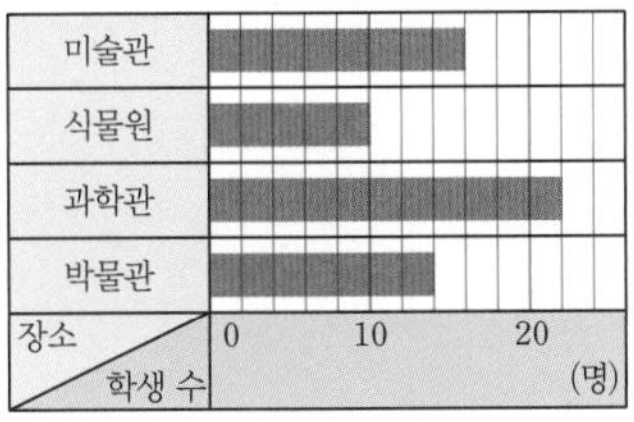

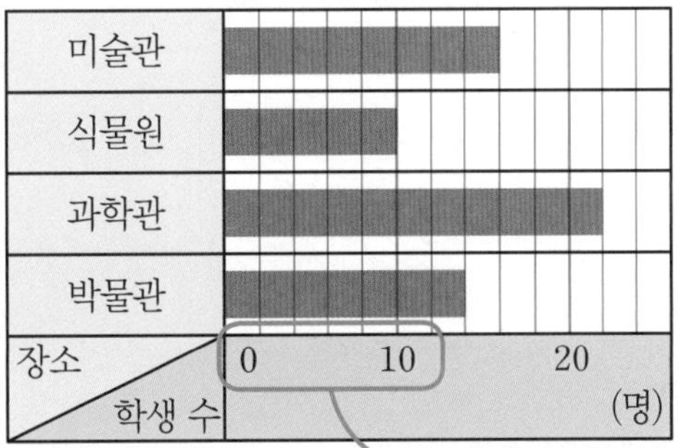

과학관은 식물원보다 몇 칸 더 많을까?

가로 눈금 5칸이 10명을 나타내므로 가로 눈금 1칸은 2명을 나타내.

수학적 표현력

+10 9번의 막대그래프를 보고 현장 체험 학습 장소를 정한다면 어디가 좋을지 이유와 함께 설명해 보세요.

현장 체험 학습 장소별 학생 수

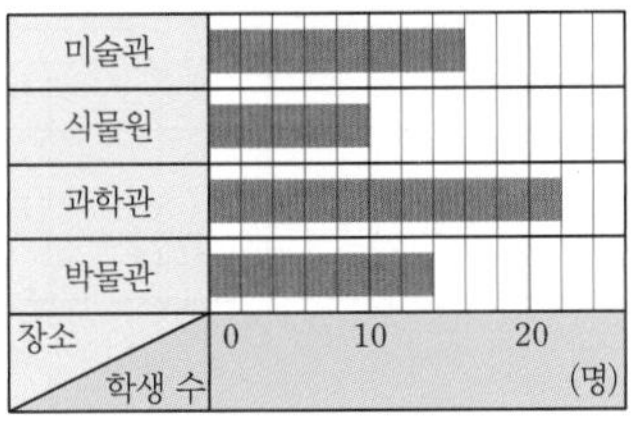

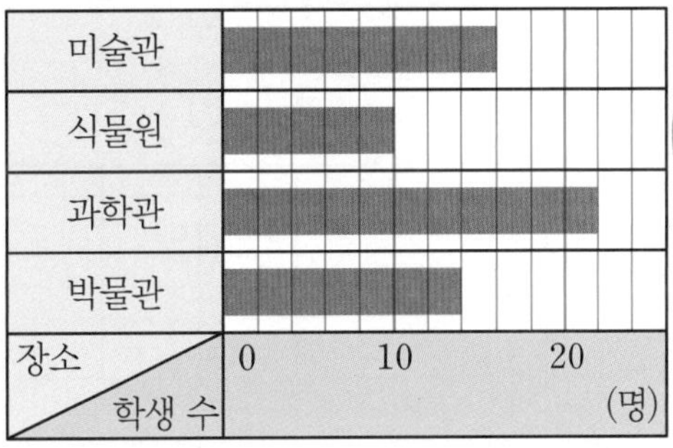

막대의 길이가 길수록 더 많은 학생들이 가고 싶어 하는 곳이야.

5 단원

23일 막대그래프로 나타내기

과목	국어	수학	영어	과학	합계
학생 수(명)	7	9	6	5	27

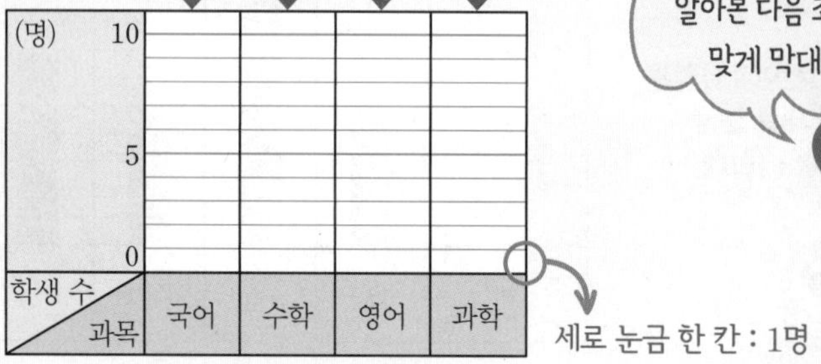

2 표를 보고 막대그래프로 나타내어 보세요.

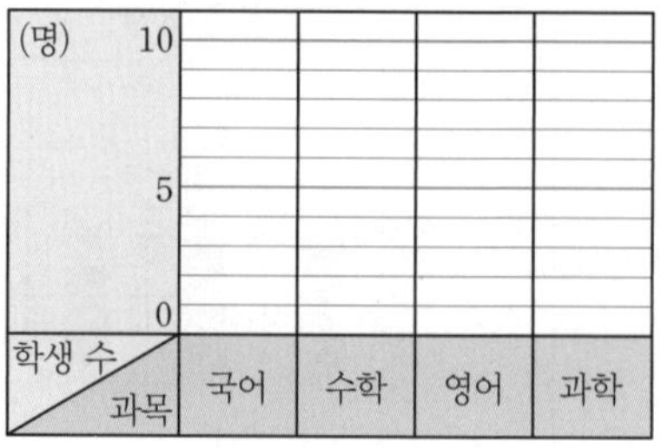

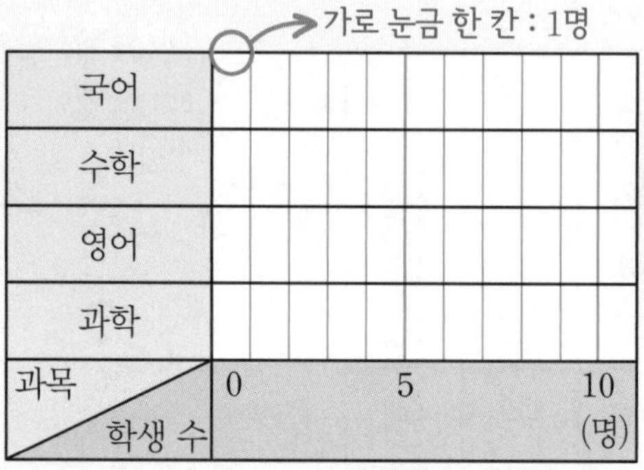

3 가로에는 학생 수, 세로에는 과목이 나타나도록 가로로 된 막대그래프로 나타내어 보세요.

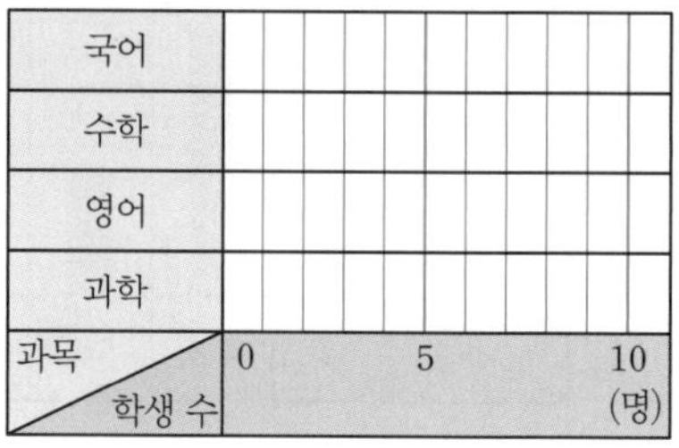

모든 수량의 합은30이야.

색깔	빨강	파랑	노랑	초록	보라	합계
학생 수(명)	6	8	4	□	2	30

$$6 + 8 + 4 + \square + 2 = 30$$

4 초록색을 좋아하는 학생은 몇 명일까요?

좋아하는 색깔별 학생 수

색깔	빨강	파랑	노랑	초록	보라	합계
학생 수(명)	6	8	4		2	30

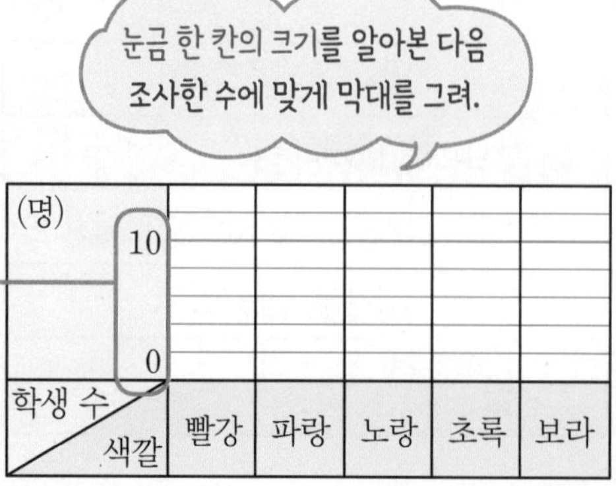

6 세로 눈금 한 칸을 2명으로 하여 막대그래프로 나타내어 보세요.

7 중국에 가고 싶은 학생은 몇 명일까요?

가고 싶은 나라별 학생 수

나라	미국	영국	중국	인도	호주	합계
학생 수(명)	8			12	14	60

영국은 미국의 2배

나라	미국	영국	중국	인도	호주	합계
학생 수(명)	8			12	14	60

$8+\square+12+14=60$

8 표를 보고 막대그래프로 나타내어 보세요.

가고 싶은 나라별 학생 수

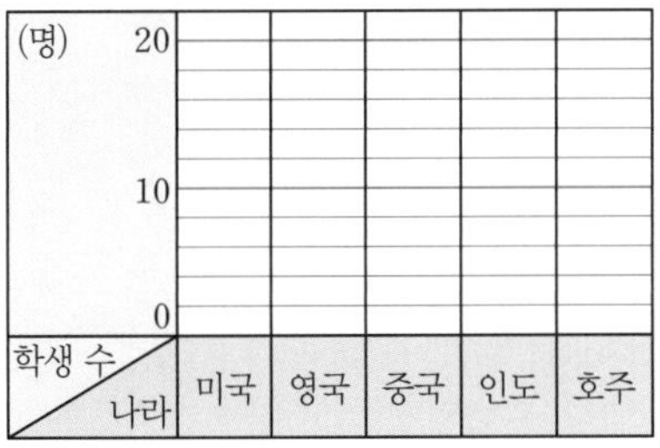

눈금 한 칸의 크기를 알아본 다음 조사한 수에 맞게 막대를 그려.

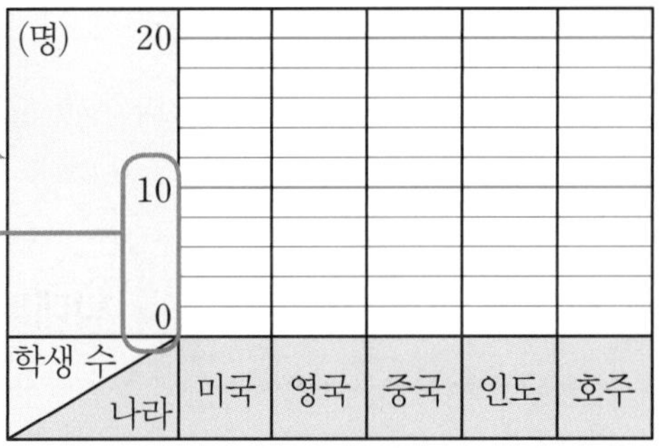

세로 눈금 5칸이 10명을 나타내므로 세로 눈금 1칸은 2명을 나타내.

수학적 독해력

+9 서연이네 반 학생들이 받고 싶은 생일 선물을 조사하여 나타낸 막대그래프입니다. 조사한 학생이 28명일 때 막대그래프를 완성하세요.

받고 싶은 생일 선물별 학생 수

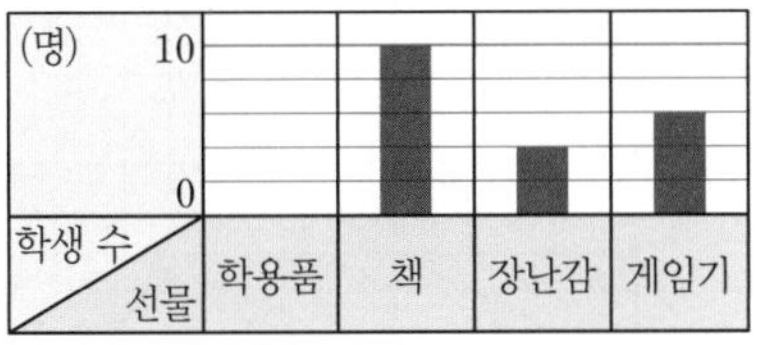

세로 눈금 5칸이 10명을 나타내므로 세로 눈금 1칸은 2명을 나타내.

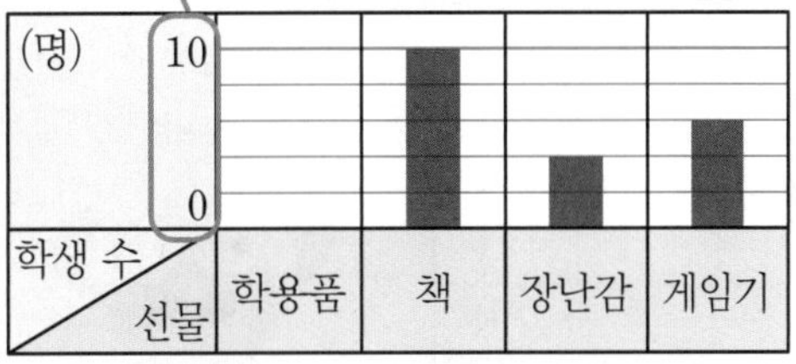

막대가 나타내는 학생 수를 모두 더하면 28명이어야 해.

수학적 표현력

+10 어느 가전 제품 대리점의 7월 판매량을 조사하여 나타낸 막대그래프입니다. 에어컨 판매량이 세탁기 판매량의 2배일 때 세탁기의 판매량은 몇 칸으로 나타내어야 할지 풀이 과정을 쓰고, 답을 구하세요.

7월 제품별 판매량

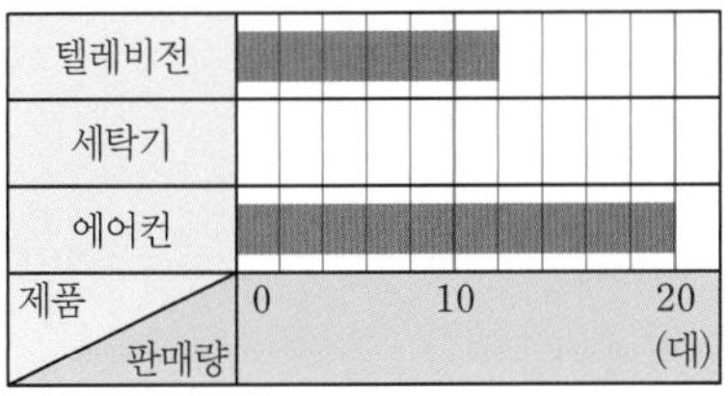

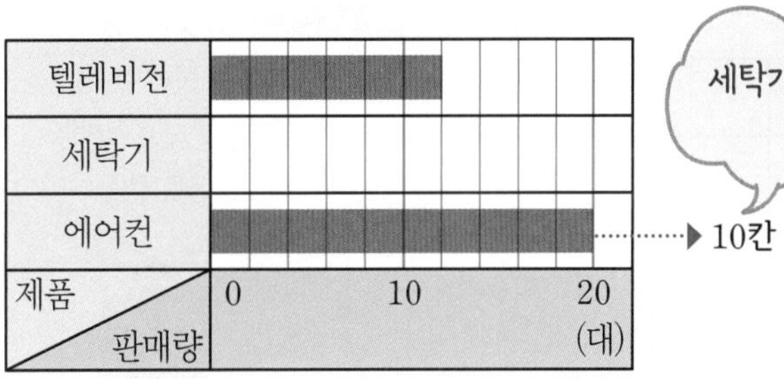

세탁기 판매량의 2배

24일 자료를 수집하여 막대그래프를 나타내기

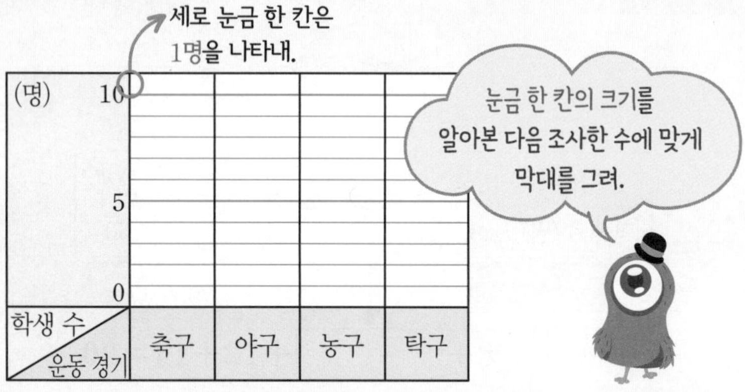

2 세로로 된 막대그래프로 나타내어 보세요.

참여하고 싶은 운동 경기별 학생 수

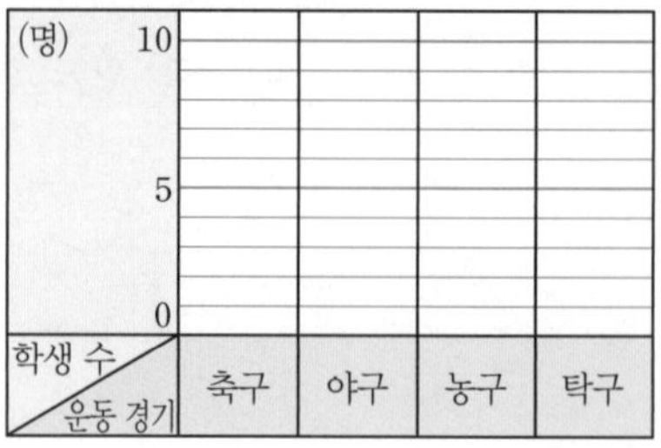

"가장 많은 학생들이 참여하고 싶어 하는"

↓

막대의 길이가 가장 긴

"가장 적은 학생들이 참여하고 싶어 하는"

↓

막대의 길이가 가장 짧은

3 참여하고 싶은 학생 수가 가장 많은 경기와 가장 적은 경기의 차는 몇 명일까요?

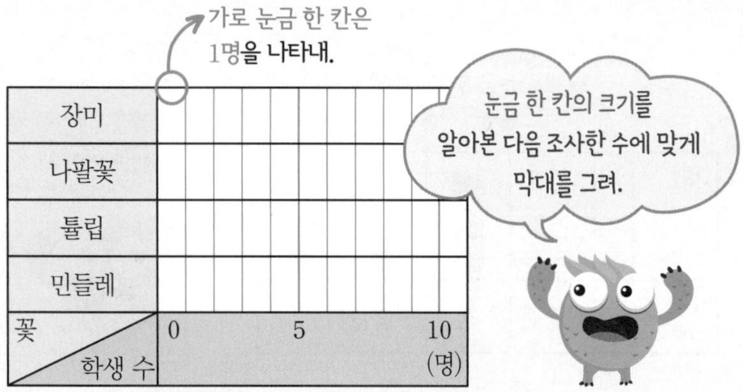

5 가로로 된 막대그래프로 나타내어 보세요.

좋아하는 꽃별 학생 수

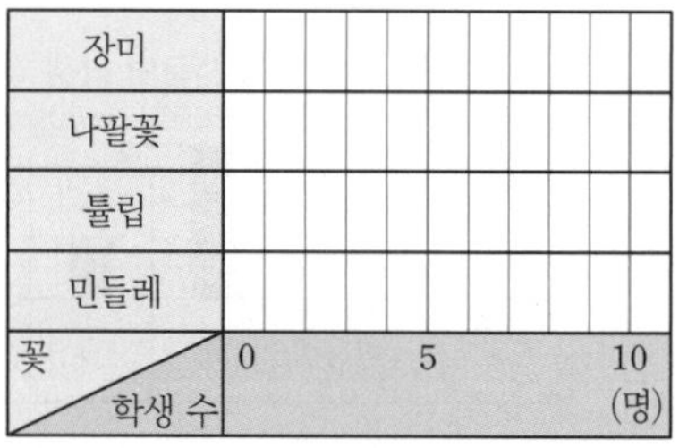

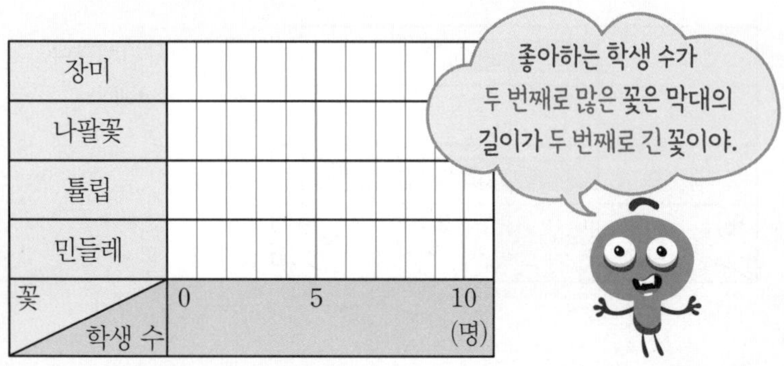

6 두 번째로 많은 학생들이 좋아하는 꽃은 무엇일까요?

7 윤하네 학교 4학년 반별 학생 수를 조사하여 나타낸 막대그래프입니다. 4학년 학생 모두에게 공책을 3권씩 나누어 주려면 필요한 공책은 모두 몇 권일까요?

4학년 반별 학생 수

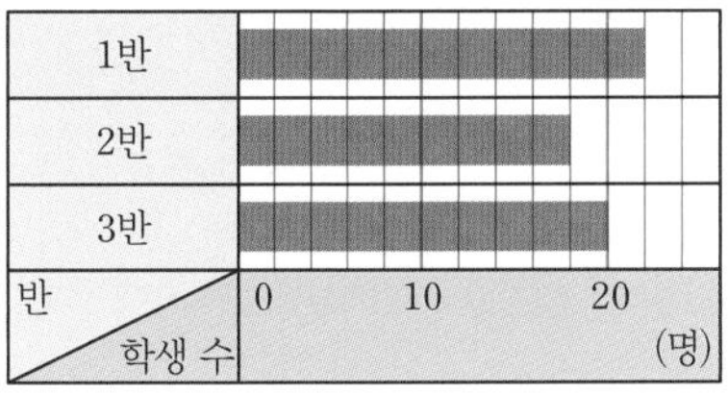

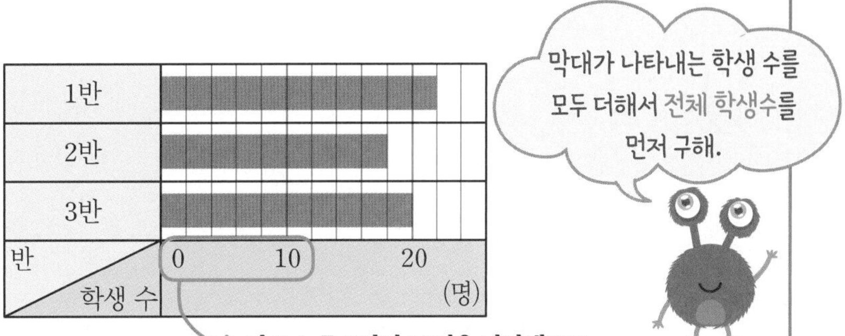

8 이야기를 읽고 막대그래프를 완성해 보세요.

> 반장 선거에서 24명이 투표해서 민호는 6표, 윤하와 지혜는 각각 같은 표를 받았고, 영민이는 10표를 받아 반장이 되었습니다.

후보별 득표 수

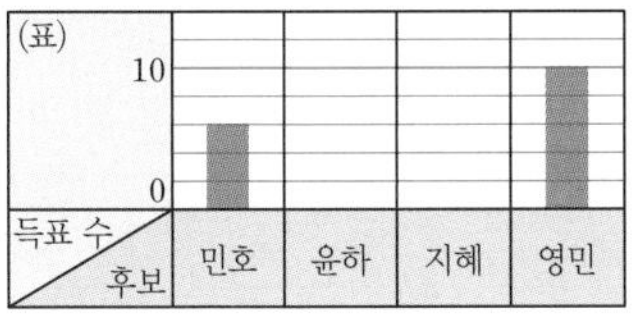

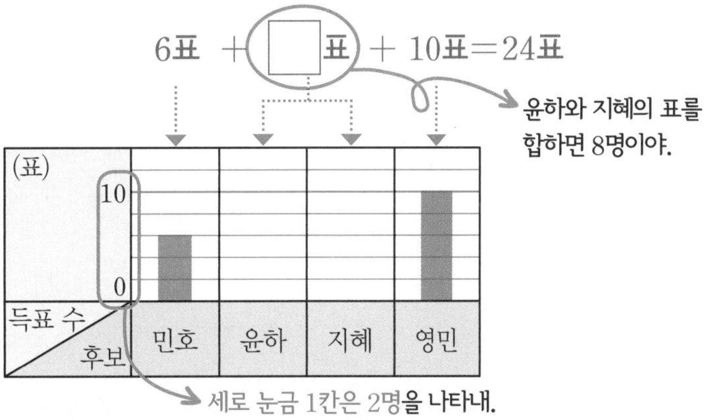

수학적 독해력

+9 어느 도시의 남녀 선생님 수를 조사하여 나타낸 막대그래프입니다. 여자 선생님의 수가 남자 선생님의 수보다 처음으로 많아지는 해는 언제일까요?

남녀 선생님 수

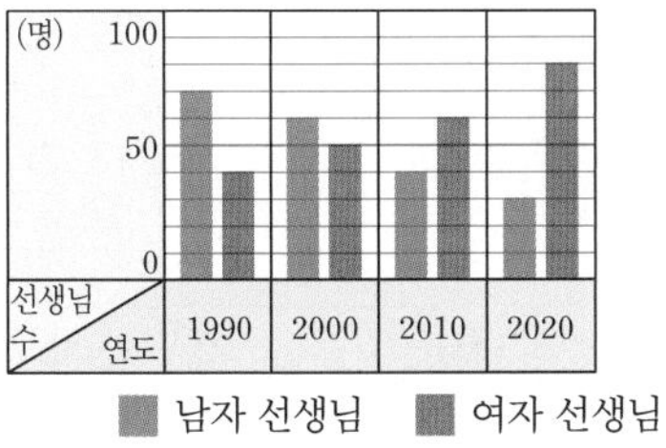

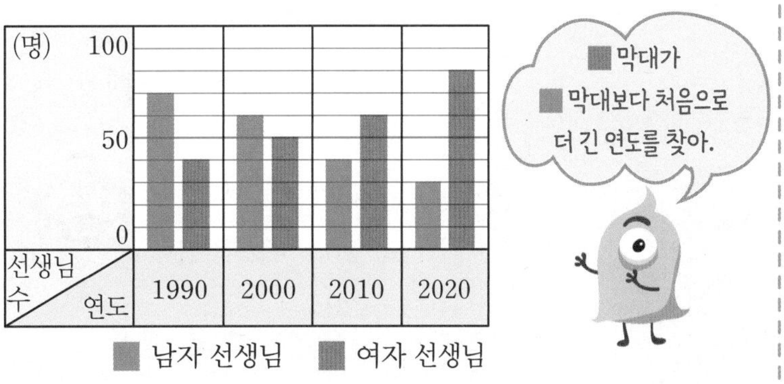

수학적 표현력

+10 9번 막대그래프에서 남녀 선생님 수는 해가 지남에 따라 어떻게 변하는지 설명해 보세요.

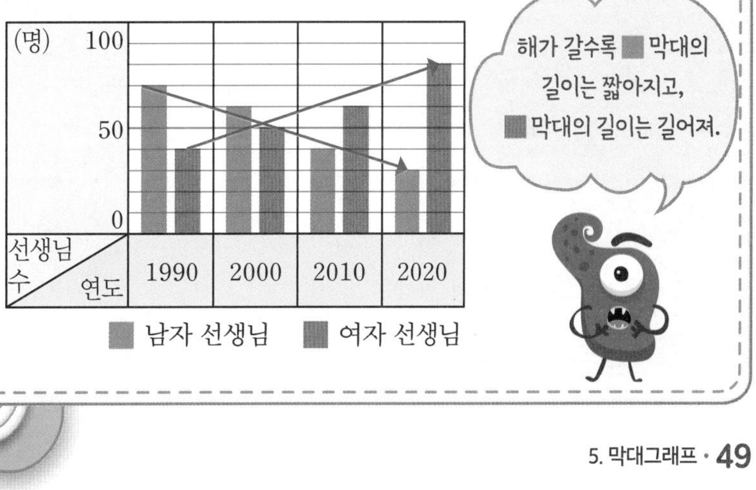

5단원

25일 수의 배열에서 규칙 찾기

3008부터 시작하여 ↘ 방향으로
☐씩 (커져 , 작아져).

3008	3108	3208	3308	3408
4008	4108	4208	4308	4408
5008	5108	5208	5308	5408
6008	6108	6208	6308	6408
7008	7108	7208	7308	7408

7408부터 시작하여 ↖ 방향으로
☐씩 (커져 , 작아져).

규칙은 여러 가지 방법으로 나타낼 수 있어.

변하는 수의 규칙을 찾아봐.

2021	2121	2321	2621	3021	☐21

덧셈의 결과에서 몇의 자리 숫자인지 확인해.

	1011
201	2
203	4
205	6
207	8

→ 1011+201=1212
→ 1011+203=1214
→ 1011+205=1216
→ 1011+207=1218

덧셈의 결과에서 규칙을 확인하고 ★을 찾아.

	1015
201	6
203	8
205	★
207	2

→ 1015+201=1216
→ 1015+203=1218
→ 1015+205=1220
→ 1015+207=1222

3 색칠된 칸에서 규칙을 찾아보세요.

3008	3108	3208	3308	3408
4008	4108	4208	4308	4408
5008	5108	5208	5308	5408
6008	6108	6208	6308	6408
7008	7108	7208	7308	7408

〔규칙〕

4 규칙적인 수의 배열에서 ◆에 알맞은 수를 구하세요.

2021	2121	2321	2621	3021	◆

5 수 배열표에서 발견할 수 있는 규칙을 바르게 말한 사람은 누구일까요?

	1011	1012	1013	1014	1015
201	2	3	4	5	6
203	4	5	6	7	8
205	6	7	8	9	★
207	8	9	0	1	2

서연: 덧셈의 결과에서 백의 자리 숫자만 쓴 거야.
민호: 덧셈의 결과에서 십의 자리 숫자만 쓴 거야.
지혜: 덧셈의 결과에서 일의 자리 숫자만 쓴 거야.

6 수 배열의 규칙에 따라 ★에 알맞은 수를 구하세요.

	1011	1012	1013	1014	1015
201	2	3	4	5	6
203	4	5	6	7	8
205	6	7	8	9	★
207	8	9	0	1	2

7 규칙적인 수의 배열에서 ◆, ●에 알맞은 수를 구해 보세요.

	11	12	13	14	15
5	55	60	65	70	75
10	110	120	130	140	150
15	◆	180	195	210	225
20	220	240	260	280	●

◆ (　　　　　　)
● (　　　　　　)

두 수의 곱셈 결과를 쓴 규칙이야.
11×5=55

	11	12	13	14	15
5	55	60	65	70	75
10	110	120	130	140	150
15	◆	180	195	210	225
20	220	240	260	280	●

8 수의 배열에서 발견할 수 있는 규칙이 아닌 것을 찾아 기호를 쓰세요.

㉠ 55부터 시작하여 오른쪽으로 5씩 커집니다.
㉡ 220부터 시작하여 ↗방향으로 40씩 작아집니다.
㉢ 280부터 시작하여 위로 70씩 작아집니다.

	11	12	13	14	15
5	55	60	65	70	75
10	110	120	130	140	150
15	◆	180	195	210	225
20	220	240	260	280	●

㉠ ㉡ ㉢

6단원

수학적 독해력

+9 수 배열표의 일부가 찢어졌습니다. 수 배열의 규칙에 따라 ★에 알맞은 수를 구하세요.

110	112	114	116	118
130	132	134	136	138
150	152	154	156	
170	172	★		
190	192			

110	112	114	116	118
130	132	134	136	138
150	152	154	156	
170	172	★		
190	192			

□씩 커져.

□씩 커져.

수학적 표현력

+10 수 배열의 규칙에 따라 빈칸에 알맞은 수를 구하려고 합니다. 풀이 과정을 쓰고, 답을 구하세요.

4	8	16		64

×★

4	8	16	?	64

4부터 시작하여 ★을 곱한 결과를 오른쪽에 쓰는 규칙이야.

26일 모양의 배열에서 규칙 찾기

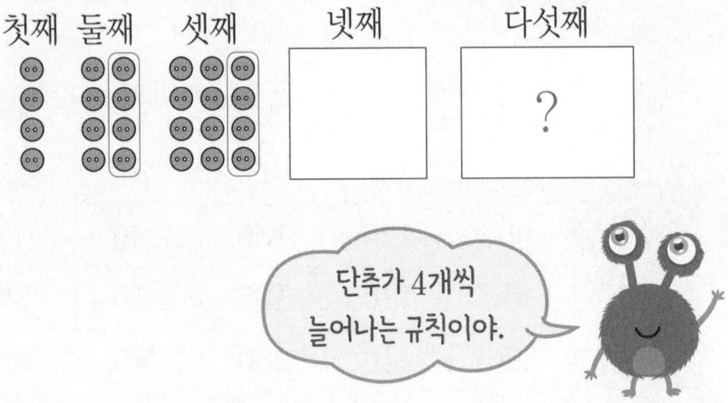

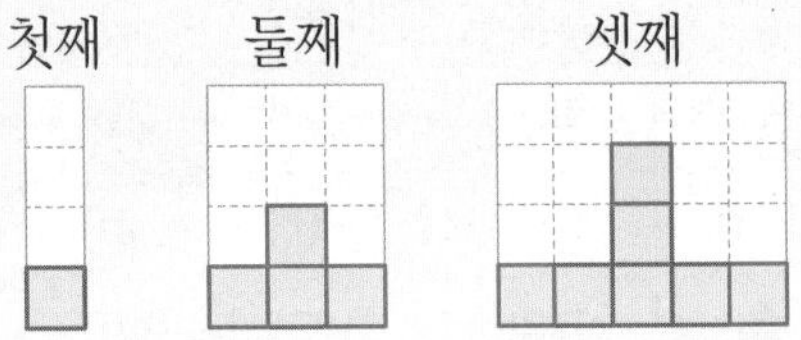

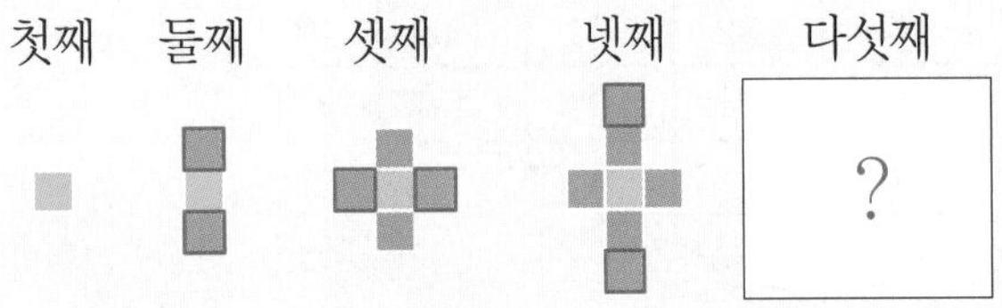

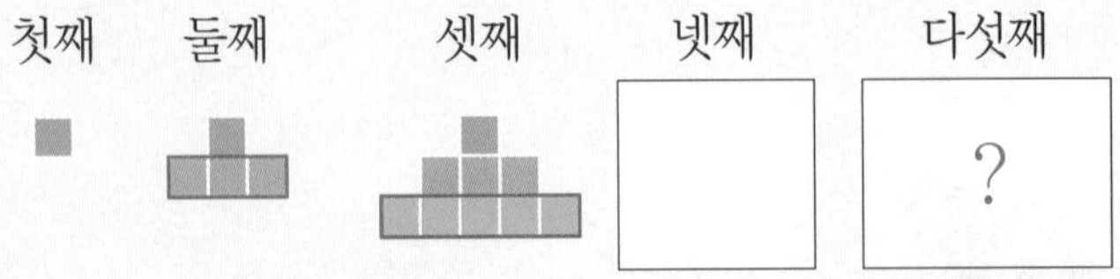

3 다섯째에 알맞은 모양에 ○표 하세요.

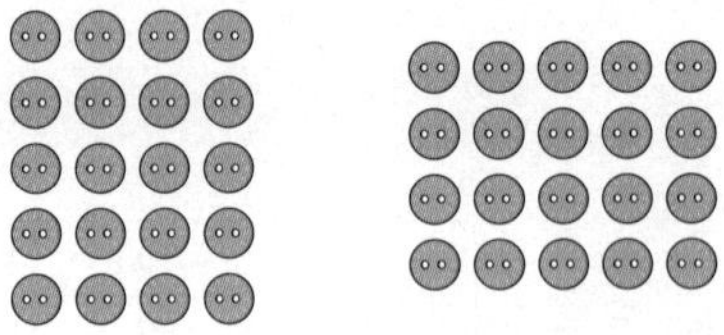

(　　　)　　(　　　)

4 모양의 배열에서 찾은 규칙입니다. □ 안에 알맞은 수를 써넣으세요.

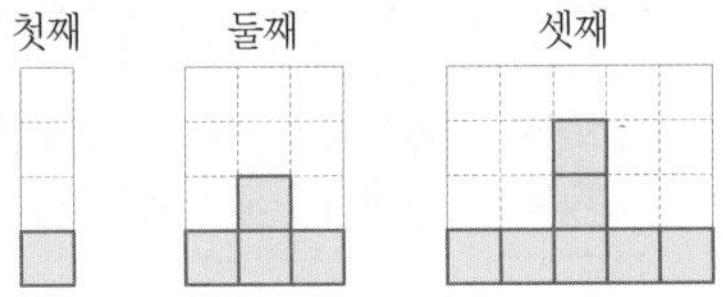

[규칙] 사각형이 왼쪽, 위쪽, 오른쪽으로 각각 □개씩 늘어나고 있으므로 수는 □씩 커지고 있습니다.

5 모양의 배열을 보고 다섯째에 알맞은 모양에서 사각형의 개수를 구하세요.

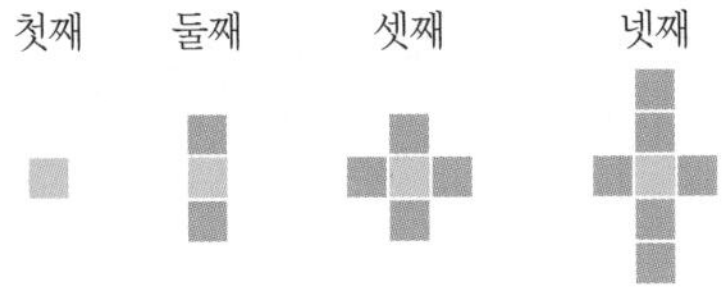

6 규칙에 따라 색종이를 늘어놓았습니다. 다섯째 모양을 만드는 데 필요한 색종이는 몇 장일까요?

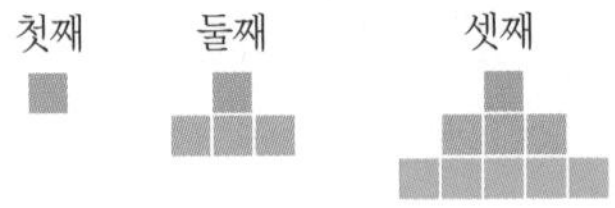

7 규칙에 따라 ㉠에 올 모양에 ○표 하세요.

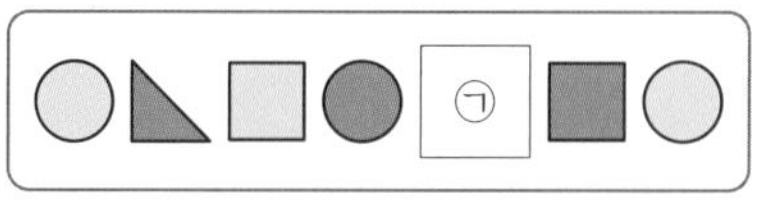

( ) ( ) ( ) ( )

색깔의 규칙: 노란색 — 보라색

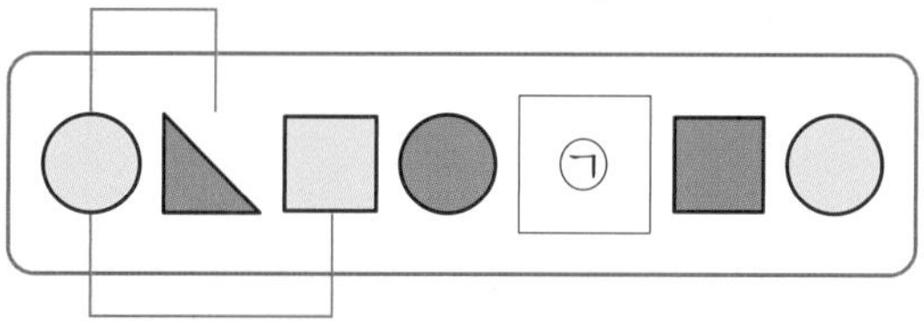

모양의 규칙: ○ — △ — □

8 모양의 배열에서 찾은 규칙으로 알맞은 것의 기호를 쓰세요.

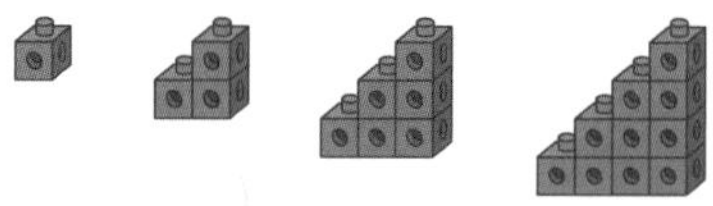

㉠ 모형( )의 개수가 한 단계가 진행될 때마다 2개씩 늘어나는 규칙입니다.
㉡ 모형( )이 1개에서 시작하여 2개, 3개, 4개 ……씩 늘어나는 규칙입니다.

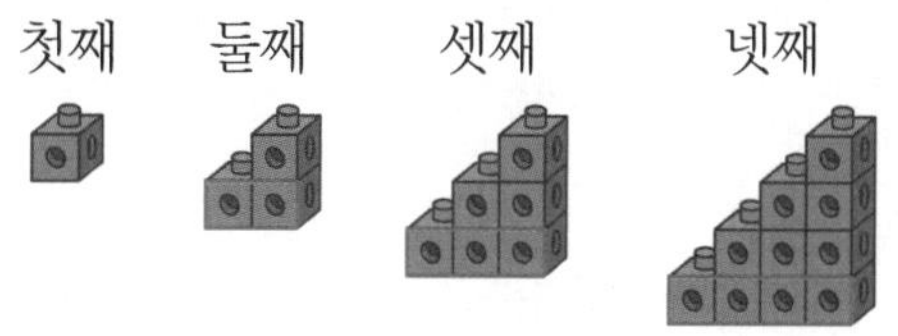

수학적 독해력

+9 규칙에 따라 바둑돌을 늘어놓았습니다. 넷째에 놓일 모양에서 흰 바둑돌과 검은 바둑돌의 개수의 차는 몇 개일까요?

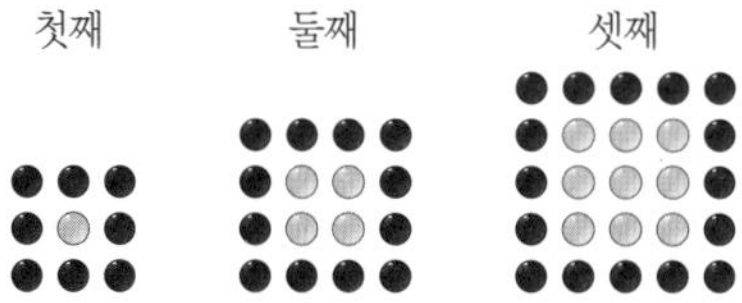

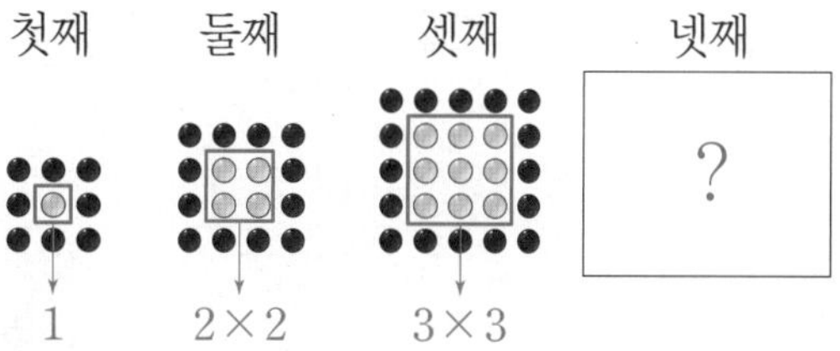

수학적 표현력

+10 규칙에 따라 모양을 배열하였습니다. 다섯째에 알맞은 모양에서 사각형은 몇 개인지 풀이 과정을 쓰고, 답을 구하세요.

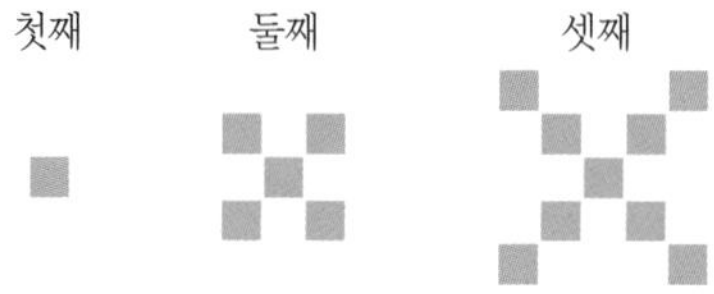

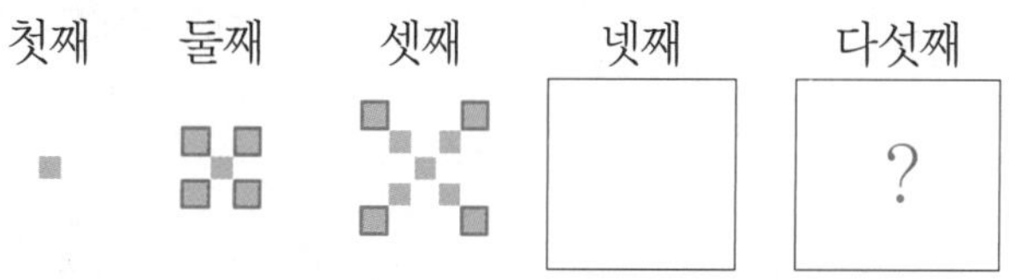

6 단원

27 일

계산식의 배열에서 규칙 찾기

순서	계산식
첫째	300 − 150 + 50 = 200
둘째	400 − 250 + 150 = 300
셋째	500 − 350 + 250 = 400
넷째	600 − 450 + 350 = 500
다섯째	□00 − □50 + □50 = □00

순서	곱셈식
첫째	1×45=45
둘째	11×45=495
셋째	111×45=4995
넷째	1111×45=49995

순서	곱셈식
첫째	1 × 45 = 45
둘째	11 × 45 = 495
셋째	111 × 45 = 4995
넷째	1111 × 45 = 49995

□ × □ =49999995

63 ÷ 7 = 9
693 ÷ 7 = 99
6993 ÷ 7 = 999
□ ÷ 7 = □
699993 ÷ 7 = 99999

3 계산식의 배열에서 규칙을 찾아 다섯째 빈칸에 알맞은 식을 써넣으세요.

순서	계산식
첫째	300−150+ 50=200
둘째	400−250+150=300
셋째	500−350+250=400
넷째	600−450+350=500
다섯째	

4 어떤 규칙이 있는지 찾아보세요.

순서	곱셈식
첫째	1×45=45
둘째	11×45=495
셋째	111×45=4995
넷째	1111×45=49995

[규칙] 1이 □개씩 늘어나는 수에 45를 곱하면 계산 결과는 4와 5 사이에 9가 곱해지는 수의 1의 개수보다 □개 적은 수가 됩니다.

5 규칙에 따라 계산 결과가 49999995가 되는 계산식을 쓰세요.

순서	곱셈식
첫째	1×45=45
둘째	11×45=495
셋째	111×45=4995
넷째	1111×45=49995

□×□=49999995

6 나눗셈식의 배열에서 규칙을 찾아 빈칸에 알맞은 식을 써넣으세요.

63÷7=9
693÷7=99
6993÷7=999
□
699993÷7=99999

7 계산식의 배열을 보고 계산 결과가 777777이 나오는 계산식을 쓰세요.

순서	계산식
첫째	$10101\times11=111111$
둘째	$10101\times22=222222$
셋째	$10101\times33=333333$
넷째	$10101\times44=444444$

〔식〕 ______________________

순서	계산식
첫째	$10101\times11=111111$
둘째	$10101\times22=222222$
셋째	$10101\times33=333333$
넷째	$10101\times44=444444$

$\square\times\square=777777$

8 계산식의 배열에서 규칙을 찾아 빈칸에 알맞은 식을 써넣으세요.

$9\times9+7=88$

$98\times9+6=888$

$987\times9+5=8888$

$\square$

$98765\times9+3=888888$

$9\times9+7=88$

$98\times9+6=888$

$987\times9+5=8888$

$\square\times9+\square=\square$

$98765\times9+3=888888$

수학적 독해력

+9 윤하의 생각과 같은 규칙적인 계산식을 찾아 기호를 쓰세요.

㉠	㉡
$216+172=388$	$413-203=210$
$226+162=388$	$423-213=210$
$236+152=388$	$433-223=210$
$246+142=388$	$443-233=210$

㉠	㉡
$216+172=388$	$413-203=210$
$226+162=388$	$423-213=210$
$236+152=388$	$433-223=210$
$246+142=388$	$443-233=210$

수학적 표현력

+10 곱셈식의 배열을 보고 다음에 올 곱셈식을 구하려고 합니다. 풀이 과정을 쓰고, 답을 구하세요.

순서	곱셈식
첫째	$1\times1=1$
둘째	$11\times11=121$
셋째	$111\times111=12321$
넷째	$1111\times1111=1234321$

순서	곱셈식
첫째	$1\times1=1$
둘째	$11\times11=121$
셋째	$111\times111=12321$
넷째	$1111\times1111=1234321$

6 단원

28일 등호(=)를 사용하여 나타내기

등호(=)를 사용하려면 등호 양쪽의 두 양의 크기가 서로 같아야 해.

■+▲=▲+■

두 수를 바꾸어 더해도 그 계산 결과는 같아.

■×▲=▲×■

두 수를 바꾸어 곱해도 그 계산 결과는 같아.

크기가 같은 두 양은 등호(=)를 사용하여 나타낼 수 있어.

식 = 식

크기가 같아.

차가 같으려면 빼지는 수가 커진 만큼 빼는 수도 커져야 해.

56－13＝60－□ (+4, +□)

등호(=) 양쪽이 얼마만큼 커지고 작아졌는지 비교하면 계산하지 않고도 □를 구할 수 있어.

33×□＝11×9 (÷3, ×3)

7×21＝□×3 (÷7, ×7)

3 계산 결과가 같은 식을 찾아 등호(=)를 사용하여 하나의 식으로 나타내 보세요.

75－20	15×3
90÷2	35＋30

4 등호(=)가 있는 식으로 바르게 나타낸 것을 모두 찾아 기호를 쓰세요.

㉠ 74＝65＋8
㉡ 100÷4＝5×5
㉢ 21＋15＝15＋21
㉣ 43－10＝40－3

5 크기가 같은 뺄셈식이 되도록 □ 안에 알맞은 수를 써넣으세요.

56－13＝60－□ (+4, +□)

6 크기가 같은 곱셈식이 되도록 □ 안에 알맞은 수를 써넣으세요.

(1) 33×□＝11×9

(2) 7×21＝□×3

(3) 3×5×8＝□×5

7 □ 안에 알맞은 수가 가장 큰 것을 찾아 기호를 쓰세요.

㉠ $38-5=\square-3$
㉡ $60+\square=25\times4$
㉢ $\square\times3=21\times6$

등호(=)를 사용하려면 등호 양쪽의 두 양의 크기가 같아야 해.

$$38-5=\square-3$$
$$60+\square=25\times4$$
$$\square\times3=21\times6$$

8 등호(=)가 있는 식을 완성하려고 합니다. ●와 ★에 알맞은 수의 합을 구하세요.

㉠ $72\div8=36\div$ ●
㉡ $27\times16=54\times$ ★

등호(=) 양쪽이 얼마만큼 커지고 작아졌는지 비교하면 계산하지 않고도 ●, ★을 구할 수 있어.

÷2 (72 → 36)
$72\div8=36\div$ ●
÷2 (8 → ●)

×2 (27 → 54)
$27\times16=54\times$ ★
÷2 (16 → ★)

수학적 독해력

9 ♥에 알맞은 수를 바르게 이야기한 친구는 누구일까요?

$60\div10=$ ♥ $\div5$

지혜: 60 ÷ 10은 6이므로 ♥에 알맞은 수는 6이야.

영민: 5는 10보다 5만큼 더 작은 수이니까 ♥에 알맞은 수는 60보다 5만큼 작은 수인 55야.

수현: 5는 10을 2로 나눈 수이니까 ♥에 알맞은 수는 60을 2로 나눈 몫인 30이야.

÷2 (10 → 5)
$60\div10=$ ♥ $\div5$
÷2 (60 → ♥)

등호(=) 양쪽이 얼마만큼 커지고 작아졌는지 비교하면 계산하지 않고도 ♥를 구할 수 있어.

수학적 표현력

10 수 하나를 골라 바르게 고쳐 옳은 식을 2가지 만들어 보세요.

$40\times6=10\times12$

등호(=)를 사용하려면 등호 양쪽의 두 양의 크기가 같아야 해.

$$40\times6=10\times12$$

6 단원

memo

memo

memo

memo

memo

memo

memo

자신감 뿜뿜

수학이 만만해지는 힌트의 힘!

막힐 때 찾아보는

힌트북

풀이집은 개념의 빈틈을 채우는
두 번째 학습서입니다.

막힐 땐

힌트북

초등수학 4-1

정답 · 풀이

슬기로운공부

막힐 땐

힌트북

초등수학 4-1

정답 · 풀이

본책 008~011쪽

01일 10000이 10개인 수

확인 008쪽

① (1) 10000, 1만, 만, 일만 (2) 1000

기본기 다지는 교과서 문제 009쪽

1 (1) 예  (2) 10

2 (1) 1 (2) 10 (3) 100

3 (1) 5 (2) 90000, 9만

1 10000은 1000이 10개인 수입니다.

2 10000은
- 9000보다 1000만큼 더 큰 수
- 9900보다 100만큼 더 큰 수
- 9990보다 10만큼 더 큰 수
- 99909보다 1만큼 더 큰 수

3 (2) 10000이 ■개이면 ■0000 또는 ■만이라고 씁니다.

스스로 풀어내는 도전 10 문제 010~011쪽

1 10000 또는 1만 / 만 또는 일만

2 1000, 2000, 3000

3 10, 100, 1000, 10000 4 8000, 200

5 (1) 9980, 10000 (2) 9700, 10000

6 10, 100, 1000 7 150, 200

8 ㉢ +9 3000

+10 예 10000원짜리 지폐 4장은 40000원이고 1000원짜리 지폐 10장은 10000원입니다. 따라서 슬기가 모은 돈은 모두 40000+10000=50000(원)입니다. / 50000원

1 1000이 10개인 수를 10000 또는 1만이라 쓰고, 만 또는 일만이라고 읽습니다.

4 9800에 200을 더하면 10000이므로 10000은 9800보다 200만큼 더 큰 수입니다.

힌트북 02쪽

5

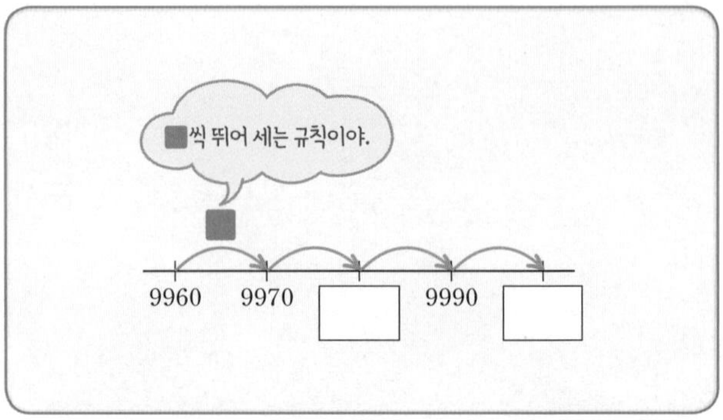

(1) 눈금 한 칸이 10을 나타내므로 10씩 뛰어 세면 9960－9970－9980－9990－10000입니다.

(2) 눈금 한 칸이 100을 나타내므로 100씩 뛰어 세면 9600－9700－9800－9900－10000입니다.

6 10000은 1000이 10개, 100이 100개, 10이 1000개인 수입니다.

7
- 9850에서 50씩 3번 뛰어 세면 10000이 되므로 10000은 9850보다 150만큼 더 큰 수입니다.
- 9800에서 50씩 4번 뛰어 세면 10000이 되므로 10000은 9800보다 200만큼 더 큰 수입니다.

8 ㉠ 100이 100개인 수 ➔ 10000
㉡ 1000을 10배 한 수 ➔ 10000
㉢ 100보다 100만큼 더 큰 수 ➔ 200

힌트북 03쪽

+9

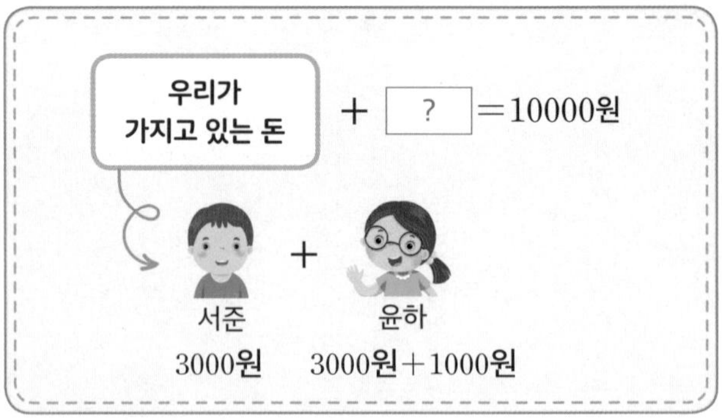

(윤하가 가진 돈)=3000+1000=4000(원)
(서준이와 윤하가 가진 돈)
= 3000+4000=7000(원)
10000은 7000보다 3000만큼 더 큰 수이므로 두 사람이 가지고 있는 돈에 3000원이 더 있으면 10000원이 됩니다.

본책 012~015쪽

02일 다섯 자리 수

확인 ···· 012쪽

❶ (1) 2000, 40 / 2000, 40 (2) 칠만 이천오백사십팔

기본기 다지는 교과서 문제 013쪽

1 9, 5
2 이만 구천팔백사십오, 62931, 구만 천칠백사십삼
3 40000, 900, 60, 3

1 10000이 9개, 1000이 3개, 100이 5개, 10이 1개, 1이 4개인 수는 93514입니다.

2 수를 말로 나타낼 때에는 만 단위로 띄어 씁니다.

3

만의 자리	천의 자리	백의 자리	십의 자리	일의 자리
4	2	9	6	3
40000	2000	900	60	3

42963＝40000＋2000＋900＋60＋3

스스로 풀어내는 도전 10 문제 014~015쪽

1 3, 2, 3000, 600, 5 **2** 62514
3 90000+3000+800+40+5
4 35640원 **5** 8
6 86531, 팔만 육천오백삼십일
7 (1) 25493 (2) 82315 **8** ㉢, ㉠, ㉣, ㉡
+**9** 48350원
+**10** 예 10000개씩 2상자이면 20000개, 1000개씩 5상자이면 5000개, 100개씩 1상자이면 100개, 10개씩 8상자이면 80개이므로 상자에 담은 지우개는 모두 20000+5000+100+80=25180(개)입니다. / 25180개

1 10000이 8개, 1000이 3개, 100이 6개, 10이 2개, 1이 5개인 수는 83625입니다.

2
10000이 6개 → 60000
1000이 2개 → 2000
100이 5개 → 500
10이 1개 → 10
1이 4개 → 4
―――
62514

3

만의 자리	천의 자리	백의 자리	십의 자리	일의 자리
9	3	8	4	5
90000	3000	800	40	5

93845＝90000＋3000＋800＋40＋5

4 10000원짜리 3장, 1000원짜리 5장, 100원짜리 6개, 10원짜리 4개이므로 모두 35640원입니다.

5
10000이 7개 → 70000
1000이 3개 → 3000
100이 ★개 → ★00
10이 5개 → 50
1이 9개 → 9
―――
73859

따라서 ★에 알맞은 수는 8입니다.

힌트북 04쪽

6

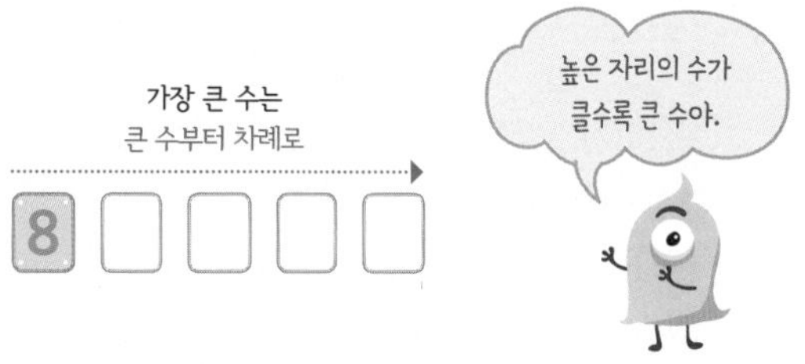

8＞6＞5＞3＞1이므로 높은 자리부터 큰 수를 늘어놓으면 가장 큰 다섯 자리 수는 86531입니다.

7 (1) 각 수의 천의 자리 숫자를 알아보면
56032 → 6, 25493 → 5, 38157 → 8,
82315 → 2입니다.
(2) 숫자 3이 300을 나타내는 수는 백의 자리 숫자가 3인 수입니다.
56032 → 0, 25493 → 4, 38157 → 1,
82315 → 3

힌트북 05쪽

8

8 8 8 8 8
- → 8
- → 80
- → 800
- → 8000
- → 80000

각 수에서 숫자 8이 나타내는 값을 알아봅니다.

㉠ 56813 → 800　　㉡ 72948 → 8

㉢ 48239 → 8000　　㉣ 93582 → 80

+9

10000원짜리	4장 →	40000원
1000원짜리	7장 →	7000원
100원짜리	13개 →	1300원
10원짜리	5개 →	50원
		48350원

힌트북 05쪽

+10

10000개씩 2상자 →	20000
1000개씩 5상자 →	5000
100개씩 1상자 →	100
10개씩 8상자 →	80

본책 016~019쪽

03일 십만, 백만, 천만

확인 016쪽

1 (1) 8000000, 60000 (2) 오천팔백삼십육만

기본기 다지는 교과서 문제 017쪽

1 

2 65930000, 삼천칠십오만, 7500000

3 90000000, 700000

2 육천오백구십삼만 → 6593만
→ 65930000

3075|0000 → 삼천칠십오만
만| 일|

칠백오십만 → 750만
→ 7500000

스스로 풀어내는 도전 10 문제 018~019쪽

1 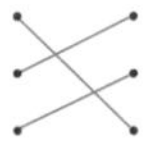　　**2** 100만, 1000만

3 6, 7, 2, 60000000, 3000000, 20000

4 6000000, 600000　　**5** ㉢

6 76543210, 칠천육백오십사만 삼천이백십

7 6370만 또는 63700000　**8** 1000배

+9 ㉡, ㉠, ㉢

+10 예 3460000은 십만이 34개, 만이 6개인 수이므로 3460000원을 10만 원짜리 수표로 34장까지 찾을 수 있습니다. / 34장

2 10배씩 뛰어 세면 수의 뒤에 0이 1개씩 늘어납니다.

3 6372|0000
만| 일|

힌트북 06쪽

4

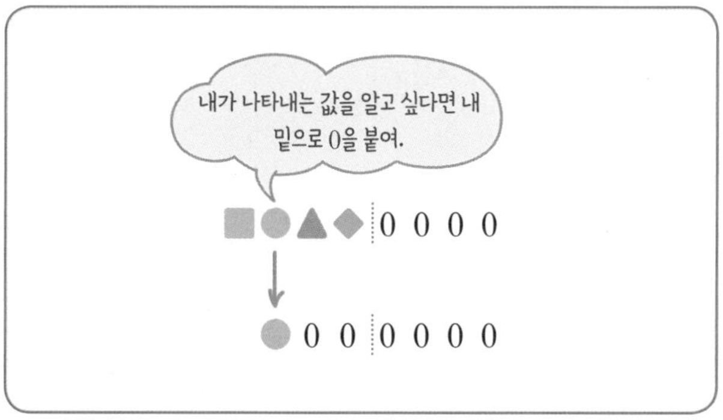

4672¦0000¦
만¦ 일¦

숫자 6은 백만의 자리 숫자이므로 6000000을 나타냅니다.

7264¦0000¦
만¦ 일¦

숫자 6은 십만의 자리 숫자이므로 600000을 나타냅니다.

5 3956¦2014에서 ㉠ 십만의 자리 숫자는 5이고, ㉡ 백만의 자리 숫자는 9000000을 나타냅니다.

6 가장 큰 수를 만들려면 높은 자리부터 큰 수를 늘어놓습니다. ➜ 76543210

7 1000만이 5개이면 5000만,
100만이 13개이면 1300만,
10만이 7개이면 70만이므로
6370만 또는 63700000이라고 씁니다.

8 ㉠은 천만의 자리 숫자이므로 40000000을 나타내고, ㉡은 만의 자리 숫자이므로 40000을 나타냅니다.
따라서 40000000은 40000보다 0이 3개 더 많으므로 ㉠이 나타내는 수는 ㉡이 나타내는 수의 1000배입니다.

+9 ㉠ 삼천구백사만 → 39040000(5개)
㉡ 천이만 → 10020000(6개)
㉢ 팔천육백오십이만 → 86520000(4개)
따라서 0의 개수가 많은 것부터 차례로 기호를 쓰면 ㉡, ㉠, ㉢입니다.

본책 020~023 쪽

04일 억과 조

확인 ········ 020쪽

❶ 8, 3, 2, 6 / 팔천삼백이십육조

기본기 다지는 교과서 문제 021쪽

1 (1) 10만, 100만, 1억 (2) 10억, 100억, 1조
2 (1) 1만, 10만 (2) 100억, 1000억
3 3, 5, 7, 4, 2, 8, 6, 9 / 삼천오백칠십사조 이천팔백육십구억

1 10배씩 뛰어 세면 수의 뒤에 0이 1개씩 늘어납니다.

2 (1) 1억은 9999만보다 1만만큼 더 큰 수, 9990만보다 10만만큼 더 큰 수입니다.
(2) 1조는 9900억보다 100억만큼 더 큰 수, 9000억보다 1000억만큼 더 큰 수입니다.

3 3574¦2869¦0000¦0000¦
조¦ 억¦ 만¦ 일¦
➜ 3574조 2869억
➜ 삼천오백칠십사조 이천팔백육십구억

스스로 풀어내는 도전 10 문제 022~023쪽

1 (1) 10, 1000 (2) 10, 100 **2** 1억, 1조
3 7, 3, 9, 5, 4, 8, 1, 2 / 칠천삼백구십오조 사천팔백십이억
4 8197억 3542만 3854
5 (1) 70000000000 (2) 십조
6 2157000000000, 3208000000000
7 ㉢ **8** ㉢, ㉡, ㉠
+9 8976543210, 팔십구억 칠천육백오십사만 삼천이백십
+10 예 ㉠ 63¦7415¦0000¦0000에서 숫자 3은 일조의 자리 숫자이고 나타내는 값은 3조입니다.
㉡ 235조 780억에서 3은 십조의 자리 숫자이고 나타내는 값은 30조입니다. 따라서 숫자 3이 나타내는 값이 더 작은 수는 ㉠입니다. / ㉠

1 (1) 1억은 ┌ 1000만이 10개인 수 ┐ ├ 100만이 100개인 수 ┤ 입니다. └ 10만이 1000개인 수 ┘

(2) 1조는 ┌ 1000억이 10개인 수 ┐ ├ 100억이 100개인 수 ┤ 입니다. └ 10억이 1000개인 수 ┘

2 1만의 10000배는 1억, 1억의 10000배는 1조입니다.

3 7395¦4812¦0000¦0000
조¦ 억¦ 만¦ 일¦
➔ 7395조 4812억
➔ 칠천삼백구십오조 사천팔백십이억

4 8197¦3542¦3854¦
억¦ 만¦ 일¦
➔ 8197억 3542만 3854

5 28¦3745¦9016¦0000¦
조¦ 억¦ 만¦ 일¦
(1) 숫자 7은 백억의 자리 숫자이고 70000000000을 나타냅니다.
(2) 숫자 2는 십조의 자리 숫자입니다.

6 21조 5700억 ➔ 21¦5700¦0000¦0000
32조 800억 ➔ 32¦0800¦0000¦0000

7 8279¦5341¦0000에서 숫자 7은 70¦0000¦0000을 나타냅니다.

8 ㉠ 21조 5240억 ➔ 21¦5240¦0000¦0000(9개)
㉡ 이조 삼천오백억 ➔ 2¦3500¦0000¦0000(10개)
㉢ 삼조 사백억 ➔ 3¦0400¦0000¦0000(11개)
따라서 0의 수가 많은 것부터 차례로 기호를 쓰면 ㉢, ㉡, ㉠입니다.

+9 억의 자리 숫자가 9인 열 자리 수는
□9□□□□□□□□입니다.
높은 자리에 큰 수부터 차례로 늘어놓으면 8976543210입니다.

본책 024~027쪽

05일 뛰어 세기

확인 024쪽

❶ 540000, 560000 ❷ 십억, 10억

기본기 다지는 교과서 문제 025쪽

1 560000, 760000
2 3700억, 3850억
3 100억

1 100000씩 뛰어 세면 십만의 자리 수가 1씩 커집니다.

2 50억씩 뛰어 세면 십억의 자리 수가 5씩 커집니다.

3 백억의 자리 수가 1씩 커졌으므로 100억씩 뛰어 센 것입니다.

스스로 풀어내는 도전 10 문제 026~027쪽

1 5587만, 5687만, 5787만
2 3168억, 3188억, 3198억, 10억
3 백육십칠억, 이백칠억, 이백이십칠억
4 100000(또는 10만)
5 253조
6 6개월
7 3억 9500만
8 3160만
+9 7382만, 5382만
+10 예 100억씩 10번 뛰어 세면 1000억이 커집니다. 어떤 수보다 1000억 큰 수가 3592억이므로 어떤 수는 2592억입니다. / 2592억

1 100만씩 뛰어 세면 백만의 자리 수가 1씩 커집니다.

2 3158은 3148보다 10억 큰 수이므로 십억씩 뛰어 센 것입니다.
3148억−3158억−3168억−3178억−3188억−3198억

3 수를 숫자로 나타내어 규칙을 찾아봅니다.
127억 − 147억 − ☐ − 187억 − ☐ − ☐
에서 십억의 자리 수가 2씩 커지므로 20억씩 뛰어 센 것입니다.
127억 − 147억 − 167억(백육십칠억) − 187억 − 207억(이백칠억) − 227억(이백이십칠억)

4 십만의 자리 수가 1씩 커지므로 100000씩 뛰어 센 것입니다.

5 3조씩 뛰어 세면 일조의 자리 수가 3씩 커집니다.
241조 − 244조 − 247조 − 250조 − 253조이므로 ★은 253조입니다.

6 2만식 뛰어 세기를 6번 하면 12만이 되므로 자전거를 사려면 6개월이 걸립니다.

힌트북 11쪽

7

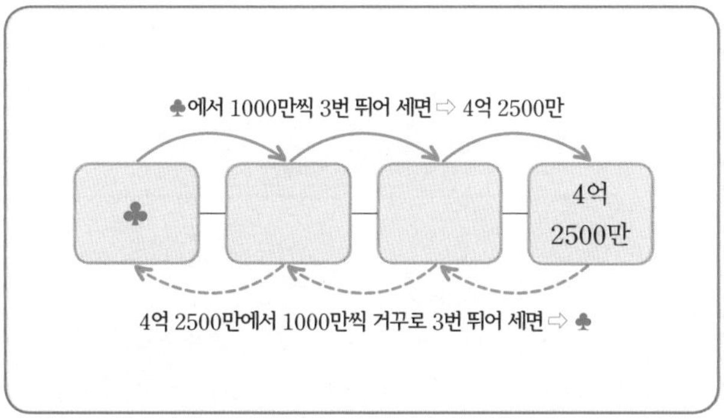

1000만씩 3번 뛰어 센 수가 4억 2500만이므로 ♣는 4억 2500만에서 1000만씩 3번 거꾸로 뛰어 센 수입니다.
4억 2500만 − 4억 1500만 − 4억 500만 − 3억 9500만 (♣)

8 3100만에서 5번 뛰어 센 수가 3200만이므로 20만씩 뛰어 센 것입니다.
㉠은 3100만에서 20만씩 3번 뛰어 센 수이므로
3100만 − 3120만 − 3140만 − 3160만입니다.

+9 가로: 십만의 자리 수가 1씩 커지므로 10만씩 뛰어 센 수입니다.
7352만 − 7362만 − 7372만 − 7382만 (♥)

세로: 천만의 자리 수가 1씩 작아지므로 1000만씩 거꾸로 뛰어 센 수입니다.
9382만 − 8382만 − 7382만 − 6382만 − 5382만 (◆)

본책 028~031 쪽

06일 수의 크기 비교

확인 ······ 028쪽

❶ <

기본기 다지는 교과서 문제 029쪽

1 79356<315824 (2) 46153>43978
2 (1) > (2) <
3 (1) < (2) >

1 (1) 79356 < 315824
5자리 수 6자리 수
(2) 46153 > 43978
6>3

2 (1) 135487 > 72485
6자리 수 5자리 수
(2) 52498673 < 52894317
4<8

3 (1) 470억 3054 < 2157억 3012만
11자리 수 12자리 수
(2) 245조 2000억 > 242조 9000억
5>2

스스로 풀어내는 도전 10 문제 030~031쪽

1 (1) < (2) >
2 (1) < (2) >
3 (○)( )(△)
4 (1) < (2) >
5 나
6 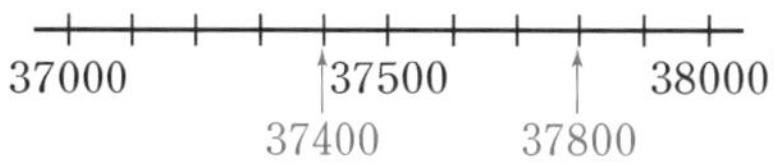

, 큽니다에 ○표
7 ㉢, ㉠, ㉡
8 7, 8, 9
+9 34125
+10 예 나 회사의 수출액 5072|3798|0000은 5072억 3798만으로 나타낼 수 있습니다. 따라서 가와 나 두 회사의 수출액을 비교하면 5024억 8639만 < 5072억 3798만이므로 나 회사의 수출액이 더 많습니다. / 나

1 (1) 374129 < 375218
4<5

(2) 31489520 > 9856234
8자리 수 7자리 수

2 (1) 967억 7458만 < 4132억 5076만
11자리 수 12자리 수

(2) 547조 2583억 > 546조 9785
7>6

힌트북 12쪽

3

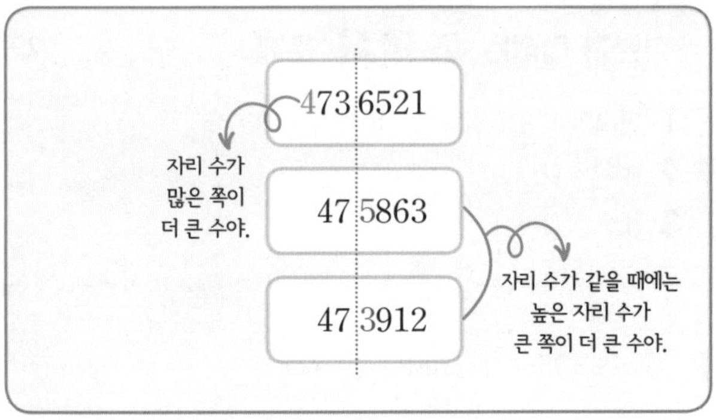

자리 수가 다르면 자리 수가 많은 쪽이 더 큰 수이므로 가장 큰 수는 4736521입니다.
475863과 473912는 자리 수가 같으므로 높은 자리의 수부터 차례로 비교하면 만의 자리 수까지 같고 천의 자리 수가 5>3이므로 가장 작은 수는 473912입니다.

4 (1) 천사백이십삼조는 1423조이므로
918조 < 1423조입니다.
(2) 이천팔백삼십구억은 2839 0000 0000이므로
2846 0000 0000 > 2839 0000 0000입니다.

5 세 도시의 인구를 같은 형태로 나타내어 비교합니다.
나: 3781423, 다: 3728524
➜ 3594732 < 3781423, 3781423 > 3728524
5<7 8>2
따라서 인구가 가장 많은 도시는 나입니다.

힌트북 12쪽

6

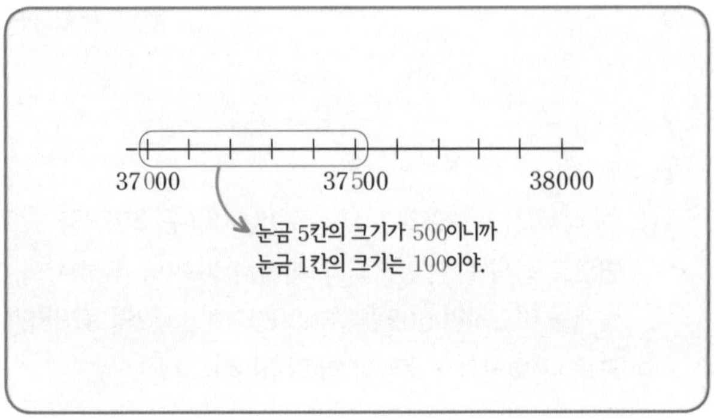

㉠ 37800 ㉡ 37400
수직선에서 작은 눈금 한 칸은 100을 나타냅니다.

7 ㉠ 63 5849 1072 (10자리 수)
㉡ 63 5798 4132 (10자리 수)
㉢ 635 0129 4700 (11자리 수)
자리 수를 비교하면 ㉢이 가장 큽니다. ㉠과 ㉡의 크기를 비교하면 천만 자리 수까지 같고 백만 자리 수가 ㉠이 더 크므로 ㉠>㉡입니다.
따라서 큰 수부터 차례로 쓰면 ㉢, ㉠, ㉡입니다.

8 257 3416 0832 < 25□ 6017 2439
십억 자리 수까지 같고 천만 자리 수가 3<6이므로 □ 안에는 7, 8, 9가 들어갈 수 있습니다.

힌트북 13쪽

+9

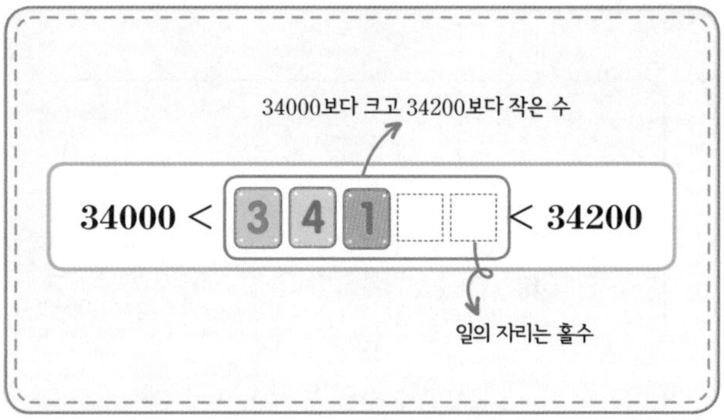

34000보다 크고 34200보다 작은 수는 341□□입니다.
341□□의 일의 자리 수는 홀수이므로 일의 자리 수는 5입니다.
따라서 설명에 알맞은 수는 34125입니다.

01~06일 단원평가 032~033쪽

01	㉢	02	53729	03	㉢
04	8개	05	4987653210		
06	659억 3500만	07	1조 8500억	08	나
09	6, 7, 8, 9	10	풀이 참조, 1000배		

01 ㉠, ㉡, ㉣은 10000이고, ㉢은 100000입니다.

02
10000이 5개 ➔ 50000
1000이 3개 ➔ 3000
100이 7개 ➔ 700
10이 2개 ➔ 20
1이 9개 ➔ 9
―――――――――
53729

03
㉠ 3258 7604 ➔ 3000 0000
㉡ 9873 0542 ➔ 3 0000
㉢ 1436 8429 ➔ 30 0000
㉣ 5382 4796 ➔ 300 0000
따라서 숫자 3이 30 0000을 나타내는 수는 ㉢입니다.

04 이백구조 오천삼십억 구천만 십오
➔ 209조 5030억 9000만 15
➔ 209 5030 9000 0015
따라서 0은 모두 8개입니다.

05 십억의 자리 숫자가 4인 수는
4□ □□□□ □□□□입니다.
십억의 자리 숫자가 4인 가장 큰 수는 4를 제외한 큰 수부터 차례로 높은 자리에 쓰면 49 8765 3210입니다.

06 억의 자리 숫자가 1씩 커지므로 1억씩 뛰어 센 것입니다.

07 100억씩 10번 뛰어 센 수는 1000억씩 1번 뛰어 센 수와 같습니다.
1조 9500억에서 1000억씩 1번 거꾸로 뛰어 세면 1조 8500억입니다.

08 387 6942 < 387 9031
6 < 9

09 억, 천만, 백만의 자리 숫자가 각각 같고 만의 자리 숫자가 2 > 1이므로 □ 안에 들어갈 수 있는 수는 6과 같거나 6보다 큰 수입니다.
따라서 □ 안에 들어갈 수 있는 수는 6, 7, 8, 9입니다.

10 예시 답안 ㉠은 백만의 자리 숫자이므로 2000000을 나타내고, ㉡은 천의 자리 숫자이므로 2000을 나타냅니다. 2000000은 2000의 1000배입니다.

채점 기준	
	❶ ㉠과 ㉡이 나타내는 수를 구해야 함.
	❷ ㉠이 나타내는 수는 ㉡이 나타내는 수의 몇 배인지 구해야 함.

본책 034~037 쪽

07일 각의 크기 비교하기/ 각의 크기 재기

기본기 다지는 교과서 문제 035 쪽

1 (○)( )　　**2** (○)( )
3 ( )(○)　　**4** (1) 40 (2) 100

1 두 변이 벌어진 정도가 클수록 큰 각입니다.

4 (1) 한 변이 바깥쪽 눈금 0에 맞춰져 있으므로 바깥쪽 눈금을 읽으면 40°입니다.
(2) 한 변이 안쪽 눈금 0에 맞춰져 있으므로 안쪽 눈금을 읽으면 100°입니다.

스스로 풀어내는 도전 10 문제 036~037 쪽

1 2, 1, 3　　**2** 1°　　**3** ㉢
4 (1) 60 (2) 40　　**5** (왼쪽부터) 60, 120, 120
6 서준　　**7** 4개　　**8** 130°, 70°
+9 ( )(○)
+10 40° / 예 한 변이 바깥쪽 눈금 0에 맞춰져 있으므로 바깥쪽 눈금을 읽어야 합니다.

1 두 변이 벌어진 정도가 클수록 큰 각입니다.

2 직각을 똑같이 90으로 나눈 것 중 하나를 1도라 하고, 1°라고 씁니다.

3 각도기의 중심을 각의 꼭짓점에 맞추고, 각도기의 밑금을 각의 한 변에 맞춘 것을 찾으면 ㉢입니다.

4 각도기의 중심을 각의 꼭짓점에 맞추고, 각도기의 밑금을 각의 한 변에 맞춘 후 각의 나머지 변과 만나는 눈금을 읽습니다.

6 윤하, 슬기, 서준의 순서로 그린 각의 크기가 큽니다.

7 힌트북 15쪽

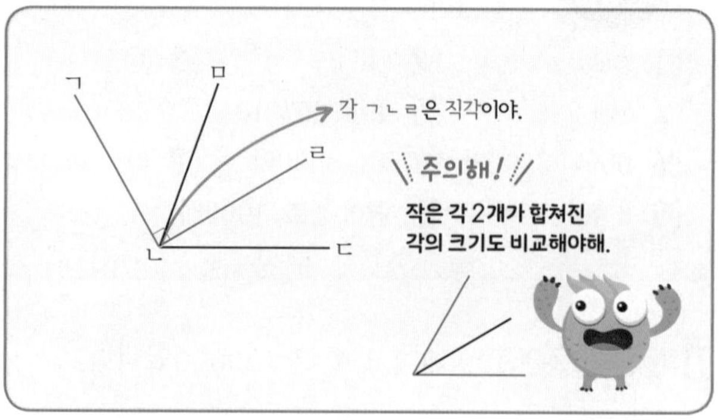

각 ㄱㄴㄹ보다 작은 각은 각 ㄱㄴㅁ, 각 ㅁㄴㄹ, 각 ㄹㄴㄷ, 각 ㅁㄴㄷ으로 모두 4개입니다.

8 힌트북 15쪽

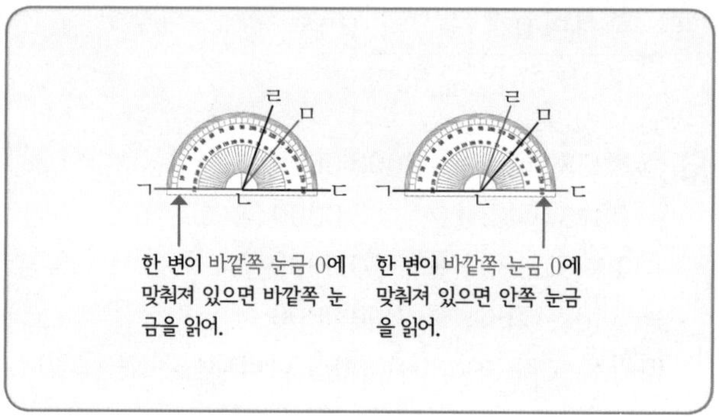

각 ㄱㄴㅁ은 각의 한 변이 바깥쪽 눈금 0에 맞춰져 있으므로 바깥쪽 눈금을 읽으면 130°입니다.
각 ㄹㄴㄷ은 각의 한 변이 안쪽 눈금 0에 맞춰져 있으므로 안쪽 눈금을 읽으면 70°입니다.

+9 시계의 긴바늘과 짧은바늘이 이루는 작은 쪽의 각이 더 많이 벌어진 시계는 8시를 가리키는 시계입니다.

본책 038~041 쪽

08일 예각과 둔각 알아보기/ 각도 어림하기

확인 038쪽

1 (1) 다, 마, 예각에 ○표 (2) 나, 라, 둔각에 ○표

기본기 다지는 교과서 문제 039쪽

1 예각, 예각, 둔각, 둔각, 예각
2 가, 나, 라 / 마, 아 / 다, 바, 사
3 예 60, 60

1 각도가 0°보다 크고 직각보다 작은 각을 예각, 각도가 직각보다 크고 180°보다 작은 각을 둔각이라고 합니다.

3 삼각자의 각을 기준으로 얼마큼 크거나 작은지 어림해 봅니다.

스스로 풀어내는 도전 10 문제 040~041쪽

1 (○)(△)	2 ㉠, ㉢ / ㉡	3 예 110, 110
4 3개	5 ④	6 둔각, 예각
7 5개	8 4개, 3개	+9 둔각

+10 종욱 / 예 각도기로 재어 보면 주어진 각도는 100°입니다. 100°에 가장 가깝게 어림한 종욱이가 가장 잘 어림하였습니다.

1 각도가 0°보다 크고 직각보다 작은 각을 예각, 각도가 직각보다 크고 180°보다 작은 각을 둔각이라고 합니다.

2 ㉠, ㉢: 각도가 0°보다 크고 직각보다 작으므로 예각입니다.
㉡: 각도가 직각보다 크고 180°보다 작으므로 둔각입니다.

4 각도가 직각보다 크고 180°보다 작은 각을 찾아봅니다.

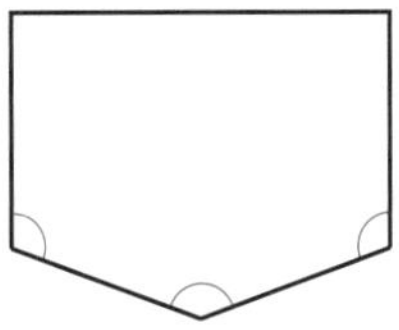

→ 3개

5 각도가 0°보다 크고 직각보다 작게 되는 점을 찾아봅니다.

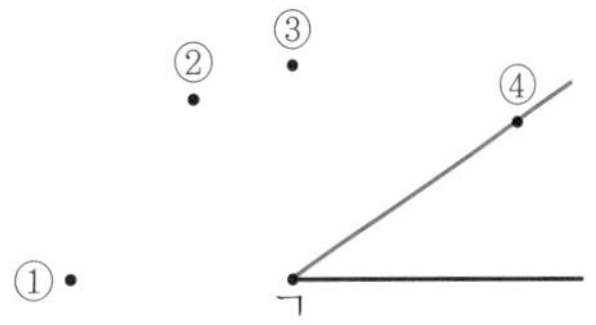

6 • 4시: 각도가 직각보다 크고 180°보다 작으므로 둔각입니다.
• 3시 30분: 각도가 0°보다 크고 직각보다 작으므로 예각입니다.

힌트북 17쪽

7

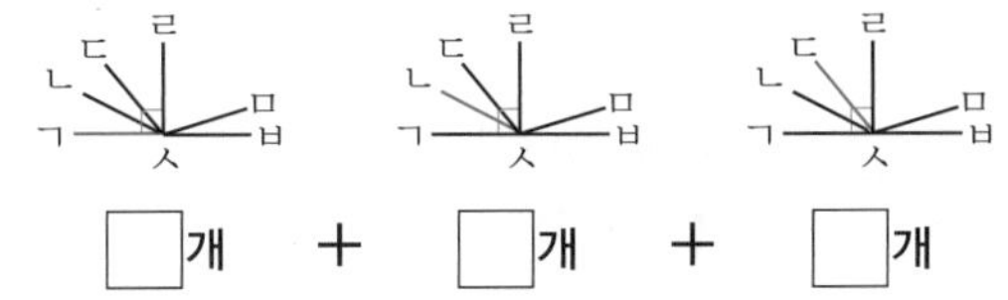

찾을 수 있는 크고 작은 둔각은 각 ㄱㅅㅁ, 각 ㄴㅅㅁ, 각 ㄴㅅㅂ, 각 ㄷㅅㅁ, 각 ㄷㅅㅂ으로 모두 5개입니다.

8

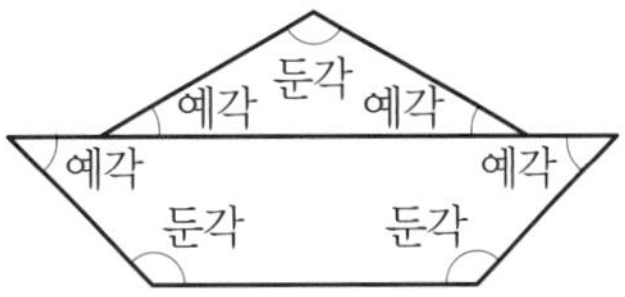

→ 예각: 4개, 둔각: 3개

+9

시계의 긴바늘과 짧은바늘이 이루는 작은 쪽의 각이 직각보다 크고 180°보다 작으므로 둔각입니다.

+10 직접 잰 각도에 가깝게 어림할수록 어림을 잘 한 것입니다.

본책 042~045쪽

09일 각도의 합과 차

확인 042쪽

1 (1) 30, 80, 110 (2) 130, 60, 70

기본기 다지는 교과서 문제 043쪽

1 (1) 80, 30, 110 (2) 80, 30, 50
2 (1) 115 (2) 155 (3) 58 (4) 30
3 110°, 40°

1 (1) 80+30=110 ➔ 80°+30°=110°
(2) 80−30=50 ➔ 80°−30°=50°

2 • 각도의 합은 자연수의 덧셈과 같은 방법으로 계산한 다음 단위(°)를 붙입니다.
• 각도의 차는 자연수의 뺄셈과 같은 방법으로 계산한 다음 단위(°)를 붙입니다.

3 각도의 합: 75°+35°=110°
각도의 차: 75°−35°=40°

스스로 풀어내는 도전 10 문제 044~045쪽

1 (1) 110 (2) 170　2 (1) 45 (2) 55
3 165°, 55°　4 <　5 115°
6 60, 45, 15　7 ㉠, ㉣　8 ㉡
+9 210°, 30°
+10 예 한 직선이 이루는 각은 180°이므로
90°+㉠+60°=180°, 150°+㉠=180°,
㉠=180°−150°=30°입니다. / 30°

1 각도의 합은 자연수의 덧셈과 같은 방법으로 계산한 다음 단위(°)를 붙입니다.
(1) 50+60=110 ➔ 50°+60°=110°
(2) 65+105=170 ➔ 65°+105°=170°

2 각도의 차는 자연수의 뺄셈과 같은 방법으로 계산한 다음 단위(°)를 붙입니다.
(1) 70−25=45 ➔ 70°−25°=45°
(2) 85−30=55 ➔ 85°−30°=55°

3 각도의 합: 110°+55°=165°
각도의 차: 110°−55°=55°

4 45°+35°=80°, 155°−65°=90°
➔ 45°+35°<155°−65°

5 한 직선이 이루는 각은 180°이므로
㉠+65°=180°, ㉠=180°−65°=115°입니다.

6 왼쪽 피자 조각의 각도: 60°
오른쪽 피자 조각의 각도: 45°
➔ 60°−45°=15°

참고 (피자 한 판의 각도는 360°이므로 똑같이 6조각으로 나눈 한 조각의 각도는 360°÷6=60°, 똑같이 8조각으로 나눈 한 조각의 각도는 360°÷8=45°입니다.

7 ㉠ 30°+80°=110°(둔각)
㉡ 120°−45°=75°(예각)
㉢ 145°+35°=180°(예각도 둔각도 아님.)
㉣ 140°−35°=105°(둔각)

8 • 35°+㉠=145°, ㉠=145°−35°=110°
• ㉡−80°=35°, ㉡=35°+80°=115°
➔ 110°<115°이므로 ㉠<㉡입니다.

힌트북 19쪽

+9

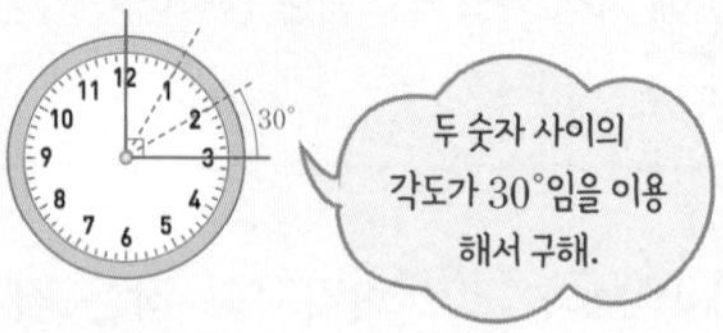

시계의 숫자 눈금 한 칸이 30°를 나타내므로 9시는 90°, 4시는 120°입니다.
합: 90°+120°=210°
차: 120°−90°=30°

참고 시계의 숫자 눈금 12칸이 360°이므로 한 칸은 360°÷12=30°를 나타냅니다.

본책 046~049 쪽

10일 삼각형의 세 각의 크기의 합

확인 046쪽

❶ 60, 40, 80, 180

❷ (   )(○)

기본기 다지는 교과서 문제 047쪽

1 (1) 80, 45, 55, 180 (2) 75, 60, 45, 180

2 (1) 50 (2) 75

3 50°

2 삼각형의 세 각의 크기의 합은 180°임을 이용하여 나머지 한 각의 크기를 구합니다.

(1) 60°+70°+□°=180°, 130°+□°=180°,
□°=180°−130°=50°

(2) 70°+□°+35°=180°, □°+105°=180°,
□°=180°−105°=75°

3 한 직선이 이루는 각은 180°이므로
㉠+55°+75°=180°, ㉠+130°=180°,
㉠=180°−130°=50°

스스로 풀어내는 도전 10 문제 048~049쪽

1 70°　**2** (1) 115 (2) 25

3 30, 30, 60　**4** 85, 75, 10

5 70°　**6** 120°　**7** 영민

8 115°　**+9** 120°

+10 예

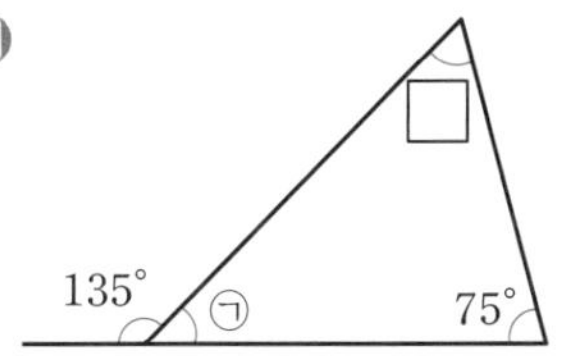

한 직선이 이루는 각의 크기는 180°이므로 ㉠=180°−135°=45°입니다. 삼각형의 세 각의 크기의 합은 180°이므로 □+45°+75°=180°, □=180°−45°−75°=60°입니다. / 60°

1 한 직선이 이루는 각은 180°이므로
50°+㉠+60°=180°, ㉠+110°=180°,
㉠=180°−110°=70°

2 삼각형의 세 각의 크기의 합은 180°임을 이용하여 나머지 한 각의 크기를 구합니다.

(1) 35°+30°+□°=180°, 65°+□°=180°,
□°=180°−65°=115°

(2) 90°+□°+65°=180°, □°+155°=180°,
□°=180°−155°=25°

3 삼각형의 세 각의 크기의 합은 180°이므로
㉠=180°−60°−90°=30°
㉡=180°−120°−30°=30°
➜ ㉠+㉡=30°+30°=60°

4 삼각형의 세 각의 크기의 합은 180°이므로
㉠=180°−75°−30°=75°
㉡=180°−55°−40°=85°
➜ ㉡−㉠=85°−75°=10°

5 삼각형의 세 각의 크기의 합은 180°이므로
110°+㉠+㉡=180°, ㉠+㉡=180°−110°=70°
입니다.

6 삼각자의 세 각의 크기는 다음과 같습니다.

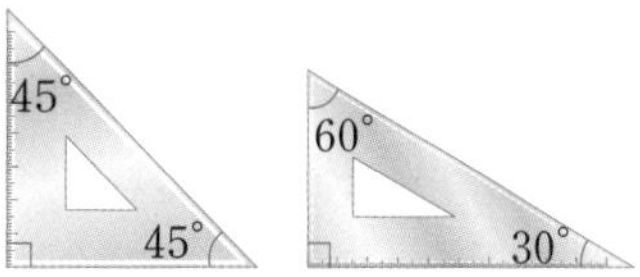

㉠=90°+30°=120°

힌트북 21쪽

7

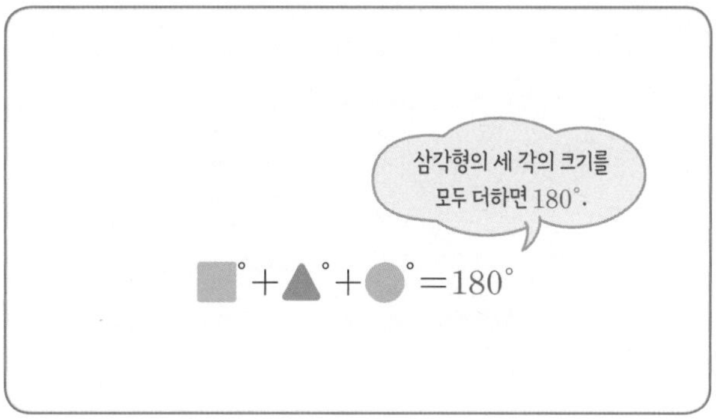

삼각형의 세 각의 크기의 합은 180°이어야 합니다.
영민: 25°+80°+65°=170°
따라서 세 각의 크기를 잘못 잰 사람은 영민입니다.

8

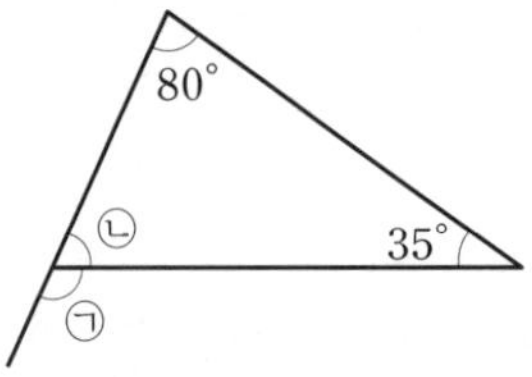

삼각형의 세 각의 크기의 합은 180°이므로
㉡=180°−80°−35°=65°입니다.
한 직선이 이루는 각의 크기는 180°이므로
㉠=180°−65°=115°입니다.

힌트북 21쪽

+9

삼각형의 세 각의 크기의 합은 180°.

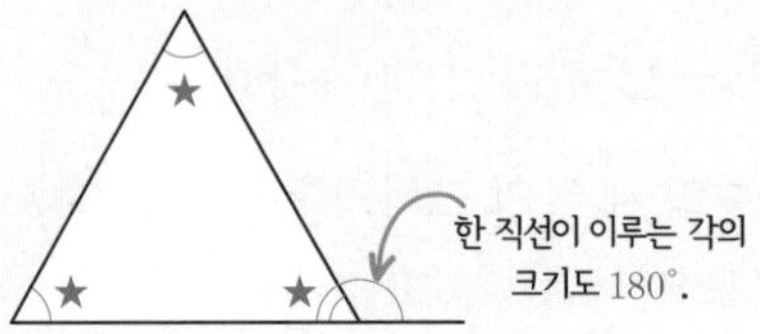

★+★+★=180°

세 각의 크기가 모두 같은 삼각형의 한 각의 크기는 180°÷3=60°입니다.
한 직선이 이루는 각의 크기는 180°이므로
㉠=180°−60°=120°입니다.

본책 050~053쪽

11일 사각형의 네 각의 크기의 합

확인 050쪽

❶ 120, 80, 70, 90
❷ (○)( )

기본기 다지는 교과서 문제 051쪽

1 (1) 100, 77, 78, 105, 360
(2) 110, 65, 90, 95, 360
2 (1) 60 (2) 110
3 80°

2 사각형의 네 각의 크기의 합은 360°임을 이용하여 나머지 한 각의 크기를 구합니다.
(1) 110°+70°+□°+120°=360°,
300°+□°=360°, □°=360°−300°=60°
(2) □°+60°+90°+100°=360°, □°+250°=360°,
□°=360°−250°=110°

3 120°+60°+㉠+100°=360°, 280°+㉠=360°,
㉠=360°−280°=80°

스스로 풀어내는 도전 10 문제 052~053쪽

1 60° **2** (1) 100 (2) 85 **3** 180°
4 135 **5** 145° **6** 10°
7 160° **8** 105° **+9** 55°
+10 예

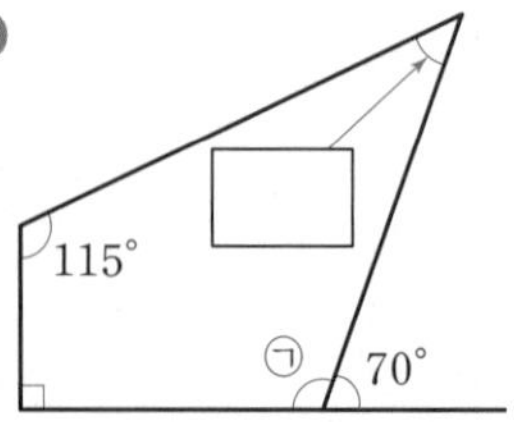

한 직선이 이루는 각의 크기는 180°이므로
㉠=180°−70°=110°입니다. 사각형의 네 각의 크기의 합은 360°이므로 □=360°−115°−90°−110°=45°
입니다. / 45°

1 $100°+$㉠$+88°+112°=360°$, $300°+$㉠$=360°$,
㉠$=360°-300°=60°$

2 사각형의 네 각의 크기의 합은 360°임을 이용하여 나머지 한 각의 크기를 구합니다.
(1) $120°+65°+□°+75°=360°$, $260°+□°=360°$,
$□°=360°-260°=100°$
(2) $□°+90°+115°+70°=360°$, $□°+275°=360°$,
$□°=360°-275°=85°$

3 사각형의 네 각의 크기의 합은 360°이므로
$90°+90°+$㉠$+$㉡$=360°$, $180°+$㉠$+$㉡$=360°$,
㉠$+$㉡$=360°-180°=180°$입니다.

4
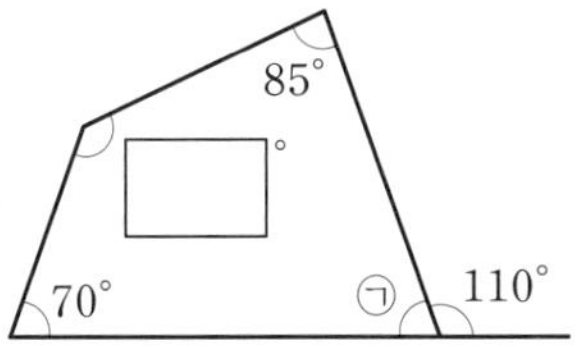

한 직선이 이루는 각의 크기는 180°이므로
㉠$=180°-110°=70°$입니다.
사각형의 네 각의 크기의 합은 360°이므로
$□=360°-85°-70°-70°=135°$입니다.

힌트북 22쪽

5
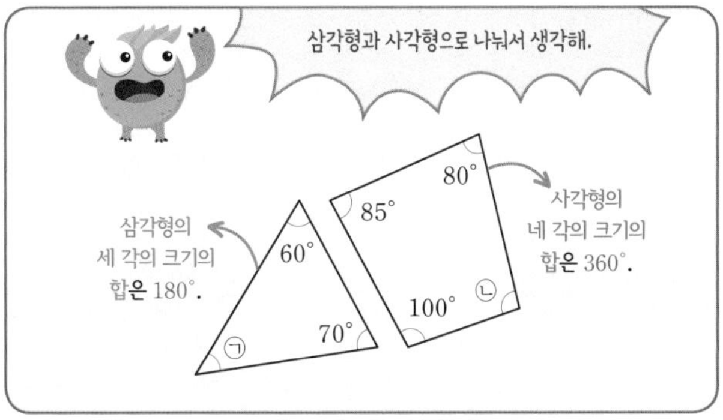

삼각형의 세 각의 크기의 합은 180°이므로
㉠$=180°-60°-70°=50°$입니다.
사각형의 네 각의 크기의 합은 360°이므로
㉡$=360°-85°-100°-80°=95°$입니다.
➜ ㉠$+$㉡$=50°+95°=145°$

6 사각형의 네 각의 크기의 합은 360°이므로
㉠$=360°-70°-105°-95°=90°$
㉡$=360°-120°-70°-90°=80°$
➜ ㉠$-$㉡$=90°-80°=10°$

7
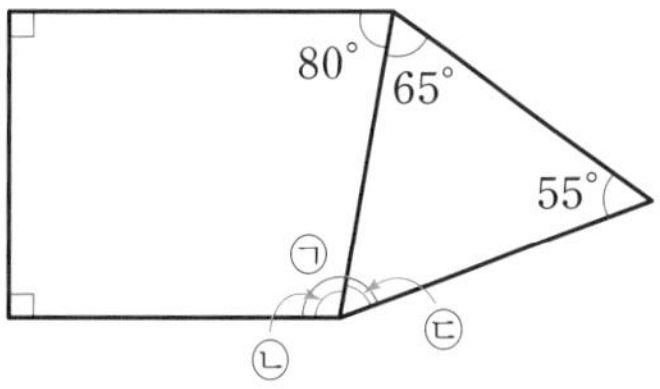

사각형의 네 각의 크기의 합은 360°이므로
㉡$=360°-90°-90°-80°=100°$
삼각형의 세 각의 크기의 합은 180°이므로
㉢$=180°-65°-55°=60°$
➜ ㉠$=$㉡$+$㉢$=100°+60°=160°$

힌트북 23쪽

8
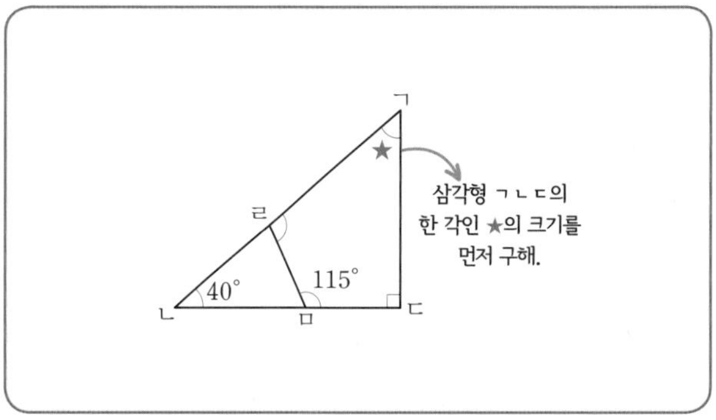

삼각형 ㄱㄴㄷ에서
(각 ㄴㄱㄷ)$=180°-40°-90°=50°$
사각형 ㄱㄹㅁㄷ에서
(각 ㄱㄹㅁ)$=360°-50°-115°-90°=105°$

+9
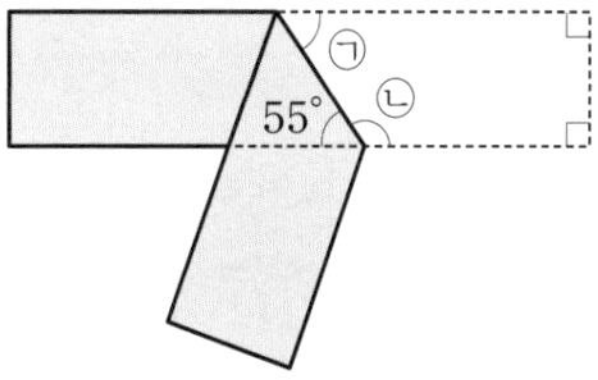

한 직선이 이루는 각의 크기는 180°이므로
㉡$=180°-55°=125°$입니다.
사각형의 네 각의 크기의 합은 360°이므로
㉠$=360°-125°-90°-90°=55°$입니다.

07~11일 단원평가 054~055쪽

01	(△)(　)(○)	02	75°
03	로운	04	2개
05	둔각	06	195°, 45°
07	정은	08	180°
09	115°	10	풀이 참조, 125°

01 각의 크기는 두 변의 벌어진 정도가 클수록 큰 각입니다.

02 각도기의 중심을 각의 꼭짓점에 맞추고, 각도기의 밑금을 각의 한 변에 맞춘 후 각의 나머지 변과 만나는 눈금을 읽습니다.

03 각의 크기는 두 변이 벌어진 정도가 클수록 큰 각입니다.

04

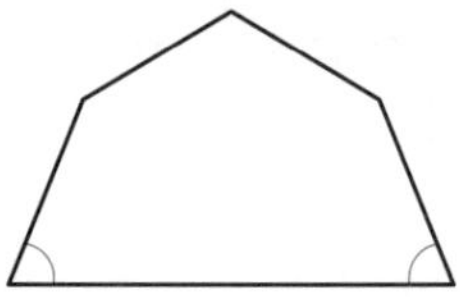

➜ 2개

05

➜ 둔각

06 각도의 합: $120^\circ+75^\circ=195^\circ$
각도의 차: $120^\circ-75^\circ=45^\circ$

07 어림한 각도와 실제 각도의 차가 작을수록 잘 어림한 것이므로 어림한 각도와 70°의 차를 각각 구하면
진우: $70^\circ-45^\circ=25^\circ$
정은: $70^\circ-65^\circ=5^\circ$
준수: $80^\circ-70^\circ=10^\circ$
따라서 어림한 각도와 70°의 차가 가장 작은 정은이가 가장 잘 어림한 것입니다.

08 사각형의 네 각의 크기의 합은 360°이므로
$115^\circ+\text{㉠}+65^\circ+\text{㉡}=360^\circ$, $\text{㉠}+\text{㉡}+180^\circ=360^\circ$,
$\text{㉠}+\text{㉡}=360^\circ-180^\circ=180^\circ$

09

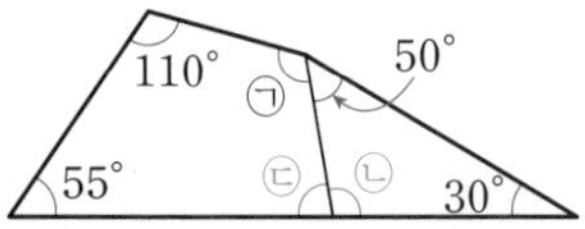

삼각형의 세 각의 크기의 합은 180°이므로
$50^\circ+\text{㉡}+30^\circ=180^\circ$, $80^\circ+\text{㉡}=180^\circ$,
$\text{㉡}=180^\circ-80^\circ=100^\circ$
한 직선이 이루는 각의 크기는 180°이므로
$\text{㉢}+100^\circ=180^\circ$, $\text{㉢}=180^\circ-100^\circ=80^\circ$입니다.
사각형의 네 각의 크기의 합은 360°이므로
$110^\circ+55^\circ+80^\circ+\text{㉠}=360^\circ$, $245^\circ+\text{㉠}=360^\circ$,
$\text{㉠}=360^\circ-245^\circ=115^\circ$입니다.

10 예시 답안 삼각형의 세 각의 크기의 합은 180°이므로 나머지 한 각의 크기는 $180^\circ-65^\circ-60^\circ=55^\circ$입니다.
한 직선이 이루는 각의 크기는 180°이므로
$55^\circ+\text{㉠}=180^\circ$, $\text{㉠}=180^\circ-55^\circ=125^\circ$입니다.

채점 기준	
	❶ 삼각형의 나머지 한 각의 크기를 구해야 함.
	❷ ㉠의 각도를 구해야 함.

본책 056~059 쪽

12일 (세 자리 수)×(몇십)

확인 056쪽

❶ 5, 2, 8, 0 / 5280

❷ (1) 7920, 10 (2) 8650, 10

기본기 다지는 교과서 문제 057쪽

1 5, 9, 1, 0 / 591, 5910

2 (1) 29400, 10 / 29400
(2) 6552, 65520, 10 / 65520

3 (1) 8000 (2) 30000 (3) 36000 (4) 56000

2 (세 자리 수)×(몇십)은 (세 자리 수)×(몇)의 값에 0을 1개 붙입니다.

3 (몇백)×(몇십)은 (몇)×(몇)의 값에 두 수의 0의 개수만큼 0을 붙입니다.

스스로 풀어내는 도전 10 문제 058~059쪽

1 1095, 10950, 10 / 10950

2 (1) 25860 (2) 15180 **3** ㉡

4 ㉣ **5** 20000

6 800, 클 거야에 ○표 **7** ㉡

8 3, 1, 2 **+9** 16350번

+10 예 50원짜리 동전 376개는 50×376=18800(원)이고, 500원짜리 동전 70개는 500×70=35000(원)입니다. 따라서 저금통에 있는 돈은 모두 18800+35000=53800(원)입니다. / 53800원

2 (세 자리 수)×(몇십)은 (세 자리 수)×(몇)의 값에 0을 1개 붙입니다.

3
$$\begin{array}{r} 683 \\ \times \quad 50 \\ \hline 34150 \end{array}$$
따라서 숫자 4는 ㉡에 써야 합니다.

4 600×40=24000
㉣ 600×30=18000

힌트북 24쪽

5
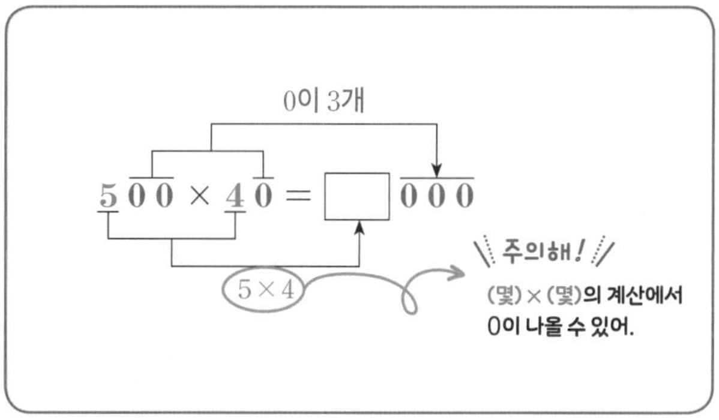

$$\begin{array}{r} 500 \\ \times \quad 40 \\ \hline 20000 \end{array}$$

6 812를 800으로 어림하여 계산하면 812×40의 계산 결과는 800×40의 계산 결과보다 큽니다.

7 ㉡ 692×60=41520

8
$$\begin{array}{r} 367 \\ \times \quad 50 \\ \hline 18350 \end{array} \qquad \begin{array}{r} 438 \\ \times \quad 70 \\ \hline 30660 \end{array} \qquad \begin{array}{r} 719 \\ \times \quad 30 \\ \hline 21570 \end{array}$$

힌트북 25쪽

+9
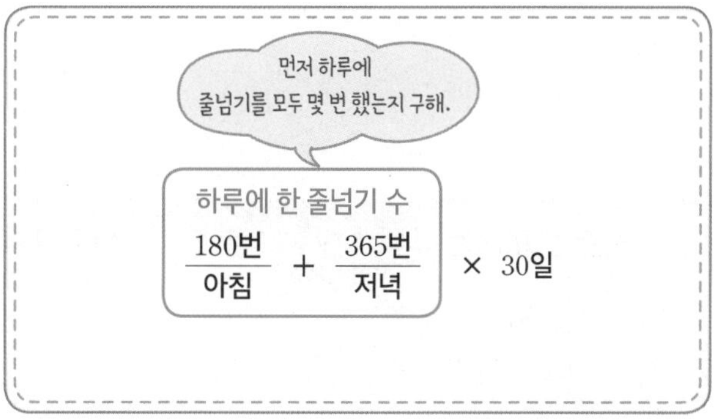

(하루에 한 줄넘기 횟수)=180+365=545(번)
(30일 동안 한 줄넘기 횟수)=545×30=16350(번)

본책 060~063쪽

13일 (세 자리 수)×(몇십몇)

확인 060쪽

❶ 11920, 894, 12814
❷ 17160, 2288 / 2288, 17160, 19448

기본기 다지는 교과서 문제 061쪽

1 (1) 6 / 11740, 3522, 15262
(2) 80 / 21520, 807, 22327
2 16280, 7326 / 7326, 16280, 23606
3 (1) 8768 (2) 8385

3 (1)
$$\begin{array}{r} 2\ 7\ 4 \\ \times \quad 3\ 2 \\ \hline 5\ 4\ 8 \\ 8\ 2\ 2\ \ \\ \hline 8\ 7\ 6\ 8 \end{array}$$
(2)
$$\begin{array}{r} 1\ 9\ 5 \\ \times \quad 4\ 3 \\ \hline 5\ 8\ 5 \\ 7\ 8\ 0\ \ \\ \hline 8\ 3\ 8\ 5 \end{array}$$

스스로 풀어내는 도전 10 문제 062~063쪽

1 36700, 5872, 42572
2 (1) 10584 (2) 33644 **3** 23520
4
$$\begin{array}{r} 2\ 8\ 7 \\ \times \quad 9\ 5 \\ \hline 1\ 4\ 3\ 5 \\ 2\ 5\ 8\ 3 \\ \hline 4\ 0\ 1\ 8 \end{array} \rightarrow \begin{array}{r} 2\ 8\ 7 \\ \times \quad 9\ 5 \\ \hline 1\ 4\ 3\ 5 \\ 2\ 5\ 8\ 3\ \ \\ \hline 2\ 7\ 2\ 6\ 5 \end{array}$$
5 26460원 **6** 600, 70, 42000
7 3, 1, 2 **8** (위에서부터) 5, 2, 4
+9 26961
+10 예 1<3<6<7<9이므로 만들 수 있는 가장 작은 세 자리 수는 136이고, 가장 큰 두 자리 수는 97입니다. 따라서 만든 두 수의 곱은 136×97=13192입니다. / 13192

1 734×58은 734×50과 734×8의 합과 같습니다.

2 (1)
$$\begin{array}{r} 2\ 9\ 4 \\ \times \quad 3\ 6 \\ \hline 1\ 7\ 6\ 4 \\ 8\ 8\ 2\ \ \\ \hline 1\ 0\ 5\ 8\ 4 \end{array}$$
(2)
$$\begin{array}{r} 6\ 4\ 7 \\ \times \quad 5\ 2 \\ \hline 1\ 2\ 9\ 4 \\ 3\ 2\ 3\ 5\ \ \\ \hline 3\ 3\ 6\ 4\ 4 \end{array}$$

3 2352는 392×60이므로 23520을 나타냅니다.

4 2583은 287×90이므로 자릿값을 맞춰 써야 합니다.

5 (과자의 값)=(과자 한 봉지의 값)×(봉지 수)
=980×27=26460(원)

6 612는 600보다 크고 71은 70보다 크므로 계산 결과는 600×70=42000보다 클 것입니다.

7
$$\begin{array}{r} 1\ 8\ 6 \\ \times \quad 7\ 4 \\ \hline 7\ 4\ 4 \\ 1\ 3\ 0\ 2\ \ \\ \hline 1\ 3\ 7\ 6\ 4 \end{array} \quad \begin{array}{r} 2\ 5\ 9 \\ \times \quad 3\ 2 \\ \hline 5\ 1\ 8 \\ 7\ 7\ 7\ \ \\ \hline 8\ 2\ 8\ 8 \end{array} \quad \begin{array}{r} 4\ 1\ 2 \\ \times \quad 2\ 5 \\ \hline 2\ 0\ 6\ 0 \\ 8\ 2\ 4\ \ \\ \hline 1\ 0\ 3\ 0\ 0 \end{array}$$
곱이 작은 것부터 차례로 번호를 쓰면 3, 1, 2입니다.

8
$$\begin{array}{r} ㉠\ 3\ ㉡ \\ \times \quad ㉢\ 2 \\ \hline 1\ 0\ 6\ 4 \\ 2\ 1\ 2\ 8\ \ \\ \hline 2\ 2\ 3\ 4\ 4 \end{array}$$
㉡×2의 곱의 일의 자리 숫자가 4가 되려면 ㉡이 2 또는 7이 되어야 하는데 3×2=6이므로 ㉡=2입니다.
㉠×2=10이므로 ㉠=5입니다.
532×㉢=2128이므로 ㉢=4입니다.

+9 어떤 수를 □라고 하면 □+43=670,
□=670−43=627입니다.
따라서 바르게 계산하면 627×43=26961입니다.

힌트북 27쪽

+10

본책 064~067쪽

14일 몇십으로 나누기

확인 064쪽

1 3 / 3, 180

기본기 다지는 교과서 문제 065쪽

1 (1) 210, 280, 350 / 4
(2) 540, 630, 720 / 7

2 (1) 6, 180, 4 / 6, 4
(2) 4, 320, 37 / 4, 37

2 (1) 30과 곱해서 184보다 크지 않으면서 184에 가장 가까운 곱을 찾으면 $30 \times 6 = 180$입니다.
(2) 80과 곱해서 357보다 크지 않으면서 357에 가장 가까운 곱을 찾으면 $80 \times 4 = 320$입니다.

스스로 풀어내는 도전 10 문제 066~067쪽

1 (1) 3, 0 (2) 6, 10

2 

3 ㉡

4 해설 참조 / 7, 210, 210, 8

5 ㉠, ㉢, ㉡

6 5

7 30

8 3, 35

+9 8일

+10 예 $457 \div 70 = 6 \cdots 37$이므로 70 cm짜리 색 테이프는 6도막이 생기고 남은 색 테이프는 37 cm입니다. / 6도막, 37 cm

1 (1)
$$\begin{array}{r} 3 \\ 70\overline{)210} \\ 210 \\ \hline 0 \end{array}$$
(2)
$$\begin{array}{r} 6 \\ 40\overline{)250} \\ 240 \\ \hline 10 \end{array}$$

2 $250 \div 50 = 5$ $320 \div 40 = 8$
$240 \div 30 = 8$ $490 \div 70 = 7$
$560 \div 80 = 7$ $450 \div 90 = 5$

3 20과 곱해서 132보다 크지 않으면서 132에 가장 가까운 곱을 찾으면 $20 \times 6 = 120$입니다.

4
$$\begin{array}{r} 7 \\ 30\overline{)218} \\ 210 \\ \hline 8 \end{array}$$

[계산 결과 확인] 나누는 수와 몫의 곱에 나머지를 더하면 나누어지는 수가 되어야 합니다.

5 ㉠
$$\begin{array}{r} 7 \\ 50\overline{)390} \\ 350 \\ \hline 40 \end{array}$$
㉡
$$\begin{array}{r} 5 \\ 50\overline{)250} \\ 250 \\ \hline 0 \end{array}$$
㉢
$$\begin{array}{r} 6 \\ 50\overline{)310} \\ 300 \\ \hline 10 \end{array}$$

몫을 비교하면 $7 > 6 > 5$이므로 몫이 큰 것부터 차례로 기호를 쓰면 ㉠, ㉢, ㉡입니다.

6 $510 \div 70 = 7 \cdots 20$, $285 \div 90 = 3 \cdots 15$
→ 나머지의 차: $20 - 15 = 5$

힌트북 29쪽

7

$24 \div 3 = 8$
10배
$240 \div \square = 8$

나누어지는 수가 10배가 되고 나누는 수가 10배가 되면 몫은 변하지 않습니다.

8 1시간은 60분이므로 $215 \div 60 = 3 \cdots 35$에서 215분은 3시간 35분입니다.

+9 $230 \div 30 = 7 \cdots 20$이므로 하루에 30쪽씩 읽으면 7일 동안 읽고 남은 20쪽도 읽어야 하므로 8일 안에 모두 읽을 수 있습니다.

본책 068~071 쪽

15일 몇십몇으로 나누기 (1)

확인 068쪽

1 (1) 6, 78, 0 (2) 7, 322, 25

기본기 다지는 교과서 문제 069쪽

1 (1) 4에 ○표 (2) 9에 ○표

2 (1) 5, 85, 0 (2) 7, 252, 0 (3) 6, 84, 5 (4) 8, 344, 23

1 (1) 84를 80으로, 21을 20으로 어림하여 계산하면 몫은 4쯤 됩니다.
(2) 463을 460으로, 51을 50으로 어림하여 계산하면 몫은 9쯤 됩니다.

스스로 풀어내는 도전 10 문제 070~071쪽

1 (1) 3에 ○표 (2) 6에 ○표

2 (1) 5, 95, 0 (2) 8, 288, 6

3 (1) 해설 참조 / 3, 0 (2) 해설 참조 / 8, 6

4 6⋯16 / 5⋯50

5 397　　6 543, 8　　7 3, 2, 1

8 윤하　　+9 4, 1

+10 예 175÷21=8⋯7이므로 사탕 175개를 접시 한 개에 21개씩 담으면 8접시가 되고 7개가 남습니다. / 8접시, 7개

1 (1) 98을 100으로, 32를 30으로 어림하여 계산하면 몫은 3쯤 됩니다.
(2) 252를 250으로, 41을 40으로 어림하여 계산하면 몫은 6쯤 됩니다.

3 (1)
$$\begin{array}{r} 3 \\ 18\overline{)\,54} \\ 54 \\ \hline 0 \end{array}$$
(2)
$$\begin{array}{r} 8 \\ 58\overline{)\,470} \\ 464 \\ \hline 6 \end{array}$$

4
$$\begin{array}{r} 6 \\ 28\overline{)\,184} \\ 168 \\ \hline 16 \end{array} \qquad \begin{array}{r} 5 \\ 73\overline{)\,415} \\ 365 \\ \hline 50 \end{array}$$

5 어떤 수를 □라고 하면 □÷47=8⋯21입니다.
나누는 수와 몫의 곱에 나머지를 더하면 나누어지는 수가 되므로, 47×8=376, 376+21=397이므로 □=397입니다.

힌트북 30쪽

6
$$\begin{array}{r} 9 \\ 62\overline{)\,543} \\ 558 \end{array}$$
뺄 수 없어.

나누는 수와 몫의 곱은 나누어지는 수보다 작으면서 나누어지는 수에 가장 가까워야 합니다.

7
$$\begin{array}{r} 5 \\ 15\overline{)\,81} \\ 75 \\ \hline 6 \end{array} \qquad \begin{array}{r} 4 \\ 18\overline{)\,83} \\ 72 \\ \hline 11 \end{array} \qquad \begin{array}{r} 2 \\ 27\overline{)\,73} \\ 54 \\ \hline 19 \end{array}$$
나머지를 비교하면 19>11>6입니다.

8 슬기:
$$\begin{array}{r} 6 \\ 38\overline{)\,267} \\ 228 \\ \hline 39 \end{array} \rightarrow \begin{array}{r} 7 \\ 38\overline{)\,267} \\ 266 \\ \hline 1 \end{array}$$
나머지 39가 나누는 수 38보다 크므로 몫을 1 크게 해야 합니다.

서준:
$$\begin{array}{r} 7 \\ 53\overline{)\,413} \\ 371 \\ \hline 42 \end{array}$$
몫은 70이 아니라 7이 되어야 합니다.

+9 어떤 수를 □라고 하면 □÷16=4⋯13입니다.
나누는 수와 몫의 곱에 나머지를 더하면 나누어지는 수가 되므로 16×4=64, 64+13=□, □=77입니다.
따라서 어떤 수를 19로 나누면 77÷19=4⋯1이므로 몫은 4이고 나머지는 1입니다.

본책 072~075 쪽

16일 몇십몇으로 나누기 (2)

확인 072쪽

❶ ㉡, ㉢, ㉠
❷ 30, 390, 7, 91

기본기 다지는 교과서 문제 073쪽

1 240, 360, 480 / 30, 40
2 (1) 4, 3, 56, 42, 0 / 43, 0
(2) 2, 8, 54, 216, 2 / 28, 2
3 (216÷27) ○, 576÷18 △, 421÷34 △, (345÷41) ○

3 나누어지는 수의 왼쪽 두 자리 수가 나누는 수보다 크거나 같으면 몫은 두 자리 수가 됩니다.

스스로 풀어내는 도전 10 문제 074~075쪽

1 (1) 2, 6, 30, 90, 0 (2) 3, 2, 72, 48, 1
2 (1) 해설 참조 / 22, 5 (2) 해설 참조 / 18, 33
3 ㉣, ㉠, ㉢, ㉡ 4 ㉠, ㉣ 5 367
6 23, 커야에 ○표 7 2, 3
8 415 ⁺9 175
⁺10 예 538÷43=12…22이므로 귤 538개를 한 상자에 43개씩 담으면 12상자에 담을 수 있고, 22개가 남습니다. / 12상자, 22개

2 (1)

```
        2 2
41) 9 0 7
    8 2
    -----
      8 7
      8 2
    -----
        5
```

(2)

```
        1 8
39) 7 3 5
    3 9
    -----
    3 4 5
    3 1 2
    -----
      3 3
```

3

```
        3 3
17) 5 6 8
    5 1     ← 17×30
    -----
      5 8 ← 568−510
      5 1 ← 17×3
    -----
        7 ← 58−51
```

4 나누어지는 수의 왼쪽 두 자리 수가 나누는 수보다 크거나 같으면 몫은 두 자리 수가 됩니다.

5 나누는 수와 몫의 곱에 나머지를 더하면 나누어지는 수가 됩니다.
$24 \times 15 = 360$, $360 + 7 = \square$, $\square = 367$

힌트북 32쪽

6

```
        3 5
23) 8 3 5
    6 9 0
    -----
    1 4 5
    1 1 5
    -----
      (3 0)
```

중요해!
나머지는 항상 나누는 수보다 작아야 해.

나머지가 나누는 수보다 클 땐 몫을 1 크게 해서 다시 계산해.

나머지는 나누는 수보다 작아야 합니다.

7

```
        ㉠ 3              2 3
32) 7 ㉡ 6        32) 7 3 6
    6 4                6 4
    -----      →      -----
      9 6                9 6
      9 6                9 6
    -----              -----
        0                  0
```

7㉡을 32로 나누면 ㉠은 2가 되어야 합니다. 나눗셈이 나누어떨어지므로 일의 자리부터 거꾸로 계산해 보면 ㉠=2, ㉡=3입니다.

8 □ 안의 수가 가장 큰 수가 되려면 나머지인 ★이 가장 커야 합니다.
16으로 나누었을 때 가장 큰 나머지는 15이므로 ★=15입니다.
$16 \times 25 = 400$, $400 + 15 = 415$이므로 □가 될 수 있는 자연수 중 가장 큰 수는 415입니다.

⁺9 □÷14=12…7
나누는 수와 몫의 곱에 나머지를 더하면 나누어지는 수가 되므로 $14 \times 12 = 168$, $168 + 7 = \square$, $\square = 175$입니다.

12~16일 단원평가 076~077쪽

01 

02
$$\begin{array}{r} 5\ 2\ 4 \\ \times \quad 6\ 3 \\ \hline 1\ 5\ 7\ 2 \\ 3\ 1\ 4\ 4\ \ \\ \hline 3\ 3\ 0\ 1\ 2 \end{array}$$

03 10680개

04 ㉣, ㉢, ㉠, ㉡

05 21315

06 5일, 13쪽

07 ②, ④

08 ㉠, ㉢, ㉡

09 8개, 8 cm

10 풀이 참조, 38988

01 $700 \times 60 = 42000$, $540 \times 80 = 43200$, $400 \times 90 = 36000$

02 3144는 524×60이므로 십의 자리에 맞춰 써야 합니다.

03 4월의 날 수는 30일이므로
(4월 한 달 동안 마신 우유의 개수)
=(하루에 마시는 우유의 개수)×(날 수)
$= 356 \times 30 = 10680$(개)

04 ㉠ $463 \times 60 = 27780$ ㉡ $724 \times 32 = 23168$
㉢ $529 \times 57 = 30153$ ㉣ $398 \times 83 = 33034$
곱이 큰 것부터 차례로 기호를 쓰면 ㉣, ㉢, ㉠, ㉡입니다.

05 $2 < 4 < 5 < 7 < 8$이므로 만들 수 있는 가장 작은 세 자리 수는 245이고, 가장 큰 두 자리 수는 87입니다.
➜ 두 수의 곱: $245 \times 87 = 21315$

06 $263 \div 50 = 5 \cdots 13$이므로 50쪽씩 5일 동안 읽고 마지막 날에는 13쪽을 읽어야 합니다.

07 나누어지는 수의 왼쪽 두 자리 수가 나누는 수보다 작으면 몫은 한 자리 수가 됩니다.

08 ㉠ $493 \div 27 = 18 \cdots 7$ ㉡ $754 \div 52 = 14 \cdots 26$
㉢ $692 \div 45 = 15 \cdots 17$
몫의 크기를 비교하면 $18 > 15 > 14$이므로 몫이 큰 것부터 차례로 쓰면 ㉠, ㉢, ㉡입니다.

09 $368 \div 45 = 8 \cdots 8$이므로 리본은 8개까지 만들 수 있고, 남는 색 테이프는 8 cm입니다.

10 예시 답안 어떤 수를 □라고 하면
$684 \div \square = 12$, $\square = 684 \div 12 = 57$입니다.
따라서 바르게 계산하면 $684 \times 57 = 38988$입니다.

채점 기준	
	❶ 어떤 수를 구해야 함.
	❷ 바르게 계산한 값을 구해야 함.

본책 078~081쪽

17일 점의 이동

확인 078쪽

❶ (1) 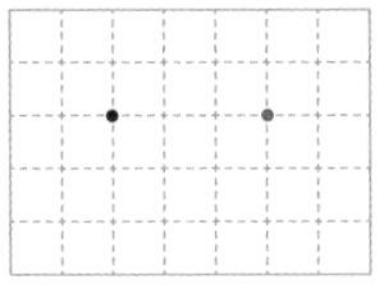

(2) 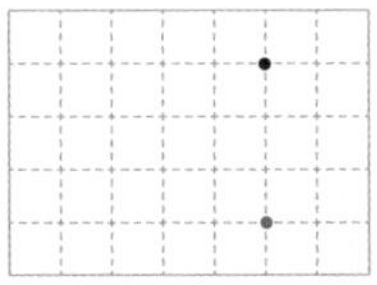

❷ 6, 아래쪽

기본기 다지는 교과서 문제 079쪽

1 점 ㄹ, 점 ㅁ

2 

3 (1) 5, 위쪽, 3 (2) 3, 오른쪽, 5

1 점 ㄱ에서 오른쪽으로 4 cm 이동한 점을 찾으면 점 ㄹ입니다.
점 ㄱ에서 아래쪽으로 3 cm 이동한 점을 찾으면 점 ㅁ입니다.

2 모눈종이 한 칸이 1 cm이므로 아래쪽으로 3칸, 왼쪽으로 7칸 이동한 곳에 점 ㄴ을 나타냅니다.

3 점 ㄷ은 오른쪽으로 5 cm, 위쪽으로 3 cm 이동했습니다.
또 점 ㄷ은 위쪽으로 3 cm, 오른쪽으로 5 cm 이동했습니다.

스스로 풀어내는 **도전 10** 문제 080~081쪽

1 오른, 6

2

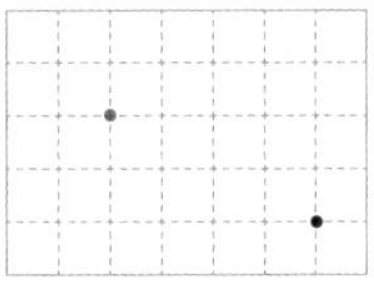

3 예 왼쪽, 5, 위쪽, 3 **4** 2, 오른쪽, 4

5 (   )
(○)

6

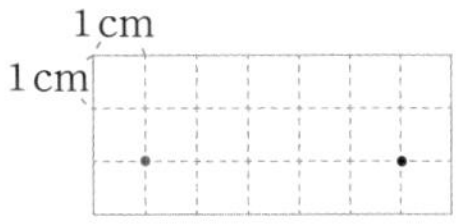

7 9 cm

8

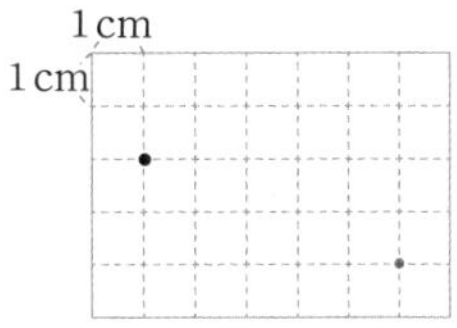

+9 지혜

+10 예 점을 왼쪽으로 5칸, 위쪽으로 2칸 이동합니다.

1 점의 이동을 설명할 때는 어느 방향으로 몇 칸 이동했는지 설명합니다.
점을 ㉮로 이동하려면 오른쪽으로 6칸 이동해야 합니다.

3 '위쪽으로 3칸 → 왼쪽으로 5칸 이동' 도 정답입니다.

4 교문에서 과학실까지 가려면 아래쪽으로 2칸, 오른쪽으로 4칸 이동해야 합니다.

5 검은색 바둑돌을 흰색 바둑돌이 있는 위치까지 이동하려면 왼쪽으로 4칸, 아래쪽으로 3칸 이동하거나 아래쪽으로 3칸, 왼쪽으로 4칸 이동해야 합니다.
이동하는 순서를 바꾸어도 이동한 위치는 같습니다.

6 모눈 1칸의 크기는 1 cm입니다. 점을 오른쪽으로 5 cm 이동하기 전이므로 점을 왼쪽으로 5칸 이동한 위치에 그립니다.

7 모눈 1칸의 크기는 1 cm입니다. 개구리는 아래로 2 cm, 왼쪽으로 7 cm 이동했으므로 모두 $2+7=9$ (cm)를 이동했습니다.

8 모눈 1칸의 크기는 1 cm입니다. 점을 위쪽으로 2 cm, 왼쪽으로 5 cm 이동하기 전이므로 점을 오른쪽으로 5 cm, 아래쪽으로 2 cm 이동한 위치에 그립니다.

+9 ♥를 ㉮로 이동하려면 아래쪽으로 1 cm, 왼쪽으로 7 cm 이동하거나 왼쪽으로 7 cm, 아래쪽으로 1 cm 이동해야 합니다. 이동하는 순서를 바꾸어도 이동한 위치는 같습니다.
지혜는 이동하는 방향을 잘못 말했습니다.

+10 이동하는 순서를 바꾸어도 이동한 위치는 같기 때문에 '점을 위쪽으로 2칸, 왼쪽으로 5칸 이동합니다.'도 정답입니다.

본책 082~085 쪽

18일 평면도형 밀기

확인 082쪽

❶ (　)(　)(○)(　)

❷ 변하지 않고, 바뀝니다에 ○표

기본기 다지는 교과서 문제 083쪽

1 (1)

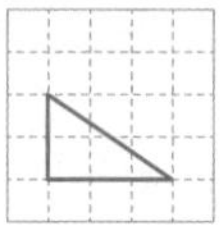

(2)

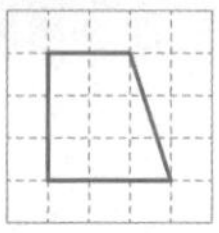

2 (1)

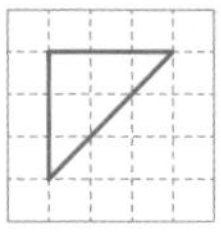

(2)

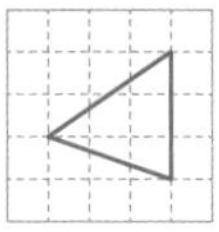

3

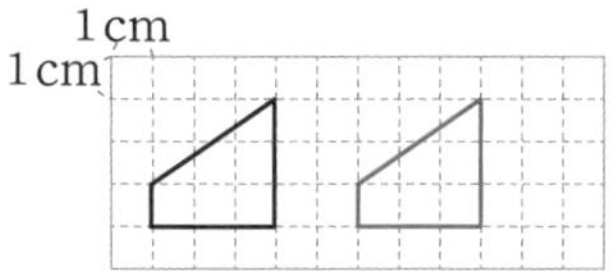

1 도형을 밀면 모양과 크기는/ 변하지 않고 위치만 바뀝니다.

3 기준 변을 정하여 오른쪽으로 5 cm만큼 민 도형을 그립니다.

스스로 풀어내는 도전 10 문제 084~085쪽

1 (　)(○)(　) **2** (　)(○) **3** (○)(　)

4

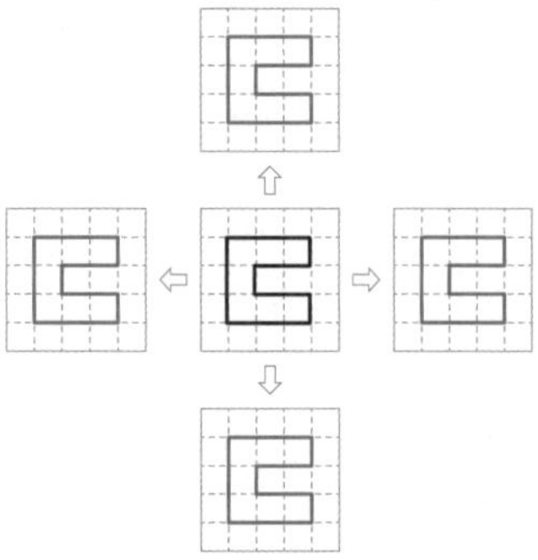

5

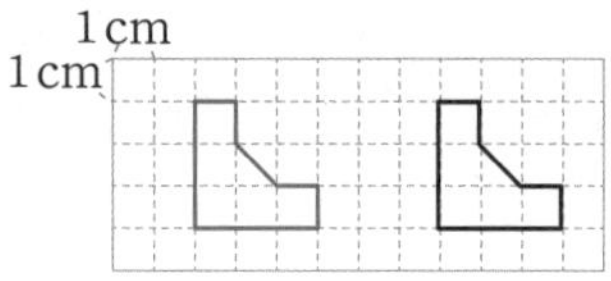

6

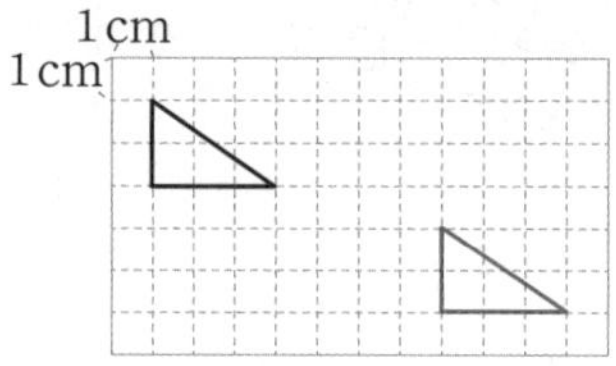

7

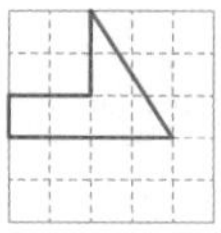

8 왼, 7

+9

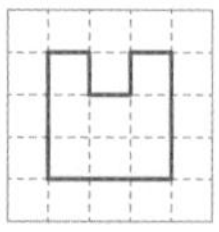

+10 예 가 조각: 아래쪽으로 3 cm 밀기,
나 조각: 오른쪽으로 3 cm 밀기,
다 조각: 왼쪽으로 4 cm 밀기

1 모양 조각을 밀면 모양은 변하지 않습니다.

2 왼쪽으로 밀었을 때의 도형은 처음 도형과 같습니다.

3 모양은 변하지 않고 위치만 바뀐 것을 찾습니다.

4 도형을 밀면 모양과 크기는 변하지 않고 위치만 바뀝니다.

5 기준 변을 정하여 왼쪽으로 6 cm만큼 민 도형을 그립니다.

6 기준 변을 정하여 오른쪽으로 7 cm만큼 민 다음 아래쪽으로 3 cm만큼 민 도형을 그립니다.

7 도형을 밀면 모양과 크기는 변하지 않고 위치만 바뀝니다.

8

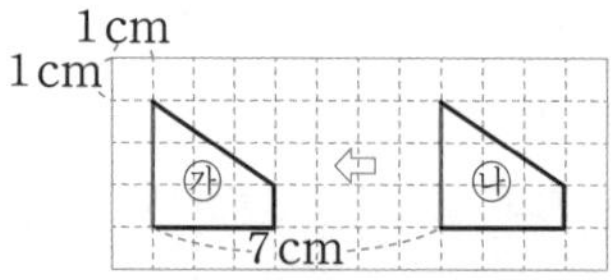

기준 변이 왼쪽으로 7 cm만큼 옮겨졌으므로 ㉮ 도형은 ㉯ 도형을 왼쪽으로 7 cm만큼 민 것입니다.

+9 도형을 여러 번 밀어도 모양은 변하지 않습니다.

본책 086~089 쪽

19일 평면도형 뒤집기

확인 ······················· 086 쪽

① (　)(　)(　)(○)

② 오른쪽에 ○표, 아래쪽에 ○표

기본기 다지는 교과서 문제 087 쪽

1 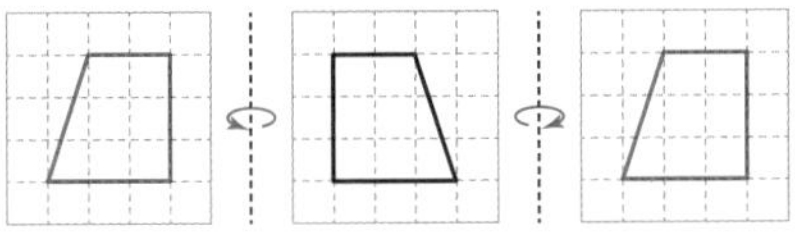

2 (1) 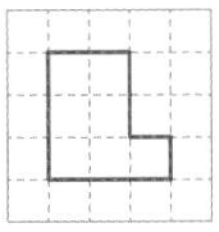 (2) 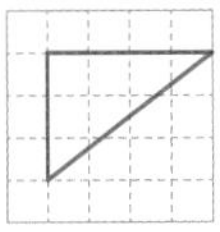

3 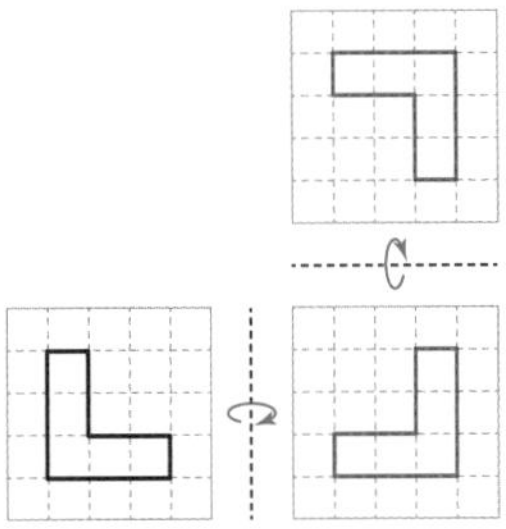

1 도형을 오른쪽이나 왼쪽으로 뒤집으면 도형의 오른쪽과 왼쪽이 서로 바뀝니다

2 도형을 위쪽이나 아래쪽으로 뒤집으면 도형의 위쪽과 아래쪽이 서로 바뀝니다.

3 도형을 오른쪽으로 뒤집은 다음 오른쪽으로 뒤집은 도형을 다시 위쪽으로 뒤집습니다.

스스로 풀어내는 도전 10 문제 088~089 쪽

1 (　)(○)(　)　　2 (　)(○)

3 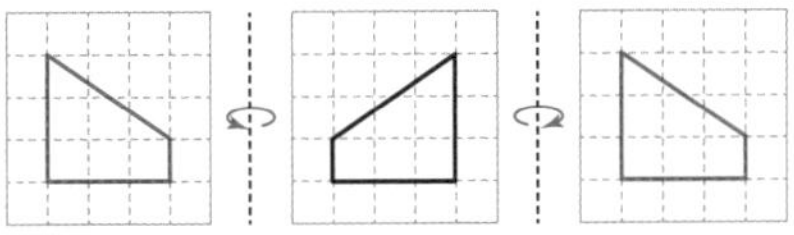

4 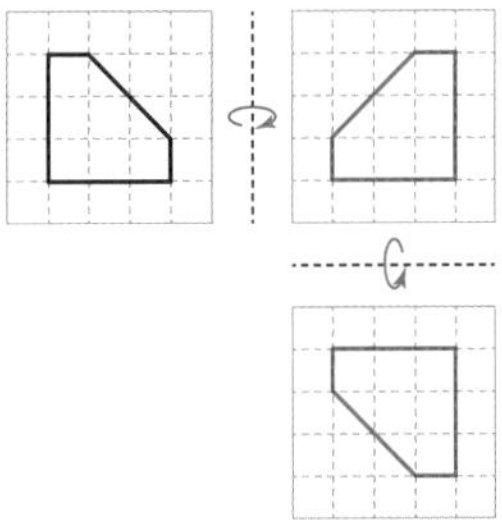

5 ⓒ

6 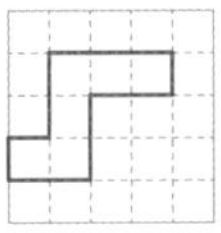

7 영민

8 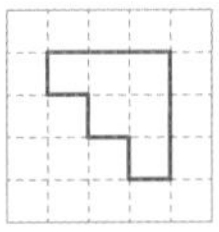

+9 ⓒ

+10 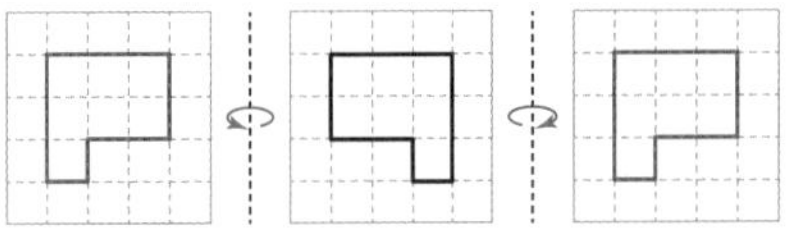

예 왼쪽으로 뒤집은 도형과 오른쪽으로 뒤집은 도형은 서로 같습니다.

1 모양 조각을 오른쪽으로 뒤집으면 모양의 오른쪽과 왼쪽이 서로 바뀝니다.

2 도형을 아래쪽으로 뒤집으면 도형의 아래쪽과 위쪽이 서로 바뀝니다.

힌트북 38쪽

3 

도형을 오른쪽이나 왼쪽으로 뒤집으면 도형의 오른쪽과 왼쪽이 서로 바뀝니다.

4 도형을 오른쪽으로 뒤집은 다음 오른쪽으로 뒤집은 도형을 다시 아래쪽으로 뒤집습니다.

5 도형의 위와 아래의 모양이 같은 도형은 위쪽으로 뒤집었을 때의 도형이 처음 도형과 같습니다. 각 도형을 위쪽으로 뒤집은 도형은 다음과 같습니다.

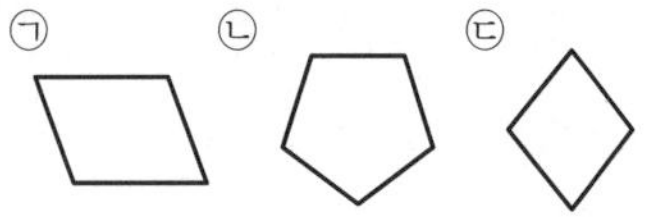

따라서 위쪽으로 뒤집었을 때의 도형이 처음 도형과 같은 것은 ㉢입니다.

6 도형을 같은 방향으로 2번 뒤집으면 처음 도형과 같아집니다.

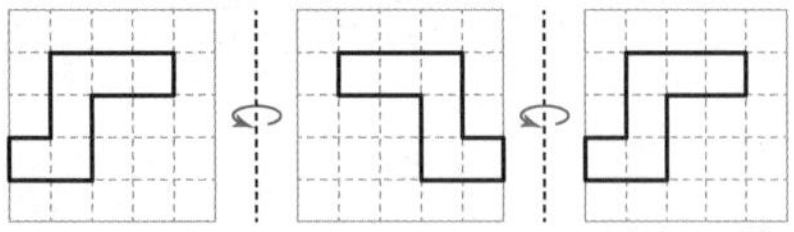

7 ㉠

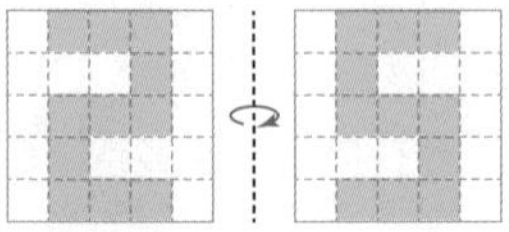

㉡

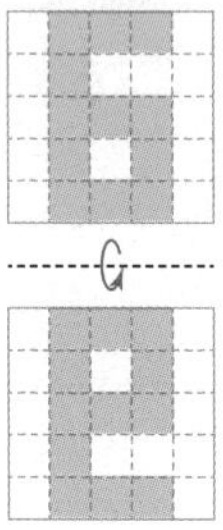

따라서 옳게 말한 사람은 영민입니다.

8

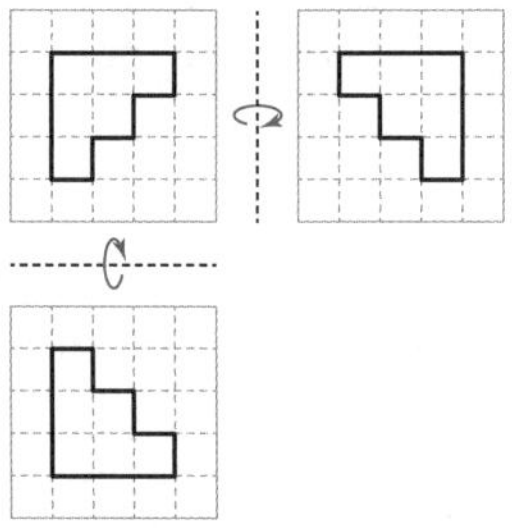

+9 ㉢ 처음 도형을 오른쪽으로 2번 뒤집은 도형은 처음 도형과 같으므로 3번 뒤집은 도형은 처음 도형을 오른쪽으로 1번 뒤집은 도형과 같습니다.

+10 도형을 오른쪽이나 왼쪽으로 뒤집으면 도형의 오른쪽과 왼쪽이 서로 바뀝니다. 따라서 왼쪽으로 뒤집은 도형과 오른쪽으로 뒤집은 도형은 서로 같습니다.

본책 090~093쪽

20일 평면도형 돌리기

확인 090쪽

1 ( )( )(○)( )

2 아래쪽에 ○표, 왼쪽에 ○표

기본기 다지는 교과서 문제 091쪽

1

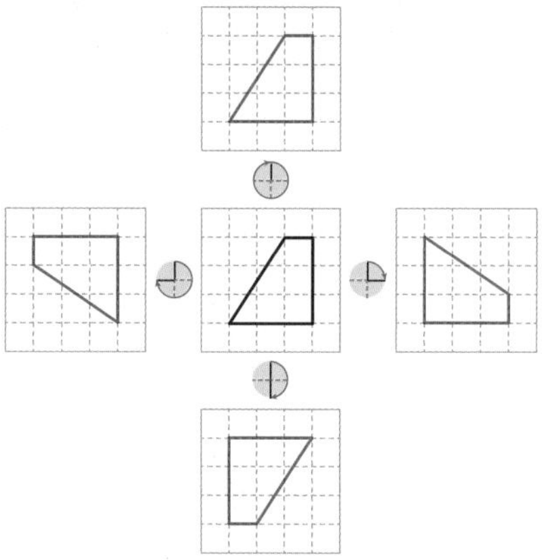

2

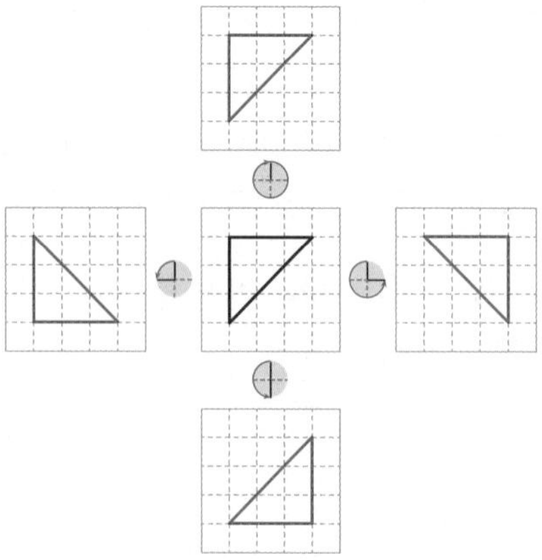

1 도형을 시계 방향으로 90°만큼씩 돌리면 도형의 위쪽이 오른쪽 → 아래쪽 → 왼쪽 → 위쪽으로 바뀝니다.

2 도형을 시계 반대 방향으로 90°만큼씩 돌리면 도형의 위쪽이 왼쪽 → 아래쪽 → 오른쪽 → 위쪽으로 바뀝니다.

스스로 풀어내는 도전 10 문제 092~093쪽

1 ( )(○)( ) 2 ( )(○)

3

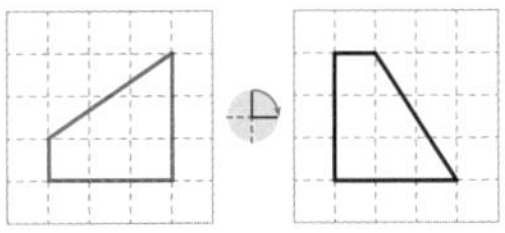

4 ( )(○)( ) 5 2, 3, 1

6 ①, ⑤ 7 2번에 ○표

8 2개 +9 ㉯

+10 예 처음 수는 682이고, 이 수 카드를 시계 방향으로 180° 만큼 돌렸을 때 만들어지는 수는 289입니다. 따라서 두 수의 차는 682−289=393입니다. / 393

1 도형을 시계 방향으로 90°만큼 돌리면 도형의 위쪽이 오른쪽, 오른쪽이 아래쪽, 아래쪽이 왼쪽, 왼쪽이 위쪽으로 바뀝니다.

2 도형을 시계 반대 방향으로 180°만큼 돌리면 도형의 위쪽이 아래쪽, 왼쪽이 오른쪽으로 바뀝니다.

힌트북 40쪽

3

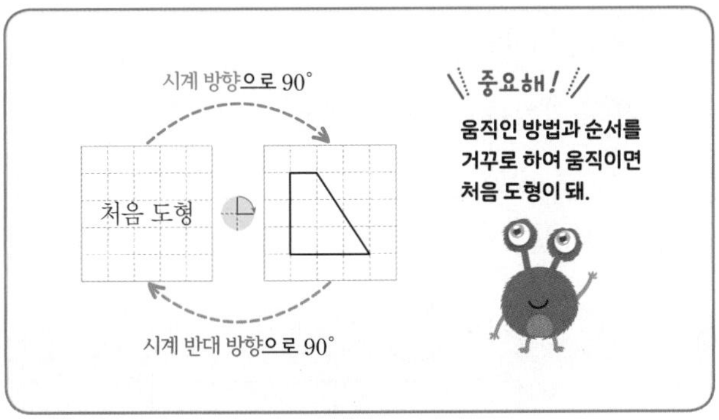

돌린 도형을 시계 반대 방향으로 90°만큼 돌리면 처음 도형이 됩니다.

4 도형의 위쪽이 아래쪽, 왼쪽이 오른쪽으로 바뀌었으므로 시계 방향으로 180°만큼 돌린 것입니다.

5

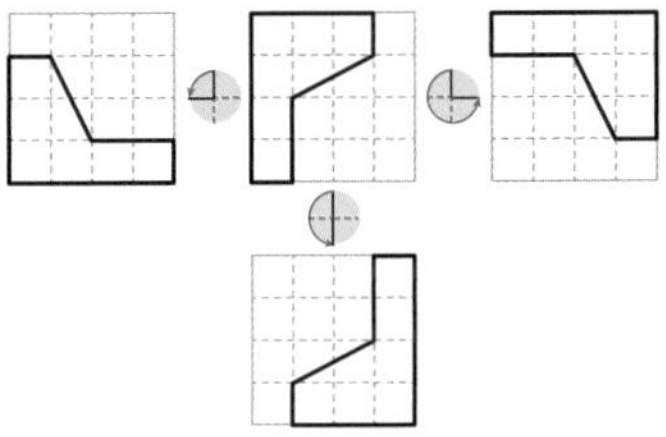

6 도형의 위쪽이 오른쪽, 오른쪽이 아래쪽, 아래쪽이 왼쪽, 왼쪽이 위쪽으로 바뀌었으므로 시계 방향으로 90°만큼 또는 시계 반대 방향으로 270°만큼 돌린 것입니다.

참고 

7

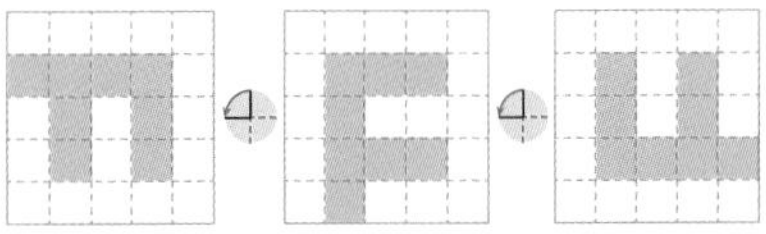

㉮ 도형을 시계 반대 방향으로 90°만큼씩 2번 돌리면 ㉯ 도형이 됩니다.

힌트북 41쪽

8

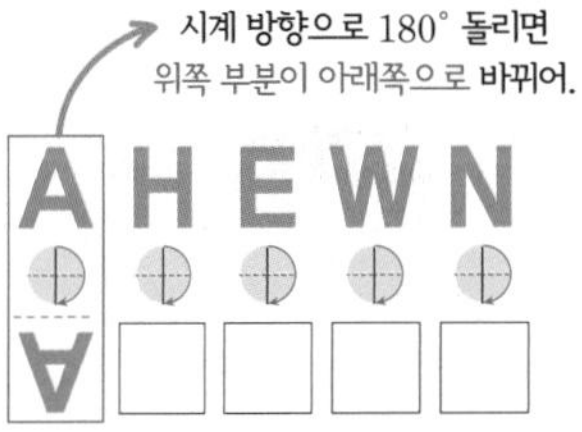

시계 방향으로 180° 돌렸을 때 처음 모양과 같은 글자는 H, N으로 모두 2개입니다.

+9 어떤 도형을 만큼 돌려서 ㉱ 도형이 되었으므로 ㉱ 도형을 만큼 돌리면 어떤 도형이 됩니다.

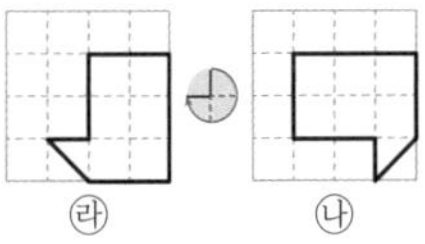

+10 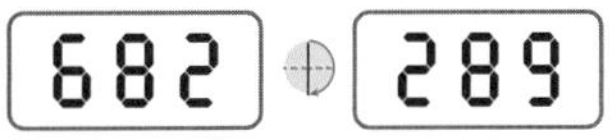

본책 094~097쪽

21일 여러 가지 무늬 꾸미기

확인 094쪽

1 (1) ㉰ (2) ㉮ (3) ㉯

기본기 다지는 교과서 문제 095쪽

1

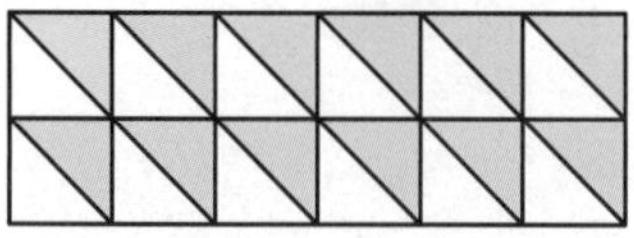

2 예

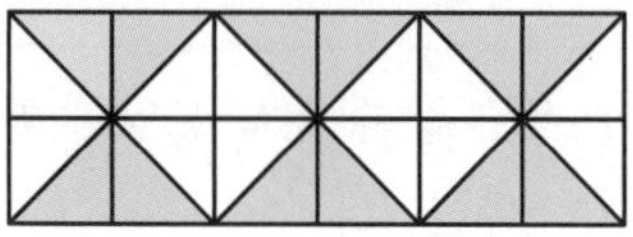

3 예

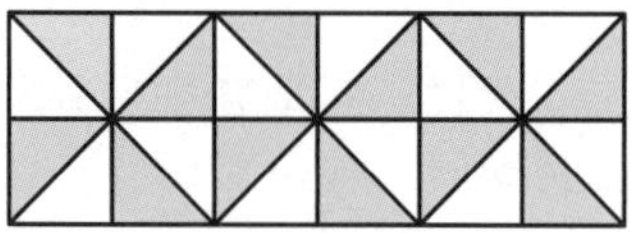

2  모양을 오른쪽으로 뒤집어서 모양을 만들고, 그 모양을 오른쪽과 아래쪽으로 뒤집어서 무늬를 만듭니다.

3  모양을 시계 방향으로 90°만큼 돌리는 것을 반복해서 모양을 만들고, 그 모양을 오른쪽으로 밀어서 무늬를 만듭니다.

스스로 풀어내는 도전 10 문제 096~097쪽

1 ㉢
2 ㉡
3 ④
4 (　)(○)(○)
5

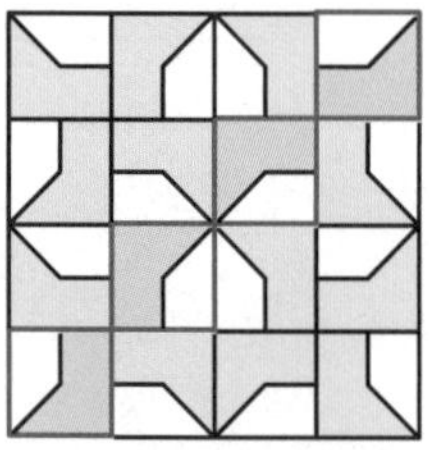

6 ㉢
7 ㉢
8 6개
+9 90°에 ○표, 뒤집어서에 ○표
+10 예  모양을 90°만큼 돌리기를 반복해서 모양을 만들고, 그 모양을 오른쪽으로 밀기를 반복해서 무늬를 만들었습니다.

1 ㉠은 돌리기, ㉡은 뒤집기를 이용하여 만든 무늬입니다.

2 ㉠은 밀기, ㉢은 돌리기를 이용하여 만든 무늬입니다.

힌트북 42쪽

3

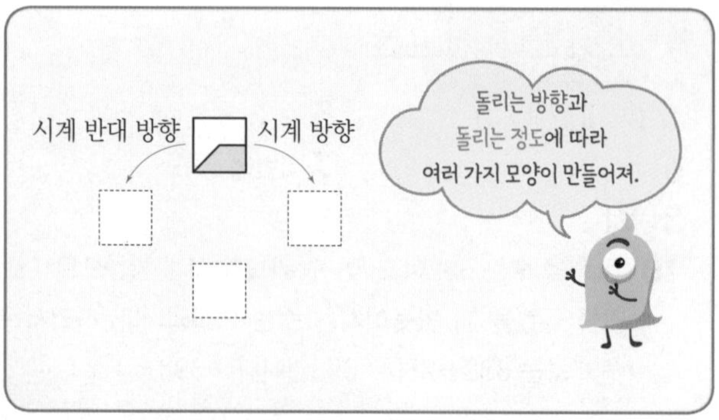

 모양은  모양을 위쪽이나 아래쪽으로 뒤집은 것입니다.

4 주어진 모양을 90°만큼 돌리기를 반복하여 만든 모양을 오른쪽으로 뒤집어서 만든 무늬입니다.

5  모양을 90°만큼 돌리기를 반복하여 모양을 만들고, 그 모양을 오른쪽으로 뒤집은 다음 아래쪽으로 밀어서 만든 무늬입니다.

6 ㉢은 돌리기를 이용하여 만든 무늬입니다.

7 돌리기를 이용하여 만든 모양을 오른쪽으로 밀기하여 만든 무늬이므로 ★에 알맞은 모양은 ㉢입니다.

8 무늬를 완성하면  모양은 모두 6개가 됩니다.

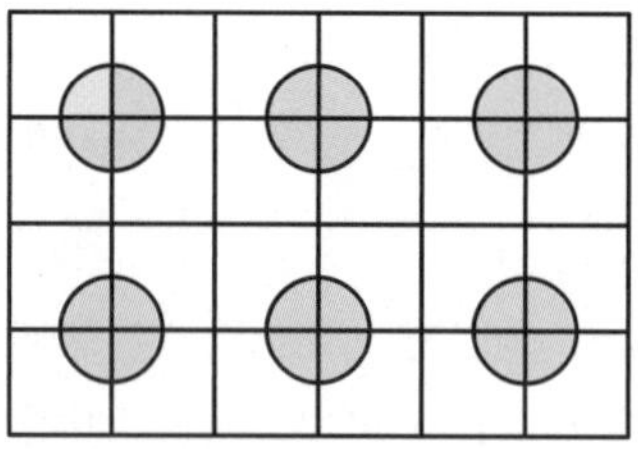

+9  모양을 돌리기와 뒤집기를 이용하여 만든 무늬입니다.

17~21일 단원평가 098~099쪽

01 ( )(○)( )

02

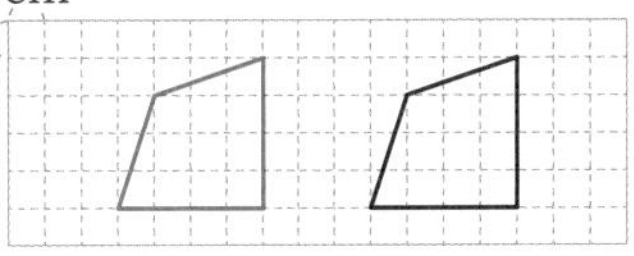

03

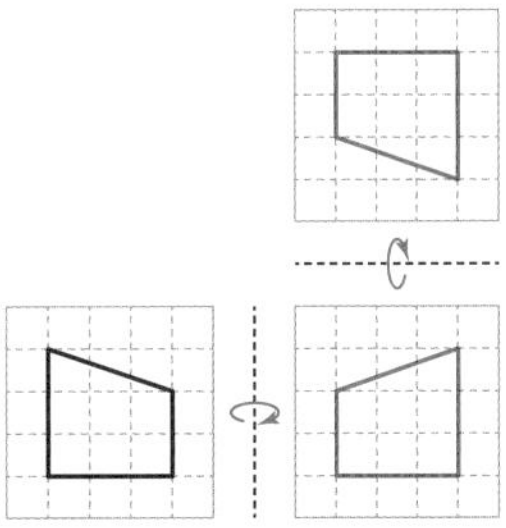

04 3개

05

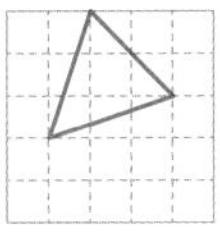

06 270

07 예 위쪽, 2 / 오른쪽, 8

08 나 **09** ㉠, ㉢ **10** 풀이 참조, 57

01 모양 조각을 오른쪽으로 밀면 모양과 크기는 변하지 않고 위치만 바뀝니다.

02 기준 변을 정하여 왼쪽으로 7 cm만큼 민 도형을 그립니다.

03 도형을 오른쪽이나 왼쪽으로 뒤집으면 도형의 오른쪽과 왼쪽이 서로 바뀝니다.
도형을 위쪽이나 아래쪽으로 뒤집으면 도형의 위쪽과 아래쪽이 서로 바뀝니다.

04 오른쪽으로 뒤집은 모양이 처음과 같은 글자는 **H**, **T**, **W**로 모두 3개입니다.

05 도형을 시계 방향으로 180°만큼 돌리면 도형의 위쪽이 아래쪽, 왼쪽이 오른쪽으로 바뀝니다.

06 가 도형을 시계 방향으로 270° 돌리거나 시계 반대 방향으로 90°만큼 돌리면 나 도형이 됩니다.

07 '오른쪽 8칸 이동 → 위쪽 2칸 이동'도 정답입니다.

08 나 조각을 시계 반대 방향으로 90°만큼 돌리고 아래쪽으로 뒤집으면 ㉠에 들어갈 수 있습니다.

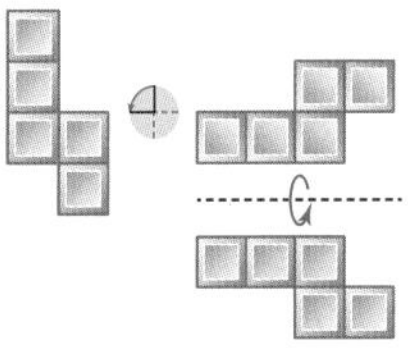

09 ㉡, ㉣은 돌리기를 이용하여 만든 무늬입니다.

10 예시 답안

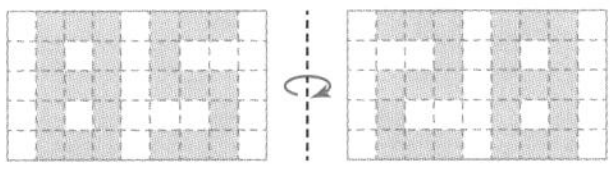

85를 오른쪽으로 뒤집었을 때 만들어지는 수는 28입니다. 따라서 처음 수와 만들어지는 수의 차는 85−28=57입니다.

채점 기준	
	❶ 오른쪽으로 뒤집었을 때 만들어지는 수를 구해야 함.
	❷ 처음 수와 만들어지는 수의 차를 구해야 함.

본책 100~103쪽

22일 막대그래프 알아보기

기본기 다지는 교과서 문제 101쪽

1 (1) 혈액형, 학생 수 (2) 학생 수 (3) 1명

2 (1) 포도 (2) 수박

2 (1) 가장 많은 학생들이 좋아하는 과일은 막대의 길이가 가장 긴 포도입니다.
(2) 가장 적은 학생들이 좋아하는 과일은 막대의 길이가 가장 짧은 수박입니다.

스스로 풀어내는 도전 10 문제 102~103쪽

1 책, 학생 수 **2** 6칸

3 4명 **4** 닭, 10마리

5 4마리 **6** ㉠ **7** 10권

8 6월, 14권 **+9** 12명

+10 예 과학관으로 가는 것이 좋을 것 같습니다. 가장 많은 학생들이 가고 싶어 하는 장소가 과학관이기 때문입니다.

힌트북 44쪽

2

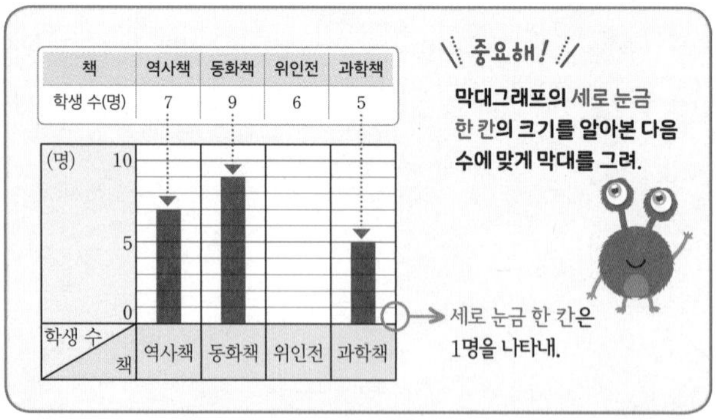

그래프의 세로 눈금 한 칸이 1명을 나타내므로 위인전을 좋아하는 학생 수 6명을 나타내려면 막대의 길이는 6칸이 되어야 합니다.

3 가장 많은 학생이 좋아하는 책은 동화책으로 9명이고, 가장 적은 학생이 좋아하는 책은 과학책으로 5명입니다. 동화책을 좋아하는 학생은 과학책을 좋아하는 학생보다 9−5=4(명) 더 많습니다.

4 막대의 길이가 가장 긴 동물을 찾아보면 닭으로 10마리입니다.

5 7−3=4(마리)

6 막대그래프는 막대의 길이로 항목별 수량의 많고 적음을 쉽게 비교할 수 있습니다.

힌트북 45쪽

7

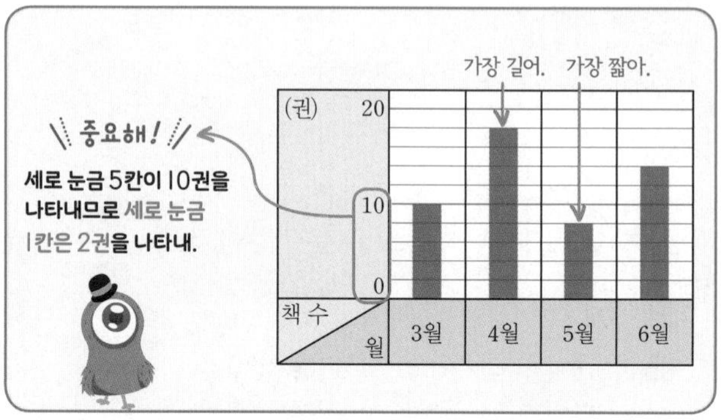

그래프에서 세로 눈금 5칸이 10권을 나타내므로 한 칸은 10÷5=2(권)을 나타냅니다.
읽은 책 수가 가장 많은 달은 4월로 18권이고, 읽은 책 수가 가장 적은 달은 5월로 8권입니다.
➜ 18−8=10(권)

8 막대의 길이가 두 번째로 긴 달은 6월로 막대의 길이가 7칸이므로 읽은 책 수는 2×7=14(권)입니다.

+9 그래프에서 가로 눈금 5칸이 10명을 나타내므로 한 칸은 10÷5=2(명)을 나타냅니다.
현장 체험 학습을 가고 싶어 하는 학생 수가 과학관은 22명, 식물원은 10명이므로 과학관에 가고 싶어 하는 학생은 식물원에 가고 싶어 하는 학생보다 22−10=12(명) 더 많습니다.

+10 현장 체험 학생 장소를 가장 많은 학생들이 가고 싶어 하는 장소로 정하는 것이 좋겠습니다.

본책 104~107쪽

23일 막대그래프로 나타내기

기본기 다지는 교과서 문제 105쪽

1 꽃, 학생 수 **2** 6칸

3

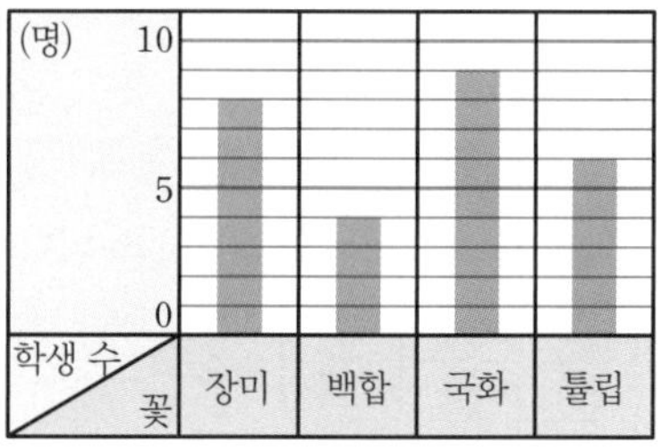

2 튤립을 좋아하는 학생은 6명이므로 6칸으로 나타내어야 합니다.

3 학생 수에 맞게 막대를 그립니다.

스스로 풀어내는 도전 10 문제 106~107쪽

1 학생 수

2

좋아하는 과목별 학생 수

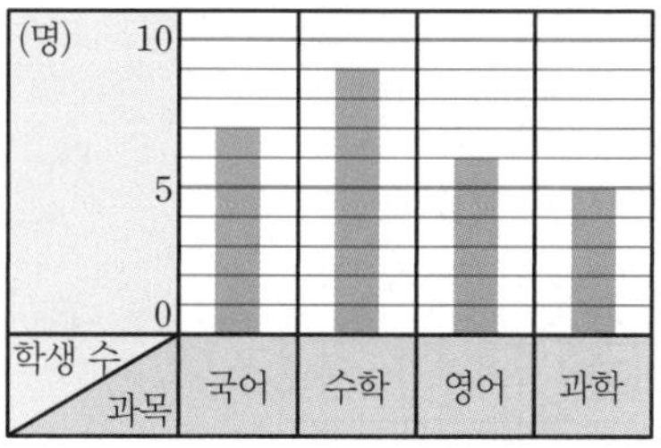

3

좋아하는 과목별 학생 수

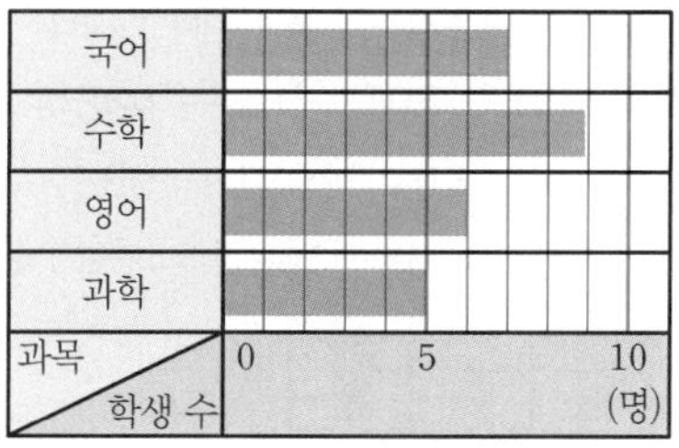

4 10명

5

좋아하는 색깔별 학생 수

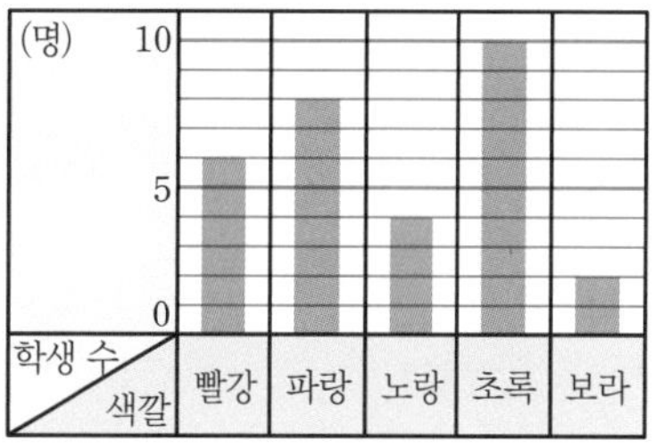

6

좋아하는 색깔별 학생 수

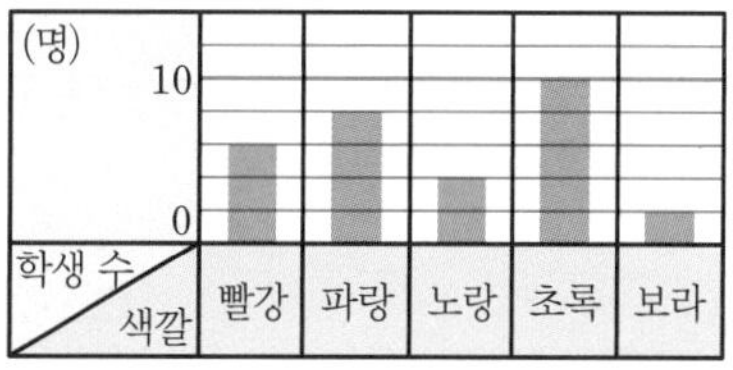

7 10명

8

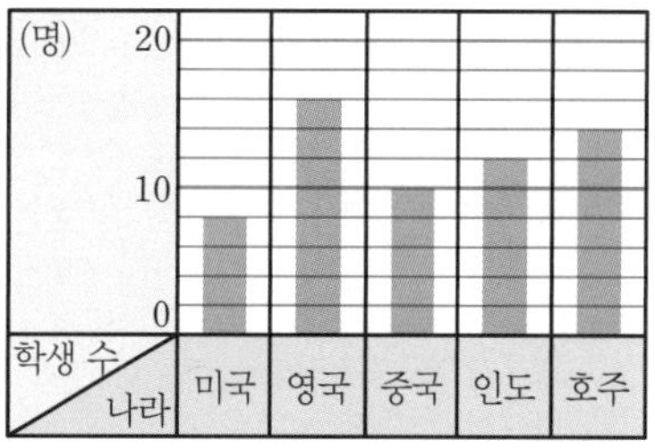

+9

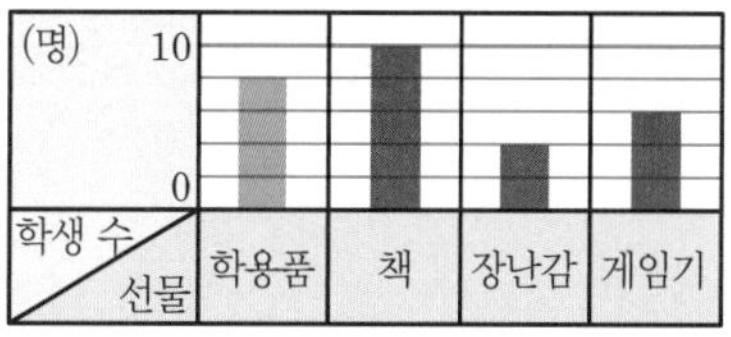

+10 예 가로 눈금 5칸이 10대를 나타내므로 한 칸은 2대를 나타냅니다. 세탁기 판매량은 에어컨 판매량의 반이므로 $20 \div 2 = 10$(대)이므로 5칸으로 나타냅니다. / 5칸

2 세로 눈금 한 칸이 1명을 나타내므로 학생 수만큼 막대를 그립니다.

3 가로 눈금 한 칸이 1명을 나타내므로 학생 수만큼 막대를 그립니다.

4 $30-6-8-4-2=10$(명)

5 세로 눈금 한 칸이 1명을 나타내므로 학생 수만큼 막대를 그립니다.

6 세로 눈금 한 칸이 2명을 나타내므로
빨강은 $6 \div 2=3$(칸), 파랑은 $8 \div 2=4$(칸),
노랑은 $4 \div 2=2$(칸), 초록은 $10 \div 2=5$(칸),
보라는 $2 \div 2=1$(칸)만큼 막대를 그립니다.

7 (영국에 가고 싶은 학생 수)
=(미국에 가고 싶은 학생 수)×2
=8×2=16(명)
(중국에 가고 싶은 학생 수)
=60−8−16−12−14=10(명)

8 10명이 세로 눈금 5칸이므로 세로 눈금 한 칸은
10÷5=2(명)을 나타냅니다.

+9 세로 눈금 한 칸이 2명을 나타내므로 받고 싶은 생일 선물별 학생 수는 책 10명, 장난감 4명, 게임기 6명입니다. 따라서 학용품을 받고 싶은 학생은
28−10−4−6=8(명)입니다.

힌트북 47쪽

+10

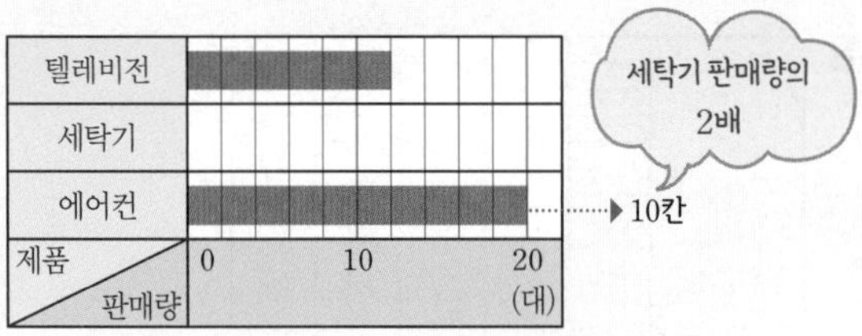

본책 108~111쪽

24일 자료를 수집하여 막대그래프로 나타내기

기본기 다지는 교과서 문제

109쪽

1 5, 7, 4, 6, 22　　2 과목

3

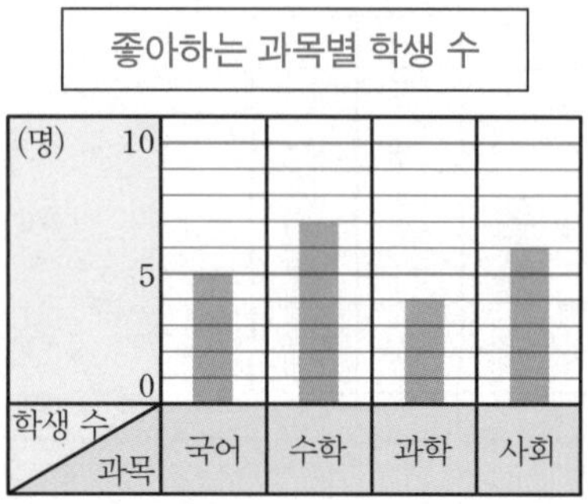

/ 수학, 과학

1 붙임딱지의 수를 세어 표를 완성합니다.

3 학생 수만큼 막대를 그립니다.

스스로 풀어내는 도전 10 문제

110~111쪽

1 8, 6, 6, 4, 24

2

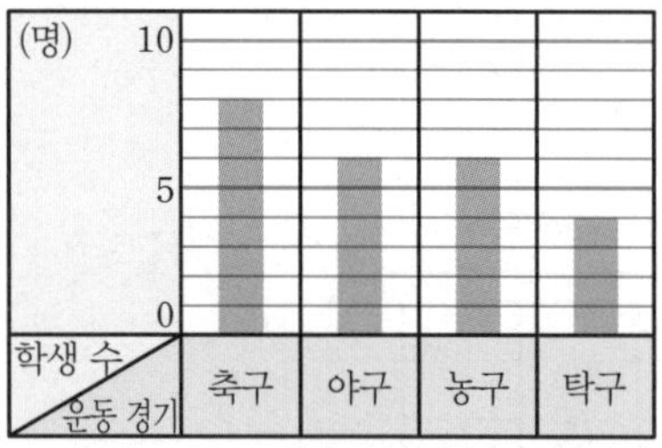

3 4명　　4 5, 4, 7, 8

5

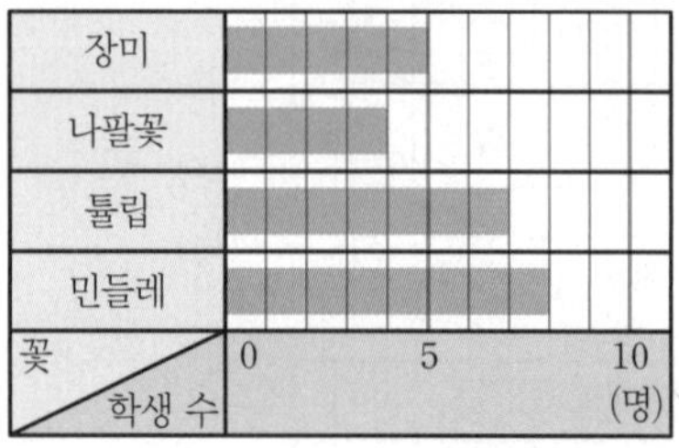

6 튤립　　7 180권

8

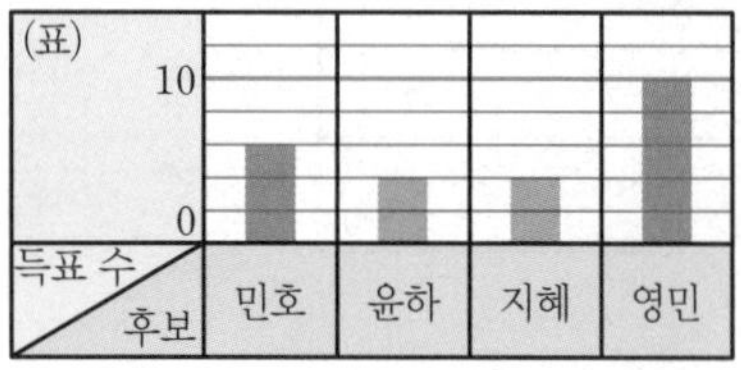

+9 2010년
+10 예 남자 선생님 수는 줄어들고 여자 선생님 수는 늘어납니다.

1 수를 셀 때 빠뜨리거나 중복하여 세지 않도록 ○, ×, /표를 하면서 세어 표를 완성합니다.

2 세로 눈금 한 칸은 1명을 나타냅니다.

3 가장 많은 학생들이 참여하고 싶은 운동은 축구로 8명이고, 가장 적은 학생들이 참여하고 싶은 운동은 탁구로 4명입니다.
➜ $8-4=4$(명)

5 가로 눈금 한 칸은 1명을 나타냅니다.

6 막대의 길이가 두 번째로 긴 꽃을 찾으면 튤립입니다.

7 가로 눈금 한 칸은 2명을 나타냅니다.
학생 수를 알아보면 1반 22명, 2반 18명, 3반 20명이므로 4학년 전체 학생 수는 $22+18+20=60$(명)입니다.
따라서 필요한 공책은 모두 $3\times60=180$(권)입니다.

8 (윤하와 지혜의 득표 수)$=24-6-10=8$(표)
(윤하의 득표 수)$=$(지혜의 득표 수)
$=8\div2=4$(표)

힌트북 49쪽

+9

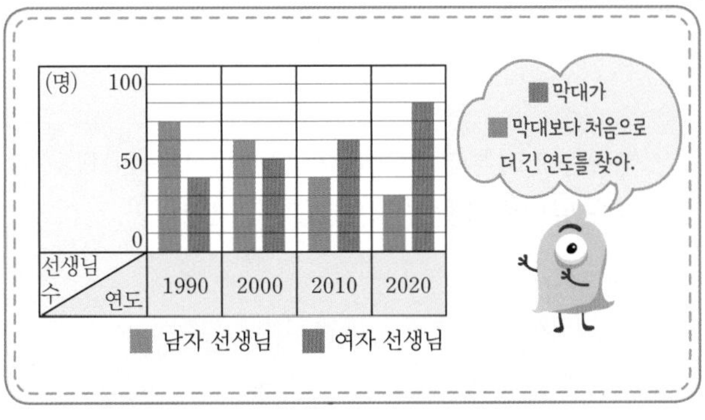

여자 선생님을 나타내는 막대가 남자 선생님을 나타내는 막대보다 긴 해는 2010년과 2020년이므로 여자 선생님 수가 남자 선생님 수보다 처음으로 많아지는 해는 2010년입니다.

22~24일 단원평가

112~113쪽

01 계절, 학생 수 **02** 여름
03 가을, 5명 **04** 막대그래프
05 치킨 **06** 6권
07

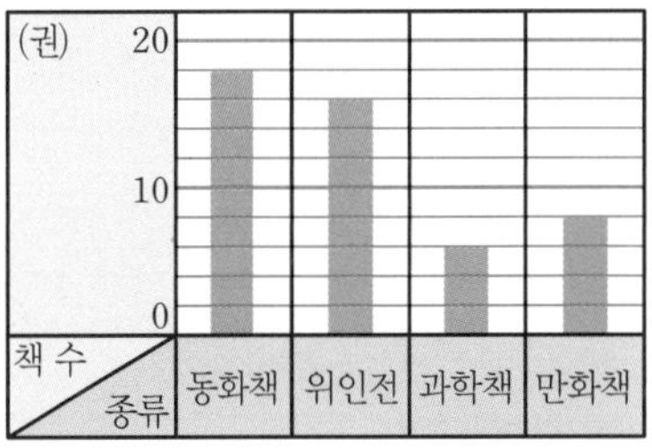

08 위인전 **09** 5명
10 풀이 참조, 파랑

02 가장 많은 학생들이 좋아하는 계절은 막대의 길이가 가장 긴 계절이므로 여름입니다.

03 가장 적은 학생들이 좋아하는 계절은 막대의 길이가 가장 짧은 계절이므로 가을입니다.
세로 눈금 한 칸이 1명을 나타내므로 가을을 좋아하는 학생은 5명입니다.

04 막대 그래프는 막대의 길이로 수량의 많고 적음을 한눈에 알 수 있습니다. 학생들이 가장 좋아하는 음식을 한눈에 알아보기에 더 편리한 것은 막대그래프입니다.

05 햄버거를 좋아하는 학생 수: 4명
$4\times2=8$(명)이므로 학생 수가 8명인 음식은 치킨입니다.

06 $48-18-16-8=6$(권)

07 세로 눈금 한 칸은 2권을 나타내므로 동화책은 9칸, 위인전은 8칸, 과학책은 3칸, 만화책은 4칸인 막대를 그립니다.

08 막대의 길이가 두 번째로 긴 책은 위인전입니다.

09 좋아하는 학생 수가 빨강은 7명, 파랑은 9명, 노랑은 4명입니다. 따라서 초록을 좋아하는 학생은
$25-7-9-4=5$(명)입니다.

10 예시 답안 은호네 반 학생들이 가장 좋아하는 색깔이 파랑이므로 반 티셔츠로 파랑을 준비하는 것이 좋습니다.

채점 기준	
	❶ 무슨 색깔 옷을 준비해야 하는지 구해야 함.
	❷ 이유를 설명해야 함.

본책 114~117쪽

25일 수의 배열에서 규칙 찾기

확인 114쪽

❶ (1) 100 (2) 10
❷ (1) 일 (2) 8

기본기 다지는 교과서 문제 115쪽

1 (위에서부터) 625, 415, 305, 235
2 (1) 100 (2) 1100
3 6033, 6053

1 가로는 605부터 시작하여 오른쪽으로 10씩 커집니다. 세로는 605부터 시작하여 아래쪽으로 100씩 작아집니다.

3 6003부터 시작하여 오른쪽으로 10씩 커지는 규칙입니다.
◆=6023+10=6033, ●=6043+10=6053

스스로 풀어내는 도전 10 문제 116~117쪽

1 (위에서부터) 345, 585, 555, 645
2 100
3 예 3008부터 시작하여 ↘ 방향으로 1100씩 커집니다.
4 3521　　5 지혜　　6 0
7 165, 300　　8 ㉡　　+9 174
+10 예 4×2=8, 8×2=16이므로 바로 앞의 수의 2배가 되는 규칙입니다. 따라서 빈칸에 알맞은 수는 16×2=32입니다. / 32

1 가로는 385부터 시작하여 오른쪽으로 10씩 작아집니다. 세로는 385부터 시작하여 아래쪽으로 100씩 커집니다.

3 4108−3008=1100, 5208−4108=1100이므로 색칠한 칸은 3008부터 시작하여 ↘ 방향으로 1100씩 커집니다.

4 2021부터 100, 200, 300……씩 늘어나므로 ◆에 알맞은 수는 3021+500=3521입니다.

힌트북 50쪽

6

덧셈의 결과에서 규칙을 확인하고 ★을 찾아.

	1015	
201	6	→ 1015+201=1216
203	8	→ 1015+203=1218
205	★	→ 1015+205=1220
207	2	→ 1015+207=1222

덧셈의 결과에서 일의 자리 수만 쓰는 규칙이므로 ★에 알맞은 수는 1015+205=1220에서 일의 자리 수인 0입니다.

7 곱셈의 결과를 쓰는 규칙입니다.
◆=15×11=165
●=20×15=300

8 ㉡ 220부터 시작하여 ↗ 방향으로 40, 50, 60 작아집니다.

힌트북 51쪽

+9

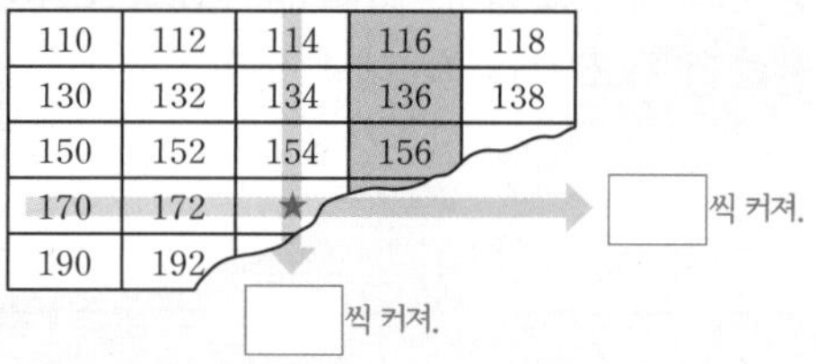

세로는 114부터 시작하여 아래쪽으로 20씩 커지므로 ★에 알맞은 수는 154+20=174입니다.

본책 118~121 쪽

26일 모양의 배열에서 규칙 찾기

확인 118 쪽

① (1) 위쪽, 1 (2) 

② (1) 3, 4 (2) 

기본기 다지는 교과서 문제 119 쪽

1 (1) 2, 7 (2) (　)(○)

2 (1) 1 (2) (　)(○)

1 (2) 넷째 모양보다 초록색 도형은 2개 늘어난 11개, 노란색 도형은 9개 늘어난 25개인 모양을 찾습니다.

2 (2) 넷째 모양을 오른쪽으로 90°만큼 돌리면 분홍색 도형이 왼쪽에 있고 오른쪽으로 파란색 도형이 있습니다.

스스로 풀어내는 도전 10 문제 120~121 쪽

1 4, 8, 12 / 4　**2** 16개　**3** (　)(○)

4 1, 3　**5** 9개　**6** 25장

7 (○)(　)(　)(　)　**8** ㉡

+9 4개

+10 예 사각형이 1개, 5개, 9개로 4개씩 늘어납니다. 따라서 사각형은 넷째 모양에는 9+4=13(개), 다섯째 모양에는 13+4=17(개)입니다. / 17개

2 넷째 모양에서 단추 수는 셋째 모양보다 4개 많은 16개입니다.

3 넷째  다섯째 

힌트북 52쪽

5 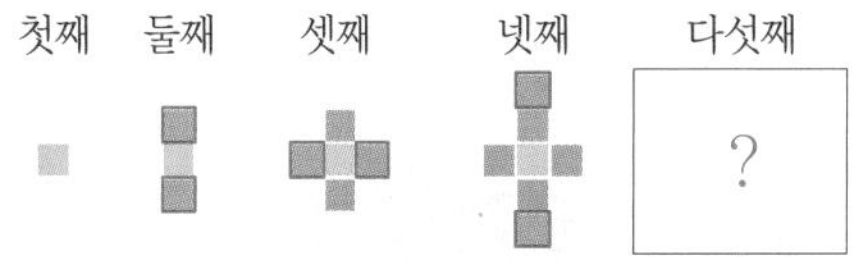

사각형이 2개씩 늘어나므로 다섯째에는 넷째보다 2개 더 많은 9개입니다.

6 색종이 수가 첫째에는 1장, 둘째에는 (1+3)장, 셋째에는 (1+3+5)장이므로 색종이가 3장, 5장……씩 늘어납니다.
따라서 다섯째에는 색종이가
1+3+5+7+9=25(장) 필요합니다.

7  모양이 반복되고, 노란색, 파란색이 반복되는 규칙이므로 ㉠에 올 모양은  입니다.

8 모형이 2개, 3개, 4개……씩 늘어나는 규칙입니다.

+9 한 변에 놓이는 검은색 바둑돌 수가 3개, 4개, 5개로 1개씩 늘어나는 규칙이므로 넷째에 알맞은 모양은 다음과 같습니다.

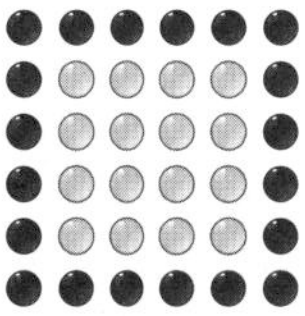

검은색 바둑돌 수: 20개, 흰색 바둑돌 수: 16개
➜ 흰 바둑돌과 검은색 바둑돌 수의 차:
20−16=4(개)

본책 122~125쪽

27일 계산식의 배열에서 규칙 찾기

기본기 다지는 교과서 문제 123쪽

1 (1) ㉡ (2) ㉠ (3) ㉣
2 37×12=444

스스로 풀어내는 도전 10 문제 124~125쪽

1 1, 20
2 153, 351, 504
3 700−550+450=600
4 1, 1
5 1111111, 45
6 69993÷7=9999
7 10101×77=777777
8 9876×9+4=88888
+9 ㉠
+10 예 곱하는 수와 곱해지는 수의 1의 개수가 1개씩 늘어나고, 곱은 가운데 자리 숫자가 곱하는 수의 1의 개수와 같습니다. 따라서 다섯째에 올 계산식은 11111×11111=123454321입니다. / 11111×11111=123454321

2 십의 자리 수가 각각 1씩 커지고 두 수의 합이 20씩 커지므로 153+351=504입니다.

3 100씩 커지는 수에서 100씩 커지는 수를 빼고 100씩 커지는 수를 더하면 계산 결과는 100씩 커집니다.
➜ 다섯째: 700−550+450=600

5 49999995는 9가 6개이므로 곱해지는 수의 1은 7개가 됩니다.
➜ 1111111×45=49999995

힌트북 54쪽

6

63	÷	7	=	9
693	÷	7	=	99
6993	÷	7	=	999
□	÷	7	=	□
699993	÷	7	=	99999

곱하는 수의 9의 개수가 1개씩 늘어나고 곱의 9의 개수는 곱하는 수의 9의 개수보다 1개 더 많습니다.
➜ 69993÷7=9999

7 곱해지는 수가 10101로 일정하고 곱하는 수가 ■■이면 곱은 ■■■■■■가 됩니다.

8 9, 98, 987……로 자릿수가 한 자리씩 늘어나는 수에 9를 곱하고 1씩 작아지는 수를 더하면 계산 결과는 8이 1개씩 많아집니다.

+9 ㉡ 10씩 커지는 수에서 10씩 커지는 수를 빼면 계산 결과는 변하지 않습니다.

힌트북 55쪽

+10

순서	곱셈식
첫째	1×1=1
둘째	11×11=121
셋째	111×111=12321
넷째	1111×1111=1234321

본책 126~129쪽

28일 등호(=)를 사용하여 나타내기

확인 126쪽

1 (1) 5, 12 (2) 4, 3, 12 (3) 예 $7+5=5+4+3$

기본기 다지는 교과서 문제 127쪽

1 9, 3
2 (○)( )(○)( )
3 (위에서부터) (1) 1, 3 (2) 6, 2
4 (○)(×)
(×)(○)

1 검은색 바둑돌과 흰색 바둑돌의 수를 세어 합이 같은 덧셈식을 등호로 나타냅니다.
➔ $7+7=5+9=3+11$

2 $9+6=15$, $17-3=14$, $5\times3=15$, $42\div2=21$
➔ $9+6=15$, $5\times3=15$이므로 두 식을 등호를 사용하여 나타낼 수 있습니다.

3 (1) 더해지는 수가 커진 만큼 더하는 수가 작아지면 합은 같습니다.
(2) 곱해지는 수를 2로 나누고, 곱하는 수를 2배 하면 곱은 같습니다.

4 등호(=) 양쪽의 양이 같은 것을 찾습니다.
• $50+17$과 $20+37$은 계산 결과가 같지 않으므로 옳은 식이 아닙니다.
• 4×9와 $6\times3\times3$은 계산 결과가 같지 않으므로 옳은 식이 아닙니다.

스스로 풀어내는 도전 10 문제 128~129쪽

1 $62-8$과 18×3에 ○표
2 (1) 51 (2) 17 (3) 18
3 예 $15\times3=90\div2$
4 ㉡, ㉢
5 (위에서부터) 17, 4
6 (1) 3 (2) 49 (3) 24
7 ㉢
8 12
+9 수현
+10 예 $40\times6=20\times12$, $20\times6=10\times12$

1 계산 결과가 54인 식을 찾습니다.
$38+26=64$, $62-8=54$, $18\times3=54$, $98\div2=48$이므로 □ 안에 들어갈 수 있는 것은 $62-8$과 18×3입니다.

2 (1) 두 수를 바꾸어 더해도 그 크기는 변하지 않으므로, $51+14$는 $14+51$과 크기가 같습니다.
(2) 두 수를 바꾸어 곱해도 그 크기는 변하지 않으므로, 3×17은 17×3과 크기가 같습니다.
(3) 더해지는 수가 5 커진 만큼 더하는 수가 5 작아지면 합은 같으므로, $45+23$은 $50+18$과 크기가 같습니다.

3 $75-20=55$, $15\times3=45$,
$90\div2=45$, $35+30=65$
15×3과 $90\div2$의 계산 결과가 같으므로
$15\times3=90\div2$입니다.

4 ㉠ $65+8=73$
㉡ $100\div4=25$, $5\times5=25$
㉢ $21+15=36$, $15+21=36$
㉣ $43-10=33$, $40-3=37$
등호(=) 양쪽의 양이 같은 것을 찾으면 ㉡, ㉢입니다.

5 빼지는 수가 4만큼 커졌으므로, 빼는 수가 4만큼 커져야 차가 같습니다. ➔ $56-13=60-17$

6 (1) 11은 33을 3으로 나눈 수이므로, 9는 □에 3을 곱한 수입니다. ➔ $\square\times3=9$, $\square=9\div3=3$
(2) 3은 21을 7로 나눈 수이므로, □는 7에 7을 곱한 수입니다. ➔ $\square=7\times7=49$
(3) 등호(=) 양쪽에 모두 5가 있으므로, □는 5를 제외한 나머지 수를 곱한 수입니다. ➔ $\square=3\times8=24$

다른 풀이 (1) $33\times\square=11\times9$ ➔ $11\times3\times\square=11\times3\times3$이므로 $\square=3$
(2) $7\times21=\square\times3$ ➔ $7\times7\times3=\square\times3$이므로 $\square=49$

(3) $3\times5\times8=\square\times5$ ➔ $3\times8\times5=\square\times5$이므로 $\square=24$

7 ㉠ 빼는 수가 2만큼 작아졌으므로, 빼지는 수도 2만큼 작아져야 차가 같습니다. ➔ $\square=38-2=36$
㉡ $25\times4=100$이므로 $60+\square=100$입니다.
➔ $\square=40$
㉢ 6은 3에 2를 곱한 수이므로, 21은 □를 2로 나눈 수입니다. ➔ $\square\div2=21$, $\square=21\times2=42$
따라서 □ 안에 알맞은 수가 가장 큰 것은 ㉢입니다.

다른 풀이 ㉠ $38-5=33$, $\square-3=33$이므로 $\square=36$
㉡ $25\times4=100$, $60+\square=100$이므로 $\square=40$
㉢ $\square\times3=21\times6$ ➔ $\square\times3=21\times2\times3$이므로 $\square=42$
따라서 □ 안에 알맞은 수가 가장 큰 것은 ㉢입니다.

8 ㉠ 36은 72를 2로 나눈 수이므로, ●는 8을 2로 나눈 수입니다. ➔ $●=8\div2=4$
㉡ 54는 27에 2를 곱한 수이므로, ★은 16을 2로 나눈 수입니다. ➔ $★=16\div2=8$
따라서 $●+★=4+8=12$입니다.

+9 5는 10을 2로 나눈 수이므로, ♥는 60을 2로 나눈 수입니다. ➔ $♥=60\div2=30$
바르게 말한 사람은 수현입니다.

+10 $40\times6=10\times24$, $40\times3=10\times12$ 등도 정답입니다.

25~28일 단원평가 130~131쪽

01 (위에서부터) 207, 308, 406, 505
02 6237, 6437 **03** 84867
04 20개 **05** $400+700-200=900$
06 일곱째 **07** $4\times100001=400004$
08 ㉠ **09** 예 12, 4
10 풀이 참조, 256

01 가로는 205부터 시작하여 오른쪽으로 1씩 커집니다. 세로는 205부터 시작하여 아래쪽으로 100씩 커집니다.

02 오른쪽으로 100씩 커지는 규칙이므로 ■는 6237, ●는 6437입니다.

03 34862부터 ↘ 방향으로 10001씩 커지는 규칙이므로 74866보다 10001 큰 수를 구하면 84867입니다.

04 모형의 수가 4개, 8개, 12개, 16개……로 4개씩 늘어납니다. 따라서 다섯째 모양에서 모형은 20개입니다.

05 더해지는 수와 더하는 수는 100씩 커지고 빼는 수는 200으로 일정하므로 계산 결과는 200씩 커집니다.

06 다섯째는 $500+800-200=1100$,
여섯째는 $600+900-200=1300$,
일곱째는 $700+1000-200=1500$이므로 계산 결과가 1500이 되는 계산식은 일곱째입니다.

07 곱하는 수의 가운데 숫자 0이 1개씩 늘어나면 곱셈 결과의 가운데 0의 개수도 1개씩 늘어나는 규칙입니다.

08 ㉠ $12+48=60$이므로 □는 4입니다.
㉡ $76-16=60$이므로 □는 3입니다.
따라서 □ 안에 알맞은 수가 더 큰 것은 ㉠입니다.

09 주하가 고른 두 수의 합은 $35+13=48$입니다. 크기가 같은 곱셈식을 등호로 나타내면 $35+13=12\times4$입니다.

10 **예시 답안** 오른쪽에서 4부터 시작하여 4씩 곱한 수를 왼쪽에 쓰는 규칙입니다. 따라서 빈칸에 알맞은 수는 $64\times4=256$입니다.

채점 기준	
	❶ 수 배열의 규칙을 찾아야 함.
	❷ 빈칸에 알맞은 수를 구해야 함.

memo

memo

수학이 만만해지는 힌트의 힘!

정답 · 풀이